人与自然和谐共生在浙江的实践

陈　婵　万泽民　著

ZHEJIANG UNIVERSITY PRESS
浙江大学出版社
·杭州·

图书在版编目(CIP)数据

人与自然和谐共生在浙江的实践 / 陈婵，万泽民著. —杭州：浙江大学出版社，2024.1
ISBN 978-7-308-23972-1

Ⅰ. ①人… Ⅱ. ①陈… ②万… Ⅲ. ①生态环境建设—研究—浙江 Ⅳ. ①X321.255

中国国家版本馆 CIP 数据核字(2023)第 119890 号

人与自然和谐共生在浙江的实践
陈婵　万泽民　著

责任编辑　王荣鑫　李瑞雪
责任校对　吴心怡
封面设计　周　灵
出版发行　浙江大学出版社
(杭州市天目山路 148 号　邮政编码 310007)
(网址：http://www.zjupress.com)
排　　版　浙江大千时代文化传媒有限公司
印　　刷　广东虎彩云印刷有限公司绍兴分公司
开　　本　710mm×1000mm　1/16
印　　张　14
字　　数　249 千
版 印 次　2024 年 1 月第 1 版　2024 年 1 月第 1 次印刷
书　　号　ISBN 978-7-308-23972-1
定　　价　78.00 元

目　录

导 论

浙江是习近平生态文明思想的重要萌发地和“绿水青山就是金山银山”理念的发源地与率先实践地。自2002年提出生态省建设战略以来，浙江在全省掀起了一场全方位、系统性的绿色革命，逐步形成了经济强、生态好、百姓富的现代化发展格局。从绿色浙江到生态省、生态浙江、美丽浙江，再到高水平美丽浙江，浙江生态文明建设一以贯之、一脉相承又层层递进。从“千村示范、万村整治”工程到“811”“991”系列行动，[①]从“五水共治”“河长制”到打赢污染防治攻坚战、建设美丽“大花园”，从全国首个跨省流域生态补偿机制到最早实施排污权有偿使用，目标直指在2035年高质量建成美丽中国先行示范区和天蓝水澈、海清岛秀、土净田洁、绿色循环、环境友好、诗意逸居的现代化美丽浙江。2019年，浙江省通过生态省试点验收，国家生态文明建设示范市县和“绿水青山就是金山银山”实践创新基地创建也走在了全国前列，成为建设美丽中国的先行者和排头兵。“生态省评估报告显示，浙江的生态环境治理和保护处于国际先进水平，其中绿色发展综合得分、城乡均衡发展水平均为中国第一。该省已在中国率先步入了生态文明建设的快车道，生态文明制度创新和改革深化引领中国，率先探索出一条经济转型升级、资源高效利用、环境持续改善、城乡均衡和谐的绿色高质量发展之路。”[②]20年来，浙江深入实施“八八战略”，坚持创新驱动、项目拉动，生态优先、品质为先，旅游为民、旅游富民，文化促旅、文

---

① 第一轮“811”环境污染整治行动是指全省八大水系及运河、平原河网，“11”既指11个设区市，也指11个省级环境保护重点监管区。“811”系列行动先后进行了四轮，行动内容不断更新深化。“991行动计划”是对浙江省发展循环经济九大重点领域、落实循环经济“九个一批”抓手、实施100个左右循环经济重点项目的概括，是浙江发展循环经济的主要载体。

② 钱晨菲. 浙江通过国家生态省建设试点验收成为中国首个生态省[EB/OL].(2020-05-07)[2023-03-19]. https://www.chinanews.com/gn/2020/05-07/9177448.shtml.

化兴旅，持续擦亮浙江生态金名片。“2019 年，生态环境部组织的国家生态省建设试点验收报告认为，浙江生态文明制度创新和改革深化引领全国。”[①]浙江省一系列可复制可推广的首创举措，为中国探索绿色发展之路提供了“浙江经验”。

钱江潮涌，踔厉奋发。浙江拥有悠久厚重的历史之美、美妙绝伦的山水之美、弦歌不辍的人文之美、清新隽永的典雅之美、华丽精彩的蝶变之美，诗画江南处处如画、处处是景。按照习近平总书记擘画的蓝图，浙江突出创新制胜、变革重塑、防控风险、共建共享、唯实唯先，提升人民群众的获得感、幸福感、安全感，奋力在全面建设社会主义现代化国家新征程上书写新的篇章。

一、坚持人与自然和谐共生，一张蓝图绘到底

2002 年 12 月 18 日，时任浙江省委书记习近平在省委十一届二次全会上提出，要“积极实施可持续发展战略，以建设‘绿色浙江’为目标，以建设生态省为主要载体，努力保持人口、资源、环境与经济社会的协调发展”[②]。2003 年是浙江绿色发展进程中具有里程碑意义的一年，“八八战略”决策部署中一个重要方面就是进一步发挥浙江的生态优势，创建生态省，打造“绿色浙江”，暂用 20 年左右的时间打造山川更秀美、人与自然更和谐的“绿色浙江”。生态省建设全面启动，浙江成为全国第 5 个生态省建设试点省，[③]当年发布《浙江生态省建设规划纲要》和《关于生态省建设的决定》。2003 年 7 月，浙江省委十一届四次全会作出了“发挥八个方面优势、推进八个方面举措”的重大决策部署，也即引领今后浙江发展的总纲领——“八八战略”，“进一步发挥浙江的生态优势，

---

① 马跃明，岑文华. 把美丽浙江打造成为展示“重要窗口”金名片[EB/OL]. (2021-06-01)[2023-03-19]. http://www.jrzj.cn/art/2021/6/1/art_485_10396.html.

② 莫丰勇. 建设生态文明　打造美丽浙江：中国共产党成立 100 周年浙江经济社会发展系列报告[EB/OL]. (2021-06-21)[2023-03-31]. http://tjj.zj.gov.cn/art/2021/6/21/art_1229129214_4667418.html.

③ 2002 年 12 月，中共浙江省委十一届二次全会明确提出：“积极实施可持续发展战略，以建设‘绿色浙江’为目标，以建设生态省为主要载体，努力保持人口、资源、环境与经济社会的协调发展。”2003 年 1 月，浙江省十届人大一次会议把生态省建设列入《政府工作报告》。2003 年 1 月 16 日，浙江省人民政府正式向国家环保总局发出申报公函，要求将浙江省列为国家生态省建设试点单位。2003 年 1 月 28 日，国家环保总局正式复函，同意将浙江省作为全国生态建设的试点省。至此，浙江省成为第五个全国生态省建设试点省（海南、吉林、黑龙江、福建、浙江）。

创建生态省，打造‘绿色浙江’”作为第五方面写入其中，为浙江生态文明建设先行先试、领先率先的实践探索提供了有力的战略指引。2005年，习近平全面启动循环经济和节约型社会建设工作，制定《浙江省循环经济发展纲要》，并将其作为生态省建设的中心环节。同年，习近平在浙江安吉余村考察时，提出“绿水青山就是金山银山”理念[①]，安吉于2006年6月创建全国第一个生态县。在习近平的带领下，浙江生态文明建设和绿色发展进程全面加快。

（一）接续奋进，锲而不舍，一任接着一任干

此后的几届省委、省政府坚持把“绿水青山就是金山银山”作为指导浙江发展的核心理念，始终坚持“一张蓝图绘到底，一届连着一届抓”。此后，浙江每年都会召开各个层次的会议，总结生态省建设成效，分析面临的新问题。2007年6月，中共浙江省第十二次党代会上，省委部署全面建设惠及全省人民的小康社会各项工作，提出“六个更加”的目标，将“环境更加优美”列为目标之一。2008年4月，中共浙江省委十二届三次全会提出，要站在建设生态文明的高度，把加强生态建设和环境保护、优化人居环境作为全面改善民生的重要内容。2009年5月，中共浙江省委十二届五次会议提出，完善生态建设保护机制，加快形成能源资源节约和环境保护的产业结构、增长方式和消费模式，建立健全以政府为主导、企业为主体、全社会共同推进的污染治理与环境保护工作机制。2010年6月，中共浙江省委十二届七次全会作出《中共浙江省委关于推进生态文明建设的决定》，同年10月，省人大通过决议，将每年6月30日设立为浙江生态日；2012年6月，浙江省第十三次党代会再次深化布局，从建设“两富”现代化浙江的高度提出坚持“生态立省”方略，加快建设生态浙江。2014年5月，中共浙江省委十三届五次全会审议通过《中共浙江省委关于建设美丽浙江创造美好生活的决定》；2017年6月，浙江省第十四次党代会提出“两个高水平”的奋斗目标，指出在提升生态环境质量上更进一步、更快一步，努力建设美丽浙江。2022年6月20日，中国共产党浙江省第十五次代表大会在杭州召开，时任省委书记袁家军代表省委作了《忠实践行“八八战略” 坚决做到“两个维护” 在高质量发展中奋力推进中国特色社会主义共同富裕先行和省

① 习近平．之江新语[M]．杭州：浙江人民出版社，2007：153.

域现代化先行》的报告。报告中关于生态文明建设方面指出："牢牢把握让绿色成为浙江发展最动人色彩的要求。习近平总书记强调，我们要建设的现代化是人与自然和谐共生的现代化；统筹污染治理、生态保护、应对气候变化；把碳达峰、碳中和纳入生态文明建设整体布局；坚持不懈推动绿色低碳发展；深入打好污染防治攻坚战；提升生态系统质量和稳定性；建设美丽中国。明确要求浙江，生态文明建设要先行示范；照着绿水青山就是金山银山路子走下去，把绿水青山建得更美，把金山银山做得更大。"①2022 年 12 月 19 日，中共浙江省委十五届二次全会《中共浙江省委关于全面学习贯彻党的二十大精神　忠实践行"八八战略"　坚定捍卫"两个确立"　坚决做到"两个维护"　以"两个先行"打造"重要窗口"　奋力谱写中国式现代化浙江篇章的决定》，提出"高水平推进美丽浙江建设，全力创建国家生态文明试验区，建设减污降碳协同创新区，加快全国生态环境数字化改革和生态环境大脑试点省建设，推进生态文明建设先行示范"。② 在推进生态文明建设过程中，浙江省逐步形成具有浙江特色的生态建设理念：既要金山银山，更要绿水青山；绿水青山就是金山银山；生态兴则文明兴，生态衰则文明衰；环境保护和生态建设，早抓事半功倍，晚抓事倍功半，越晚越被动；经济越发展，越要重视环境保护和生态建设；绿水青山发挥了持续的生态效应和经济社会效应，这条路要坚定不移地走下去等。

（二）顶层设计，制度先行，真抓实干

2003 年初，在时任浙江省委书记习近平的推动下，浙江谋划和加快建设生态省。2003 年 3 月 18 日，《浙江生态省建设规划纲要》在京通过专家论证。生态省建设引领浙江率先走上绿色发展之路，在更高层次、更高水平上赢得了更高质量的发展。2003 年 6 月，时任浙江省委书记习近平同志经过深入调查研究，亲自部署和推动"千村示范、万村整治"工程。③ 连续 15 年，浙江每年选择一个典型县市，召开"千万工程"现场会推进工作。这是推动生态省建设的有

---

① 袁家军. 忠实践行"八八战略"　坚决做到"两个维护"　在高质量发展中奋力推进中国特色社会主义共同富裕先行和省域现代化先行[N]. 浙江日报，2022-06-27(1).

② 中共浙江省委关于全面学习贯彻党的二十大精神　忠实践行"八八战略"　坚定捍卫"两个确立"　坚决做到"两个维护"　以"两个先行"打造"重要窗口"　奋力谱写中国式现代化浙江篇章的决定[N]. 浙江日报，2022-12-27(1).

③ 浙江 15 年持续推进"千村示范、万村整治"工程纪实[N]. 浙江日报，2018-12-29(6).

效载体。2004 年 10 月，浙江开启首轮“811”环境污染整治行动。连续两轮 3 年、一轮 5 年的行动，遏制了环境恶化趋势，基本解决突出环境问题。2005 年，《浙江循环经济发展纲要》和循环经济“991 行动计划”出炉。这是浙江走新型工业化道路，避免新的污染的一大治本之策。2005 年 8 月 15 日，习近平同志到安吉余村调研，首次明确提出“绿水青山就是金山银山”的发展理念。在这一重要理念指引下，浙江坚定不移地走生产发展、生活富裕、生态良好的文明发展道路，加快建设美丽浙江，不断开辟绿色发展的新境界。

20 年来，在“八八战略”指引下，浙江省委、省政府秉持一张蓝图绘到底，一任接着一任干的精神，推进生态文明建设坚持不懈、循序渐进、持续深化，奋力打造生态文明建设重要窗口。浙江省第十三次党代会将“坚持生态立省方略，加快建设生态浙江”作为建设物质富裕、精神富有、现代化浙江的重要任务，提出打造“富饶秀美、和谐安康”的“生态浙江”。浙江省委十三届五次全会作出“建设美丽浙江、创造美好生活”决策部署，提出要建设“富饶秀美、和谐安康、人文昌盛、宜业宜居”的美丽浙江。浙江省第十四次党代会提出坚定不移沿着“八八战略”指引的路子走下去，深入践行“绿水青山就是金山银山”理念，统筹推进美丽浙江等“六个浙江”建设，在提升生态环境质量上更进一步、更快一步。2020 年 8 月，“绿水青山就是金山银山”理念提出 15 周年之际，发布《深化生态文明示范创建　高水平建设新时代美丽浙江规划纲要（2020—2035 年）》，生态环境部与浙江省签订全国首个部省共建生态文明建设先行示范省战略合作协议。

2004 年以来，浙江省委、省政府相继部署实施了四轮“811”生态环保专项行动。首轮“811”生态环保三年行动，突出 8 大水系和 11 个设区市的 11 个环保重点监管区的治理，遏制了环境恶化的趋势；第二轮“811”新三年行动，基本解决了突出存在的环境污染问题；2011 年开始的第三轮“811”生态文明建设，推动了全省生态文明建设走在全国前列。第四轮“811”美丽浙江建设行动的总体目标是：到 2020 年，构建较为完善的生态文明制度体系，形成人口、资源、环境协调可持续发展的空间格局、产业结构、生产方式、生活方式。以水、大气、土壤和森林绿化美化为主要标志的生态系统初步实现良性循环，全省生态环境面貌出现根本性改观，生态文明建设主要指标和各项工作走在全国前列，人民生活更加幸福安康，建成生态省，成为全国生态文明示范区和美丽中国先行区。

2016 年 7 月，浙江省《“811”美丽浙江建设行动方案》出台，正式开启第四轮“811”专项行动。省委、省政府坚持不懈，不断强化环保“811”行动、美丽浙江建设“811”行动，大力推进“五水共治”“三改一拆”“四边三化”，统筹山水林田湖系统治理，持续深化“千村示范、万村整治”工程、美丽乡村建设、小城镇环境综合整治、“大花园”建设行动，积极开展美丽中国示范区建设、全面启动部省共建生态文明先行示范省，率先通过国家生态省建设试点验收。人居环境治理久久为功，浙江已经探索出一条富有省域特色的绿色发展之路，向天更蓝、山更绿、地更净、水更清、环境更优美的目标迈进，立志成为全国生态文明示范区和美丽中国先行区。2022 年 12 月，中共浙江省委十五届二次全会《中共浙江省委关于全面学习贯彻党的二十大精神　忠实践行“八八战略”　坚定捍卫“两个确立”　坚决做到“两个维护”　以“两个先行”打造“重要窗口”　奋力谱写中国式现代化浙江篇章的决定》提出，“深入践行绿水青山就是金山银山理念，加快打造生态文明高地。高水平推进美丽浙江建设，全力创建国家生态文明试验区，建设减污降碳协同创新区，加快全国生态环境数字化改革和生态环境大脑试点省建设，推进生态文明建设先行示范。一要全域推进国土空间治理现代化。健全国土空间规划体系和用途管制制度，实施差异化的国土空间开发保护，推进国土空间布局与生产力要素布局相匹配、与重大战略实施相匹配。深化土地综合整治，推进跨乡镇土地综合整治国家试点。构建共富型自然资源政策体系，建设国土空间治理数字化改革先行省。二要大力推进发展方式绿色转型。加快推动产业结构、能源结构和交通运输结构等调整优化，推动城乡建设绿色发展。发挥公共机构示范作用、实施全民节约行动，打造循环经济‘991’行动升级版。完善支持绿色发展的政策和标准体系，大力推进节能降碳科技创新和绿色技术推广应用，深化国家绿色技术交易中心建设。三要深入打好污染防治攻坚战。健全现代环境治理体系，深化清新空气示范区建设，深入实施‘五水共治’碧水行动和新‘三五七’[①]目标任务，推进全域‘无

① “五水共治”新“三五七”：指三年加压奋进，数字智治补短板；五年变革重塑，人水和谐立标杆；七年成效显著，绘就幸福新画卷。

废城市'建设，实施危险废物'趋零填埋'，加快构建土壤和地下水污染'防控治'体系，开展新污染物治理，强化塑料污染全链条治理，深化'垃圾革命'，加快提升环境基础设施建设水平。四要全面提升生态系统多样性、稳定性、持续性。优化省域生态安全格局，健全以国家公园为主体的自然保护地体系，实施重要生态系统保护和修复重大工程，科学推进国土绿化和森林质量精准提升，推行森林河流湖泊湿地休养生息，深化河湖长制，全域建设幸福河湖。实施生物多样性保护试点示范工程，加强生物安全管理。五要积极稳妥推进碳达峰碳中和。有计划分步骤实施碳达峰方案，实施精准降碳、科技降碳、数智降碳、安全降碳，高水平建成国家清洁能源示范省，打造新型能源体系建设先行省，巩固提升生态系统碳汇能力，全面落实能源绿色低碳发展和保供稳价三年行动计划，建立健全碳排放统计核算制度。六要全面推行生态产品价值实现机制。完善生态保护补偿制度，探索开展 GEP 综合考核，深化绿水青山就是金山银山合作社改革试点，推进生态惠民富民"。①

浙江不仅在发展战略上秉承并不断深化"八八战略"思想，持续深入推进生态文明建设，同时还不断细化生态文明建设具体举措，形成一系列行之有效的生态文明建设方案，取得显著成效。生态文明建设功在当代、利在千秋。在"两个一百年"奋斗目标的历史交汇期，浙江深入践行习近平生态文明思想，持续推进生态文明先行示范，打造现代版"富春山居图"，以高水平美丽浙江建设推动人与自然和谐共生的现代化。

二、科学规划，不断完善生态制度体系

21 世纪以来，浙江省以生态省建设为龙头，相继提出了"绿色浙江""生态浙江""美丽浙江"等一系列战略目标，昭示着浙江省生态文明建设的脉络和方向。浙江人与自然和谐共生的实践，正是源于 20 年前决策层高屋建瓴的顶层设计和 20 年来的坚守。守得云开见月明，如今的浙江大地改天换地、生机焕发，诗画山水成为浙江省的金名片。

① 中共浙江省委关于全面学习贯彻党的二十大精神 忠实践行"八八战略" 坚定捍卫"两个确立" 坚决做到"两个维护" 以"两个先行"打造"重要窗口" 奋力谱写中国式现代化浙江篇章的决定[N]. 浙江日报，2022-12-27(01).

(一)高度重视高屋建瓴顶层制度设计

浙江在生态文明制度建设方面走在全国前列,形成了绿色政绩考核制度、领导干部环境问责制度等管制性制度体系,绿色财税制度、绿色产权制度等选择性制度体系,生态文化、生态道德等引导性制度体系。这些制度体系有力地保障了生态文明建设顺利推进。2003 年 6 月 27 日,浙江省第十届人民代表大会常务委员会第四次会议通过的《浙江省人民代表大会常务委员会关于建设生态省的决定》指出,浙江相对优越的自然环境,良好的环境保护和生态建设基础,多年积累的雄厚物质基础和良好的经济发展势头,是推进生态省建设的有利条件。要在浙江省委的领导下,举全省之力,紧紧抓住 21 世纪头 20 年的重要战略机遇期,坚持可持续发展战略,坚定不移地走文明发展之路,把浙江省建设成为具有比较发达的生态经济、优美的生态环境、和谐的生态家园、繁荣的生态文化、人与自然和谐相处的现代化省份。浙江省人民政府科学编制和组织实施《浙江生态省建设规划纲要》(简称《纲要》),明确生态省建设工作的指导思想和基本原则,确定启动、推进、提高等各阶段的目标和任务,建立符合国家规定和浙江省实际的指标评价体系,正确把握区域经济发展与生态功能区划的关系,以人与自然和谐为主线,以持续快速发展为主题,以提高人民群众生活质量为根本出发点,以体制创新、科技创新和管理创新为动力,大力发展生态经济,改善生态环境,培育生态文化,全面打造"绿色浙江"。

2003 年 8 月 19 日,浙江省人民政府发布《关于印发〈浙江生态省建设规划纲要〉的通知》(浙政发〔2003〕23 号),提出建设生态省,打造"绿色浙江",是提前基本实现现代化的"八项举措"之一。各地、各部门认真贯彻落实《省人大常委会关于建设生态省的决定》,把建设生态省摆到经济社会发展的战略地位,齐心协力搞好生态省建设。以《纲要》为依据,浙江省因地制宜、突出重点、改革创新,科学编制生态市、生态县建设规划及部门工作计划,保证了《纲要》的顺利实施。各级政府加强了对生态省建设的领导,成立相应的组织机构,实行一把手亲自抓、负总责,逐级分解落实生态省建设省市长任期目标责任书,将生态省建设纳入各级政府年度考核的重要内容。省生态省建设工作领导小组办公室加强了对生态市、生态县建设工作的指导、协调、监督、服务。省级各有关部门密切配合,加强了对《纲要》实施的协调和督促,并及时解决工作中出现的新问题，促进生态省建设持续健康发展。2010 年 6 月 30 日，中国共产党浙江省第十二届委员会第七次全体会议通过《中共浙江省委关于推进生态文明建设的决定》，指出建设生态文明，实质上就是要建设以资源环境承载力为基础、以自然规律为准则、以可持续发展为目标的资源节约型、环境友好型社会，实现人与自然和谐相处、协调发展，要求“坚持生态省建设方略、走生态立省之路，大力发展生态经济，不断优化生态环境，注重建设生态文化，着力完善体制机制，加快形成节约能源资源和保护生态环境的产业结构、增长方式和消费模式，打造‘富饶秀美、和谐安康’的生态浙江，努力实现经济社会可持续发展，不断提高浙江人民的生活品质”。[①]

党的十八大以来，浙江陆续制定并颁布关于生态文明建设的法规和制度，建立了一个比较完备的生态文明建设制度体系。2016 年，发布《中共浙江省委办公厅浙江省人民政府办公厅关于印发〈“811”美丽浙江建设行动方案〉的通知》（浙委办发〔2016〕40 号），开启新一轮“811”专项行动，引入“建设美丽浙江，创造美好生活”的“两美”理念，首次提出“绿色经济”“生态文化”和“制度创新”等新理念。同时出台《浙江省深化美丽乡村建设行动计划（2016—2020 年）》（浙委办发〔2016〕21 号）。2017 年，发布《中共浙江省委关于高举习近平新时代中国特色社会主义思想伟大旗帜　奋力推进“两个高水平”建设的决定》（2017 年 11 月 9 日中国共产党浙江省第十四届委员会第二次全体会议通过），2017 年发布《浙江省生态文明体制改革总体方案》。2018 年公布《浙江省生态文明示范创建行动计划》（浙政发〔2018〕18 号）、《浙江省生态保护红线》（浙政发〔2018〕30 号）。2019 年，制定公布《浙江省海岛大花园建设规划（2019—2025）》《关于高水平推进美丽城镇建设的意见》。同时，浙江启动了《深化生态文明示范创建　高水平建设新时代美丽浙江规划纲要（2020—2035 年）》编制工作。2020 年 8 月经生态环境部评审通过论证，正式公布并实施。所属的 11 个市先后制定了符合本域实际的规划纲要。2020 年先后出台公布《浙江省全域“无废城市”建设工作方案》（浙政办发〔2020〕2 号）。2021 年公布了《浙江省深化“五水共治”碧水行动计划（2021—2025 年）》（浙委办发〔2021〕63 号）、《浙

---

① 中共浙江省委关于推进生态文明建设的决定[N]. 浙江日报，2010-07-07(1).

江省城镇“污水零直排区”建设攻坚行动方案(2021—2025年)》(浙治水办发〔2021〕17号),当年5月又颁布《浙江省循环经济发展“十四五”规划》《浙江省生态环境保护“十四五”规划》《浙江省海洋生态环境保护“十四五”规划》《浙江省水生态环境保护“十四五”规划》等四个规划,11月又公布《浙江省人民政府关于加快建立健全绿色低碳循环发展经济体系的实施意见》(浙政发〔2021〕36号)。2022年,公布中共浙江省委、浙江省人民政府《关于完整准确全面贯彻新发展理念做好碳达峰碳中和工作的实施意见》《浙江省生态环境保护条例》。《关于完整准确全面贯彻新发展理念做好碳达峰碳中和工作的实施意见》提出深入贯彻习近平生态文明思想,完整、准确、全面贯彻新发展理念,围绕忠实践行“八八战略”、奋力打造“重要窗口”主题主线,统筹经济发展、能源安全、碳排放、居民生活四个维度,按照省级统筹、三级联动、条块结合、协同高效的体系化推进要求,以数字化改革撬动经济社会发展全面绿色转型,积极稳妥推进碳达峰、碳中和工作,加快构建“6+1”领域碳达峰体系,为争创社会主义现代化先行省、高质量发展建设共同富裕示范区奠定坚实基础。2022年12月19日,中国共产党浙江省第十五届委员会第二次全体会议通过《忠实践行“八八战略” 坚定捍卫“两个确立” 坚决做到“两个维护” 以“两个先行”打造“重要窗口” 奋力谱写中国式现代化浙江篇章的决定》,关于生态文明建设方面,提出加快打造生态文明高地,要求浙江在2035年生态环境质量、资源能源集约利用、美丽经济发展全面处于国内领先、国际先进水平,碳排放达峰后稳中有降,建成美丽浙江。

(二)加快推进制度创新,着力完善体制机制

2017年,省委、省政府印发《浙江省生态文明体制改革总体方案》,提出:“立足浙江实际,以建设美丽浙江为目标,以绿色发展为主线,以改善环境质量为核心,以空间结构优化、资源节约利用、生态环境治理为重点,深化体制机制改革,建立系统完整的生态文明制度体系,努力建设高水平生态文明,为建设美丽浙江、高水平全面建成小康社会提供持续动力。”[1]2020年,全省已经完善由自然资源资产产权制度、国土空间开发保护制度、空间规划体系、资源总量

① 省委省政府印发浙江省生态文明体制改革总体方案[N].浙江日报,2017-07-20(5).

管理和全面节约制度、资源有偿使用和生态补偿制度、环境治理体系、环境治理和生态保护市场体系、生态文明绩效评价考核和责任追究制度等八个方面构成的产权清晰、多元参与、激励约束并重、系统完整的生态文明制度体系，生态文明领域治理体系和治理能力现代化取得重大进展。

建立健全党政领导班子和领导干部综合考评机制。浙江按照各市县(市、区)主体功能定位，实施分类考核评价，加快构建促进科学发展及生态文明建设的党政领导班子和领导干部综合考核评价机制，落实责任制，突出强调生态建设、改善民生、统筹协调发展。主体功能定位为优化开发区域的市县(市、区)，率先转变了经济发展方式，提高了经济增长的质量和效益。主体功能定位为重点开发区域的市县(市、区)，加强了产业集聚，着力提高了城市化、工业化的水平和质量。主体功能定位为生态经济、生态保护区域的市县(市、区)，加强了生态环境保护，大力发展生态农业、生态旅游等绿色产业，实施“小县大城”战略，努力成为富裕的生态屏障。

加大生态保护扶持力度，健全生态补偿机制。2020 年 10 月，浙江发布全国首部省级《生态系统生产总值(GEP)核算技术规范　陆域生态系统》，为绿水青山可考核、可交易、可融资提供统一参考依据。按照“谁保护、谁受益”，“谁改善、谁得益”，“谁贡献大、谁多得益”原则，健全生态环保财力转移支付制度，逐步加大力度，提高各地保护生态环境的积极性；完善跨界断面河流水量水质目标考核与生态补偿相结合的办法，逐步提高源头地区保护水源的积极性和受益水平；建立健全分类补偿与分档补助相结合的森林生态效益补偿机制，逐步提高生态公益林补偿标准；探索建立饮用水源保护生态补偿机制，完善对省级以上自然保护区、海洋自然保护区的财政专项补助政策；加大对生态保护地区的扶持力度，重大生态环保基础设施实行省市县联合共建；健全生态环境质量综合考评奖惩机制，根据市县(市、区)年度生态环境质量综合考评指数优劣状况，对其实施经济奖励或处罚。

加快完善市场化要素配置机制。进一步完善土地征收制度、工业用地招拍挂制度，积极探索农村宅基地空间置换和工业存量用地盘活机制，促进土地节约集约利用；开展水权制度改革试点，研究制定主要流域内各市县(市、区)用水总量控制及水权交易办法；完善分类水价制度、城市居民生活用水阶梯式水价制度和企业超计划、超定额用水加价制度;建立完善城市居民用电阶梯价格制度、企业超能耗产品电价加价制度,全面推行合同能源管理;深化化学需氧量排污权有偿使用与交易试点工作,积极开展二氧化硫排污权有偿使用与交易试点,加快建立全省排污权有偿使用与交易制度;加强清洁发展机制项目建设,探索省内碳排放权交易制度。

完善投融资体制和财税金融扶持政策。按照"政府引导、社会参与、市场运作"原则,积极引导企业等社会资金参与城镇和农村污水处理设施、污水配套管网、垃圾处理设施、污泥处理项目等生态环保基础设施建设和经营;大力发展绿色金融,鼓励金融机构加大对清洁生产企业的信贷支持和保险服务,鼓励和支持有条件的清洁生产先进企业通过上市、发行债券等资本运作方式筹措发展资金,鼓励和支持上市公司通过增发、股权再融资等方式筹措资金用于节能减排;抓好国家有关发展生态经济、改善生态环境、加强资源节约的各项税收优惠政策的落实,加大对发展循环经济,推进清洁生产、节能减排、节地节水项目和企业的政策扶持;完善政府采购制度,绿色节能产品优先列入政府采购目录,各级政府优先采购列入国家"环境标志产品政府采购清单"和"节能产品政府采购清单"的产品。

强化推进生态文明建设的法治保障。认真贯彻落实国家有关环境保护、生态建设的一系列法律法规,研究制定和修订完善保护环境、节约能源资源、促进生态经济发展等方面的法规规章,加强重点区域、重点领域生态环境保护专项立法;加大执法力度,创新执法方式,充实基层环保执法力量;加强检察司法工作,依法严厉查处破坏生态、污染环境的案件;加强环境保护、生态建设等领域的法律服务工作;加强生态法制宣传教育,重点加强对领导干部、公务员、企业经营管理人员和青少年的法制宣传教育,在全社会形成人人遵法守法、自觉保护环境的良好局面。

(三)开辟绿水青山就是金山银山的新境界

习近平指出:"我们既要绿水青山,也要金山银山。宁要绿水青山,不要金山银山,而且绿水青山就是金山银山。"[①]牢固树立和深入践行绿水青山就是金

① 习近平.论坚持人与自然和谐共生[M].北京:中央文献出版社,2022:40.

山银山的理念，把生态文明建设作为千年大计，制定实施优美环境行动计划，积极创建国家可持续发展议程创新示范区，建设美丽中国示范区，为人民创造良好生产生活环境，促进人与自然和谐共生。

坚持不懈开展四轮生态环保专项行动。2004年开始，省委、省政府相继部署实施四轮“811”生态环保专项行动。第一轮“811”生态环保三年行动，突出8大水系和11个设区市的11个环保重点监管区的治理，遏制了环境恶化的趋势。第二轮“811”新三年行动，基本解决了突出存在的环境污染问题。2011年开始的时长5年的第三轮“811”生态文明建设，推动了全省生态文明建设走在全国前列。第四轮“811”美丽浙江建设行动的一大焦点，是加快建成美丽中国的“浙江样板”，通过绿色经济培育、节能减排、“五水共治”、大气污染防治、土壤污染防治、“三改一拆”、深化美丽乡村建设、生态屏障建设、灾害防控、生态文化培育、制度创新等11项专项行动，达到绿色经济培育、环境质量、节能减排、污染防治、生态保护、灾害防控、生态文化培育、制度创新等8个绿色发展的目标。

加大力度推进生态保护和修复。生态保护和修复是守住自然生态安全边界、促进自然生态系统质量整体改善的重要保障。习近平指出：“保护生态环境就是保护生产力，改善生态环境就是发展生产力。”①具体举措如下。一是统筹山水林田湖草系统治理，实施重要生态系统保护和修复重大工程，保护生物多样性，提升森林、河流、湿地、海洋等自然生态系统质量和稳定性。抓好省级空间规划试点，推进“多规合一”，推动主体功能区战略在市县精准落地，加快生态保护红线、永久基本农田、城镇开发边界三条控制线划定与实施。深入推进“四边三化”②和平原绿化，加强水土流失综合治理，强化湿地保护和恢复，加快建成森林浙江。创建海洋生态建设示范区，开展全省海岸线整治修复三年行动。深入推进美丽城乡建设，打造沿江、沿河、沿山、沿湖万里美丽走廊，大力发展全域旅游，全面建成“诗画浙江”中国最佳旅游目的地。二是坚守生态红线，进行生态修复。2018年7月，浙江发布《浙江省人民政府关于发布浙江

① 习近平.论坚持人与自然和谐共生[M].北京：中央文献出版社，2022：63.

② “四边三化”是指在公路边、铁路边、河边、山边等区域（简称“四边区域”）开展洁化、绿化、美化行动。

省生态保护红线的通知》(浙政发〔2018〕30 号)指出:“严守生态保护红线,将生态保护红线作为综合决策的重要依据和各级各类规划编制的重要基础,实现一条红线管控重要生态空间,确保生态功能不降低、面积不减少、性质不改变,全面保护我省生态环境,切实维护我省生态安全,不断推进美丽浙江和生态文明建设,为高水平全面建成小康社会、高水平推进社会主义现代化建设提供强有力的生态环境保障。”[①]三是加大财政投入开展生态补偿。浙江在全国率先建立了生态环保财力转移支付制度。此后又陆续出台了生态公益林补偿机制、重点生态功能区财政政策、污染物排放财政收费制度等一系列政策,系统化构建了绿色发展财政奖补机制,三年一轮迭代升级,发挥了政策集成、资金集聚效应,有力地推动了绿色发展。

深化生态文明建设体制改革。浙江落实中央关于生态环境监管体制改革部署,设立国有自然资源资产管理和自然生态监管机构,完善生态环境管理制度,坚持和深化河长制,推进“湾(滩)长制”国家试点。构建国土空间开发保护制度,建立以国家公园为主体的自然保护地体系,健全耕地森林河流湖泊休养生息制度。深化环境监测改革,提高污染排放标准,强化排污者责任,健全环保信用评价、信息强制性披露、严惩重罚等制度,打造环保执法最严省份。推进环境资源市场化配置,建立市场化、多元化生态补偿机制,开展生态产品价值实现机制试点。完善环境资源司法保护机制,建立健全生态环境损害赔偿制度和责任终身追究制度,坚决制止和惩处破坏生态环境行为。2017 年,浙江生态文明建设体制框架初步确立,生态文明体制改革重要领域和关键环节取得突破,形成有利于保护环境、节约资源的制度安排。2020 年,浙江构建起了由自然资源资产产权制度、国土空间开发保护制度、空间规划体系、资源总量管理和全面节约制度、资源有偿使用和生态补偿制度、环境治理体系、环境治理和生态保护市场体系、生态文明绩效评价考核和责任追究制度等八个方面构成的产权清晰、多元参与、激励约束并重、系统完整的生态文明制度体系,生

① 浙江省人民政府关于发布浙江省生态保护红线的通知[EB/OL].(2018-07-20)[2023-03-19]. https://www.zj.gov.cn/art/2018/7/20/art_1229019364_55336.html.

态文明领域治理体系和治理能力现代化取得重大进展。GEP① 点“绿”成“金”。2020 年，浙江省发布全国首部省级 GEP 核算标准《生态系统生产总值(GEP)核算技术规范　陆域生态系统》，2021 年印发实施《浙江省生态系统生产总值(GEP)核算应用试点工作指南(试行)》；同时，以全面推进数字化改革为契机，德清县与中国科学院生态环境研究中心联合开发的“数字两山”GEP 核算决策支持平台正式上线运行，以数字化手段精准计算出每块地的“生态身价”。2022 年 5 月 27 日，浙江省第十三届人民代表大会常务委员会第三十六次会议通过的《浙江省生态环境保护条例》是浙江省生态环境领域“1＋N”法规体系中的“1”，具有统领作用。在立法中，始终坚持以习近平生态文明思想为指导，深入贯彻中央和省委、省政府决策部署以及相关法律法规要求，努力推动浙江省改革创新实践，积极回应社会关切和实践需要，既体现系统性、综合性，又突出针对性、操作性。提出坚持整体智治，推进数字化监管。坚持减污降碳协同增效，推进碳达峰碳中和。坚持“两山”转化，推进生态产品价值实现。坚持源头防控，强化“三线一单”、规划环评和项目环评联动机制。坚持损害担责，推进生态环境损害赔偿修复。坚持系统观念，推进生物多样性保护。坚持发挥市场机制作用，统一排污权有偿使用和交易制度。坚持拓展提升，落实生态环境问题发现机制。坚持优化服务，确立先行验收制度。坚持责任传导，完善生态环境状况报告制度。

三、踔厉奋发，提供美丽中国的浙江样本

浙江高标准推进生态文明建设，打造人与自然和谐共生的美丽浙江。探索没有止境，浙江不断拓展“美丽中国先行示范区”建设内涵，开启生态文明建设的全新范式。美丽浙江的金名片、绿色发展的新载体，更是美丽经济的新形态，呈现给我们的是“具有诗画江南韵味的美丽城乡”。如果说良好的生态环境是最公平的公共产品、最普惠的民生福祉，那么“大花园”建设让厚植的生态优势化为蓬勃的发展优势。浙江省委、省政府积极响应建设“美丽中国”号召，

---

① GEP：生态系统生产总值，也称生态产品总值，是指生态系统为人类福祉和经济社会可持续发展提供的各种最终物质产品与服务价值的总和，主要包括生态系统提供的物质产品、调节服务和文化服务的价值。

《浙江省深化美丽乡村建设行动计划(2016—2020年)》出台,美丽乡村建设从"一处美"向"一片美""全域美"拓展,大力发展美丽经济,以实现环境美与产业美、自然美与人文美、形态美与制度美相统一。至2021年,"累计建成国家生态文明建设示范区35个,国家'绿水青山就是金山银山'实践创新基地10个,省级生态文明建设示范市8个,省级生态文明建设示范县(市、区)74个"[①]。而今,踔厉奋发的浙江正在高质量高水平构建集约高效绿色的全省域美丽国土空间,发展绿色低碳循环的全产业美丽现代经济,建设天蓝地绿水清的全要素美丽生态环境,打造宜居宜业宜游的全系列美丽幸福城乡,弘扬浙山浙水浙味的全社会美丽生态文化,完善科学高效完备的全领域美丽治理体系。到2025年,浙江将基本建成美丽中国先行示范区;到2030年,美丽中国先行示范区建设取得显著成效,为落实联合国2030年可持续发展议程提供浙江样板;到2035年,高质量建成美丽中国先行示范区,天蓝水澈、海清岛秀、土净田洁、绿色循环、环境友好、诗意逸居的现代化美丽浙江将全面呈现。

(一)循环经济发展成效明显

"十三五"时期,浙江坚持绿色发展理念,深入实施第三轮循环经济"991"行动计划,循环型产业体系初步构建,资源利用效率显著提高,生态环境质量持续改善,循环经济发展成效明显。

循环型产业体系初步建立。浙江以循环经济为核心的生态经济体系初步建立,在全国率先建成生态省。深入推进农业绿色发展试点先行区建设,全面完成1050个现代生态循环农业示范主体建设。推动全省制造业类产业园区基本完成循环化改造,形成以电厂粉煤灰、钢铁厂冶金渣等大宗固废综合利用为重点的企业循环型产业链,以化工、医药、合成革等主导产业为纽带的园区循环型产业链,以废金属、废塑料、废纸等再生资源回收利用为核心的社会循环产业链等三大循环经济体系。推进快递物流绿色发展,设置包装物回收装置超过5100个,全省主要快递品牌快递循环中转袋使用率达100%。实施绿色经济培育行动,高新技术产业增加值占规上工业比重五年内从40.1%提高

① 浙江省统计局.2021年浙江省国民经济和社会发展统计公报[EB/OL].(2022-02-24)[2023-03-19].http://tjj.zj.gov.cn/art/2022/2/24/art_1229129205_4883213.html.

到 59.6%，节能环保产业总产值提前两年突破万亿元大关。[①]

资源利用效率稳步提高。实施资源循环利用重大工程，创建 5 个国家级和 33 个省级资源循环利用示范城市（基地），深入推进 9 个国家级和 35 个省级园区循环化改造示范试点，初步构建区域资源循环利用体系，资源能源利用效率持续提高。2020 年，全省主要资源产出率比 2015 年提高 20%以上；万元 GDP 用水量 27.4 立方米，较 2015 年下降 37.1%。[②]

循环型社会建设有序推进。加大循环经济发展理念宣传教育，定期举办"节能周""低碳日"等主题宣传活动，全面推进城乡生活垃圾分类，制定实施推进绿色包装工作、限制一次性消费用品等政策文件，积极推广菜篮子、布袋子、"光盘子"，引导全社会基本形成了绿色、低碳、循环的消费理念。2020 年，城镇生活垃圾分类覆盖率达到 90%，农村生活垃圾分类建制村覆盖率达到 85%，城市主城区公共交通机动化分担率达到 36.7%。开展两批次 60 个未来社区试点建设，突出低碳场景打造，城镇绿色建筑占新建建筑比重达到 97%。[③]

当然，循环经济发展中也存在短板，主要体现在：绿色低碳循环发展认识有待提升，传统发展方式的惯性和路径依赖依然存在；产业和能源转型压力较大，节能环保、清洁能源等绿色产业与国际先进水平仍有差距，资源利用效率有待进一步提高；循环经济技术创新投入和研发成果转化率偏低；循环经济发展保障机制以及绿色标准、绿色金融等支撑体系有待完善；循环发展与绿色发展、低碳发展的融合不够，"991"行动计划的范畴需向绿色低碳循环发展延伸。

（二）加快完善生态文明体制机制

2017 年，浙江生态文明建设体制框架初步确立，生态文明体制改革重要领域和关键环节取得突破，形成有利于保护环境、节约资源的制度安排。2020

---

① 省发展改革委关于印发《浙江省循环经济发展"十四五"规划》的通知（浙发改规划〔2021〕189号）[EB/OL].（2021-05-25）[2023-03-19]. https://www.zj.gov.cn/art/2021/6/9/art_1229203592_2302014.html.

② 省发展改革委关于印发《浙江省循环经济发展"十四五"规划》的通知（浙发改规划〔2021〕189号）[EB/OL].（2021-05-25）[2023-03-19]. https://www.zj.gov.cn/art/2021/6/9/art_1229203592_2302014.html.

③ 省发展改革委关于印发《浙江省循环经济发展"十四五"规划》的通知（浙发改规划〔2021〕189号）[EB/OL].（2021-05-25）[2023-03-19]. https://www.zj.gov.cn/art/2021/6/9/art_1229203592_2302014.html.

年，浙江构建由自然资源资产产权制度、国土空间开发保护制度、空间规划体系、资源总量管理和全面节约制度、资源有偿使用和生态补偿制度、环境治理体系、环境治理和生态保护市场体系、生态文明绩效评价考核和责任追究制度等八个方面构成的产权清晰、多元参与、激励约束并重、系统完整的生态文明制度体系，生态文明领域治理体系和治理能力现代化取得重大进展。

建立健全环境治理体系。一是完善污染物排放许可制。推进排污许可证管理改革，建立覆盖所有固定污染源的排污许可证制度。深化环评审批制度改革，推进“规划环评＋环境标准”改革试点。二是建立污染防治区域联动机制。完善长三角区域大气污染防治联防联控协作机制，建立完善区域联合执法和监管信息通报机制。贯彻落实中央要求，进一步深化完善河长制。实行陆海统筹的污染防治机制，建立重点海域污染物排海总量控制制度。建立健全区域环境风险评估机制，推进跨界应急预警监测联动。三是建立农村环境治理体制机制。加快制定和完善相关技术标准和规范，建立以绿色生态为导向的农业补贴制度。健全完善农业污染治理机制，加强秸秆及农作物废弃物综合利用，实施农田测土配方施肥和农药减量控害增效行动。采取财政和村集体补贴、住户付费、社会资本参与的投入运营机制，加强农村污水和垃圾处理等环保设施建设。采取政府购买服务等多种扶持措施，培育发展各种形式的农业面源污染治理、农村污水垃圾处理市场主体。强化县乡两级政府的环境保护职责，加强环境监管能力建设。四是健全环境信息公开制度。全面推进大气和水等环境信息公开、排污单位环境信息公开、监管部门环境信息公开，健全建设项目环境影响评价信息公开机制。健全环境新闻发言人制度。建立环境保护信息公开平台和举报平台，完善公众参与机制，健全举报、听证、舆论监督等制度。五是严格实行生态环境损害赔偿制度。开展生态环境损害赔偿制度试点，加快建立生态环境损害评估技术体系，健全环境损害赔偿的政策法规和实施机制，加强赔偿和修复的执行与监督，形成可复制可借鉴的试点成果，在全省面上推开。六是完善环境保护管理制度。按照管行业必须管环保的原则，建立健全条块结合、各司其职、权责明确、保障有力、权威高效的地方环境保护管理体制，切实落实对地方政府及其相关部门的监督责任。规范和加强地方环保机构队伍建设，积极稳妥落实省以下环保机构监测监察执法队伍垂直管理制度。完善环境行政执法与司法联动协作机制。

完善生态文明绩效评价考核和责任追究制度。一是建立生态文明目标体系。根据国家绿色发展指标体系，研究建立符合浙江发展实际的指标体系及调查制度。指导安吉县开展“两山”理念实践试点县建设，编制实施浙江（安吉）泛自然博物园发展规划，争创国家生态文明建设示范区。建立健全生态文明建设目标评价考核办法，增加资源消耗、环境损害、生态效益等指标在经济社会发展综合评价体系中的权重。针对不同区域的主体功能区和环境功能区定位，实行差异化的绩效评价指标和考核办法，逐步取消重要生态功能区、源头地区主要经济指标考核。二是建立资源环境承载能力监测预警机制。逐步开展省、市、县资源环境承载力评价。配合国家有关部门建立资源环境监测预警数据库和信息技术平台，定期汇总梳理相关监测数据。对水土环境、环境容量超载区域实行预警，实施限制性措施。三是探索编制自然资源资产负债表。做好湖州市自然资源资产负债表编制国家试点工作。建立符合省情的自然资源统一调查制度。构建土地、林木、水等资源资产和负债核算方法，建立实物量核算账户，定期评估自然资源资产变化情况。

生态文明体制改革的实施保障制度。一是加强组织领导。浙江省生态文明体制改革专项小组要加强统筹协调，及时协调解决生态文明体制改革中遇到的问题。各地各有关部门把生态文明体制改革作为加强生态文明建设的重要任务，主要负责同志亲自抓工作，分管负责同志具体抓工作，其他同志配合抓工作。研究制定专项改革方案，明确责任主体和时间进度，加快形成改革合力，确保各方案确定的各项改革任务落到实处。二是强化法治保障。健全有关生态文明建设的法规规章，完善节能减排、环境保护标准体系。及时清理与生态文明建设相冲突或不利于生态文明建设的地方性法规、规章和规范性文件。加强监管执法，严格执行生态文明法律法规。三是加强监督考核。省委全面深化改革领导小组、省生态文明体制改革专项小组建立和完善目标任务监督考核机制，对实施方案落实情况进行监督检查和跟踪推进，正确解读和及时解决实施中遇到的问题，重大问题及时向省委、省政府请示报告。四是强化舆论引导。加大生态文明建设和体制改革宣传力度，准确解读生态文明各项制度的内涵和改革方向。媒体深入挖掘推出一批各地各部门完善制度举措、保护自然生态等方面的典型,发挥了示范引领作用。加强生态文明宣传教育,普及生态文明知识,积极培育生态文化、生态道德,开展舆论监督,形成崇尚生态文明、推进生态文明建设和体制改革的良好氛围。

(三)"三美融合"堪为全国美丽乡村建设的典范

浙江是中国美丽乡村的发源地,也是中国农村改革的排头兵。从"千万工程"到美丽乡村,建立起了一套行之有效的体制机制,让浙江美丽乡村成为全国美丽乡村建设的典范。从美丽生态,到美丽经济,再到美好生活,"三美融合"给浙江乡村带来全新气象。2003 年全面启动以来,浙江农村人居环境建设经历了三个阶段:一是 2003 年至 2007 年示范引领,1 万多个建制村推进道路硬化、卫生改厕、河沟清淤等。二是 2008 年至 2012 年整体推进,主抓畜禽粪便、化肥农药等面源污染整治和农房改造。三是 2013 年以来深化提升,攻坚生活污水治理、垃圾分类、历史文化村落保护利用。"从'生态美''业态美''生活美',到'治理美''风尚美''制度美',浙江美丽乡村建设走在全国前列,描绘了理想的乡村生活图景。党的十八大以后,浙江省委、省政府积极响应建设'美丽中国'号召,《浙江省深化美丽乡村建设行动计划(2016—2020 年)》出台,美丽乡村建设从'一处美'向'一片美''全域美'拓展,大力发展美丽经济,以实现环境美与产业美、自然美与人文美、形态美与制度美相统一。2018 年,联合国副秘书长兼联合国环境规划署执行主任埃里克·索尔海姆在浙江考察后感叹:浙江的模样就是中国未来的模样,甚至世界未来的模样。"[①]随着工程广度和深度的拓展,"美丽乡村"的内涵也不断丰富。从美丽生态,到美丽经济,再到美丽生活,"三美融合"带给浙江乡村勃勃生机。以农村人居环境建设为抓手,浙江农村在"千村示范、万村整治"工程驱动下迈入高质量发展快车道。

科学制定规划,精心组织实施,发挥好规划的引领和导向作用。制定科学的规划,并通过项目的形式落实,是浙江美丽乡村建设的基本做法,也是全面推进美丽乡村建设的基础性工作。浙江各县市在美丽乡村建设初期都能把规划放在首要位置,用"七分力量抓规划,三分力量搞建设",坚持"不规划不设计,不设计不施工"。规划的先行,有效避免了行动的盲目性和无序性,确保了

---

① 黄丽丽.在"浙"看见乡村未来[N].浙江日报,2020-11-23(13).

建设效果。一是坚持城乡一体编制规划。统筹考虑农村发展现状、村庄分布、历史文化和旅游发展等因素,确保“城乡一套图、整体一盘棋”。二是立足乡村特点编制规划。规划设计突出地域特色和乡土气息,最大限度地保留村庄的原始风貌,着力打造具有乡土风情和显著辨识特征的美丽乡村。三是注重规划的可操作性和适用性。将规划内容分解为年度实施计划和具体的实施项目,分类推进、分步实施。

创建标准体系,强化制度供给,使美丽乡村建设有章可循。除了注重实施分类差异性和适用性,浙江还根据美丽乡村建设的总规划和总目标,强调共性的标准统一性,并制定了一系列规范性文件,确保差异有特色、共性有标准。一是先后制定实施了《美丽乡村建设行动计划(2011—2015 年)》《浙江省深化美丽乡村建设行动计划(2016—2020 年)》,指导全省的美丽乡村创建活动。二是发布了《美丽乡村建设规范》,这是全国第一个美丽乡村建设的省级地方标准,对推动浙江美丽乡村建设标准化和制定《美丽乡村建设指南》国家标准,都起到了重要的促进作用。三是修订完善了《村庄整治规划设计指引》《村庄规划编制导则》《美丽乡村标准化示范村建设实施方案》等文件,形成了比较完整的美丽乡村建设标准化指标体系,基本涵盖美丽乡村创建的各个方面,使美丽乡村建设的规划有方向、操作有依据、实施有方法。四是引导先建县市根据行动计划和建设规范细化建设的指标体系,制定了《中国美丽乡村建设考核指标及验收办法》。

加强组织领导,创新体制机制,确保各项建设任务有效落实。按照“党政主导、农民主体、社会参与、机制创新”的要求,浙江加大了创建资源的整合,强化组织领导、创新体制机制。一是建立了各层级的美丽乡村建设工作领导小组。由党政主要负责人任组长,相关单位为成员,形成了党政齐抓共管、部门协调配合、一级抓一级、层层抓落实的工作机制。二是建立分类指导、激励为主的考评机制。根据已有基础和功能定位,将村镇划分为特色农业、工业经济、休闲产业和综合发展等类别,设置个性化指标进行考核。根据考核指标,评定等级,按照考核等级和人口规模以奖代补。

重视村庄环境综合整治,改善农村人居环境,做到村容整洁。整治优美的村庄环境是美丽乡村建设的重点,也是美丽乡村建设目标最直观的体现。在创建过程中，浙江坚持把全面优化农村人居环境作为美丽乡村建设的重点和突破口。多年来，浙江通过开展以“道路硬化、路灯亮化、河道净化、杆线序化、墙面美化、卫生洁化、环境绿化”为目标的村庄环境整治行动，使农村人居环境、生态环境得到有效改善。

壮大村集体经济，夯实农村产业发展基础，做到产业富民。近年来，浙江始终把壮大农村集体经济、夯实农村产业基础放在美丽乡村建设的突出位置。一是大力发展特色经济。围绕优势产业和特色产业，加大土地使用权流转力度，推进规模经营，打造品牌优势。二是积极培育农民专业经济合作组织，形成现代产业经营体系。引导农户自愿组织起来，将个体优势转化为集体优势，提高了生产经营的抗风险能力，同时降低了单独发展的成本，提高了竞争力。三是大力发展乡村旅游业。充分利用浙江农村“天生丽质”和文化底蕴深厚的优势，大力发展“农家乐”休闲游、山水游和民俗游。四是加快传统产业改造升级。引导加工制造业向工业园区聚集，加快技术转型升级，主动适应市场需求，增加中高端产品供给。五是实施浙商“回归工程”。利用乡情、亲情引导和动员在外浙商回乡投资兴业，带动更多农民实现就地就近创业就业。六是积极支持引导农村发展电子商务，在资金、物流、用地等方面给予扶持。

挖掘文化内涵，建设乡村文化，做到乡风文明。建设美丽乡村，环境改善是基础，经济发展是关键，村风文明是目标。一是充实农村文化载体。以文化礼堂建设为抓手，实施乡村文化展示工程、文艺人才队伍培养等文化项目，引导各村量身定制文化建设方案。二是开展文明创建评比活动。开展“孝敬父母好儿媳”“党员综合示范户”等评比活动，推进乡风文明建设。三是深入挖掘和搜集整理村落的名士乡贤、民俗风情、历史文化。四是大力培育乡村精神。从德、孝、义、能等方面，定期从各村推选“乡村名人”，用身边榜样教育引导。五是抓好农民素质提升。把培养有一技之长、有创业激情、有文化素养、有开阔视野、有文明气度的现代品质农民作为美丽乡村建设的重要内容来抓。

浙江美丽乡村建设，达到了布局优美、环境秀美、产业精美、生活恬美、社会和美以及服务完美的要求。预计到 2025 年，新时代美丽乡村将全面建成，所有县域美丽乡村建设将达到全国领先水平，海洋风情、生态绿谷、钱江山水、江南水乡、和美金衢“五朵金花”组团将全面展现，“点上精致、线上出彩、面上美丽”的新时代美丽乡村“富春山居图”整体塑形，浙江乡村将打造成为花园乡村先行地、创业富民新天地、文明善治标杆地、数字乡村引领地、美好生活共享地，努力率先实现农业农村现代化。

四、“人与自然和谐共生”生动实践的浙江经验

探索无止境，实践出真知。浙江不断拓展建设美丽中国先行示范区的内涵，开启了生态文明建设的全新范式，厚植了共同富裕示范区建设的鲜明底色，绿色正成为浙江发展最动人的色彩。“2018 年，浙江‘千万工程’获联合国‘地球卫士奖’，联合国环境规划署评价这是‘极度成功的生态恢复项目’；2019 年，浙江建成全国首个生态省，为我国探索绿色发展之路提供了‘浙江经验’。”[①]浙江坚持人与自然和谐共生，在全国率先作出生态文明建设决定，连续部署 4 轮“811”专项行动，制定实施生态文明示范创建行动计划、大花园建设行动计划，并开展了美丽中国示范区建设、全面启动部省共建生态文明先行示范省建设，取得了率先通过国家生态省建设试点验收的历史性成就。

（一）浙江生态文明建设丰富了人与自然和谐共生的实践样本

坚持走“生态优先、绿色发展”之路，并以最高标准、最严制度、最硬执法、最实举措，坚决打好打赢蓝天、碧水、净土保卫战。建立健全绿色生产和消费的法规、制度和政策，健全绿色低碳循环发展的经济体系。完善绿色金融体系，大力发展节能环保产业、清洁生产产业、清洁能源产业、生态循环农业。强化资源全面节约和循环利用，大力实施节水行动，加快建设清洁能源示范省。倡导简约适度、绿色低碳的生活方式，开展创建节约型机关、绿色家庭、绿色学校、绿色社区和绿色出行等行动。坚决打好污染防治攻坚战。强化环境标准引领，解决各类突出环境问题，加快实现污水、垃圾高质量全处理。继续大力推进“五水共治”，巩固提升剿灭劣Ⅴ类水和农村生活污水治理成果，加快实现全省饮用水源地水质和跨行政区域河流交接断面水质双达标，加强流域环境和近岸海域综合治理。打赢蓝天保卫战，推动城市空气质量优良天数持续稳步提高。统筹抓好治土、治固废等工作，加强农业面源污染防治，推行城乡生

---

① 郑亚丽，胡静漪. 绿色，发展最动人的色彩[N]. 浙江日报，2022-06-18(8).

活垃圾分类化、减量化、资源化、无害化处理，实现城市生活垃圾总量“零增长”和农村生活垃圾分类处理全覆盖。深入开展小城镇环境综合整治，着力提升农村人居环境。

建设全要素美丽生态环境。一是生态环境质量不断改善。坚持生态环境综合治理，实行最严格的生态环境保护制度，山更青、水更绿、天更蓝、地更净。2021 年，浙江省生态环境公众满意度总得分为 85.81，连续 10 年提升。水环境质量明显提升。2013 年底，省委、省政府作出“五水共治”的决策部署，至 2021 年，全省“五水共治”工作群众满意度连续 8 年提升。地表水省控断面中，Ⅲ类及以上水质断面占 95.2%，比 2012 年提高 30.9 个百分点；满足水环境功能区目标水质要求断面占 98.6%。按达标水量和个数统计，11 个设区城市的主要集中式饮用水水源以及县级以上城市集中式饮用水水源水质达标率均为 100%。148 个跨行政区域河流交接断面水质达标率为 99.3%。[①] 空气环境质量明显改善。PM2.5 和空气质量综合指数居全国重点区域地区第一，环境质量稳居长三角第一。舟山、丽水、台州、宁波市空气质量进入全国 168 个重点城市排名前 20 名。2021 年，全省设区城市环境空气 PM2.5 年平均浓度为 24 微克/米^3，比 2013 年下降 37.0 微克/米^3；设区城市日空气质量优良天数比例平均值为 94.4%，比 2013 年提高 26.0 个百分点。[②] 海洋环境有所改善。全省近岸海域优良水质（Ⅰ、Ⅱ类）海水面积平均占比为 46.5%，比 2012 年提高 12.5 个百分点，为历史最高水平。[③] 土壤污染明显下降。2021 年，全省化肥（折纯）、农药使用量分别为 68.3 万吨和 3.5 万吨，比 2012 年分别下降 25.9% 和 45.9%。完成污染地块修复项目 24 个，治理污染土壤和地下水 121.6 万立

---

① 蒋晓雁. 生态建设见成效　美丽浙江展新颜：党的十八大以来浙江经济社会发展成就系列分析之十四[EB/OL].(2022-10-11)[2023-3-19]. http://tjj.zj.gov.cn/art/2022/10/11/art_1229129214_5005979.html.

② 蒋晓雁. 生态建设见成效　美丽浙江展新颜：党的十八大以来浙江经济社会发展成就系列分析之十四[EB/OL].(2022-10-11)[2023-3-19]. http://tjj.zj.gov.cn/art/2022/10/11/art_1229129214_5005979.html.

③ 蒋晓雁. 生态建设见成效　美丽浙江展新颜：党的十八大以来浙江经济社会发展成就系列分析之十四[EB/OL].(2022-10-11)[2023-3-19]. http://tjj.zj.gov.cn/art/2022/10/11/art_1229129214_5005979.html.

方米，为城市建设提供净地 123.3 万平方米，重点建设用地安全利用率保持 100%。[①] 二是自然和人居环境明显改善。自然生态环境愈益优美。2021 年全省县域生态环境状况等级为优的县（市、区）有 59 个，面积占全省总面积的 84.0%。全省森林覆盖率为 61.24%，继续位居全国前列。现有省级以上自然保护区 27 个，其中国家级 11 个。全年建设战略储备林和美丽生态廊道 59.2 万亩，其中战略储备林 42.2 万亩。完成水土流失治理面积 429.0 平方公里。人居环境明显改善。2021 年，城市建成区绿化覆盖率 41.8%，比 2012 年提高 1.9 个百分点；城市污水处理率 97.9%，比 2012 年提高 10.4 个百分点，燃气普及率、用水普及率均为 100%，分别比 2012 年提高 1.0 和 0.4 个百分点；农村卫生厕所普及率首次达到 100%，比 2012 年提高 8.6 个百分点，农村改水累计受益率 100%，比 2012 年提高 2.4 个百分点。全省 11 个设区市全部跻身全国文明城市行列。生态示范创建成效显著。深入实施生态文明示范创建行动，建成全国首个生态省，"千村示范、万村整治"工程获得联合国地球卫士奖。累计建成国家生态文明建设示范县（市、区）35 个，国家"绿水青山就是金山银山"实践创新基地 10 个，总数居全国第一。[②]

着力推进绿色低碳循环发展。围绕构建现代化循环型产业体系、完善废旧物资循环利用体系、推进资源节约集约利用、做大做强优势绿色产业、打造低碳能源体系、推进基础设施绿色升级、推行绿色生活方式、构建绿色技术创新体系和健全循环经济发展机制等九大领域，实施园区绿色低碳循环升级、城市废旧物资循环利用体系建设、大宗固废综合利用示范、建筑垃圾资源化利用示范、海水淡化示范、污水资源化示范、绿色产业示范基地创建、绿色生活创建、循环经济关键技术与装备创新等九大工程和百个重大项目，打造循环经济"991"行动计划升级版，率先形成节约资源和保护环境的空间格局、产业结构、生产方式、生活方式，促进经济社会发展全面绿色转型，积极推动碳排放率先

---

① 蒋晓雁. 生态建设见成效 美丽浙江展新颜：党的十八大以来浙江经济社会发展成就系列分析之十四[EB/OL].(2022-10-11)[2023-3-19]. http://tjj.zj.gov.cn/art/2022/10/11/art_1229129214_5005979.html.

② 蒋晓雁. 生态建设见成效 美丽浙江展新颜：党的十八大以来浙江经济社会发展成就系列分析之十四[EB/OL].(2022-10-11)[2023-3-19]. http://tjj.zj.gov.cn/art/2022/10/11/art_1229129214_5005979.html.

达峰，让绿色成为浙江发展最动人的色彩。全过程推进生产方式绿色低碳转型。稳步推进农业绿色发展试点先行区建设。推行绿色制造，推动企业实施清洁生产，加快探索碳排放技术研发和示范推广，创建低碳工业园区、绿色工厂。培育建设一批国家级、省级绿色产业示范基地，实施绿色产品认证体系，大力发展节能环保、清洁能源等绿色产业。深入开展绿色技术创新“十百千”行动，积极创建国家级绿色技术交易平台，建立健全市场导向的绿色技术创新体系。实施循环经济“991”行动计划升级版，加快构建资源循环利用体系。全方位推行绿色低碳生活方式。加强全民环境保护宣传教育，推广绿色产品，完善居民水、电、气等收费体系，倡导绿色消费和低碳消费。积极推进绿色低碳综合交通网络建设，分步骤推广应用新能源和清洁能源车使用。提高绿色建筑在新建建筑中的比重。推行绿色包装，构建分级分类的生活垃圾循环利用体系。实施塑料污染治理三年行动计划，加快推进“无废城市”建设。

着力打造全域美丽的“诗画浙江”大花园。坚持理念、目标、机制、方法、手段“五个先行示范”，使新时代美丽浙江既有形美又有神美，既有外在美又有内在美，既有局部美又有整体美，既有自然美又有人文美，既好看又好用，让绿色成为浙江发展最动人的色彩，让优良生态环境成为最普惠的民生福祉、美丽经济成为高质量发展的鲜明底色、人与自然和谐发展成为共同富裕的重要特征，基本建成诗画浙江美丽大花园，努力建设人与自然和谐共生的现代化。大力倡导绿色生态发展，简约适度、绿色低碳的生活消费理念渐入人心，全社会绿色发展方式和生活方式逐步形成。绿色出行渐成主流。以交通低碳发展为着力点，重点实施绿色低碳交通攻坚行动，推进公共交通绿色低碳发展。在 2021 年，浙江大中城市中心城区绿色出行比例达 73%、公共领域车辆新能源化比例达 62%。城镇每万人口公共交通客运量 74.9 万人次，全省新能源汽车保有量达 71 万辆。垃圾分类集中处理体系基本形成。农村生活垃圾集中收集处理基本实现全覆盖，设区市农村生活垃圾分类处理行政村覆盖率达 96%，回收利用率在 61%以上，资源化利用率在 99%以上，无害化处理率 100%。绿色农业方兴未艾。强化生态立农，大力发展优质高效生态农业。新建省级精品绿色农产品基地 10 个，累计 35 个。城乡建设绿色转型。积极推进建筑领域碳达峰碳中和、新型建筑工业化以及建筑业转型发展。城镇绿色建筑面积占新建建筑比重达 97.0%。[①] 深入实施美丽大花园建设行动。高质量推进大花园标志性工程，联动建设美丽城市、美丽城镇、美丽乡村。充分发挥大花园示范县引领作用，形成了一批可复制推广的县域大花园建设典型模式，推进了全省县域大花园建设提质扩面。以古城名镇名村、高能级景区、名山公园、海岛公园、遗址公园、产业平台为点，以交通线路、人文水脉、森林古道、数字网络为线，以大花园示范县、四条诗路带为面，点线面协同打造一批大花园耀眼明珠。深入推进"人人成园丁、处处成花园"行动。

(二)坚持走生态优先、绿色低碳的高质量发展道路

绿色已成为美丽浙江最鲜明、最厚重、最牢靠的底色，人民在绿水青山中共享自然之美、生命之美、生活之美。浙江始终坚持走生态优先、绿色低碳的高质量发展道路，像保护眼睛一样保护生态环境，像对待生命一样对待生态环境，让自然生态美景永驻人间，还自然以宁静、和谐、美丽，昂首迈向人与自然和谐共生的现代化。

推进经济社会发展绿色变革。一是强化绿色低碳发展规划引领。坚持把碳达峰、碳中和[②]纳入生态文明建设整体布局。将碳达峰、碳中和目标要求融入全省经济社会发展中长期规划，加强与国土空间规划、专项规划和地方各级规划的衔接协调。推动山海协作、陆海统筹、城乡融合，打造有利于低碳发展的紧凑型、集约型空间格局。二是构建碳达峰、碳中和数智治理体系。打造数据多源、纵横贯通、高效协同、治理闭环的双碳数智平台。开发一批好用管用实用的多跨场景应用，解决政府、企业和个人的实际需求。以数字化手段推进改革创新、制度重塑，实现数智控碳。三是健全资源循环利用体系。实施循环经济"991"行动升级版，构建一批工业、农业等领域循环经济典型产业链，推进大宗固体废物综合利用，建设绿色低碳园区。完善再生资源回收利用网络，推广资源循环利用城市(基地)建设模式，构建全社会大循环体系。推行生产者

---

① 蒋晓雁.生态建设见成效 美丽浙江展新颜:党的十八大以来浙江经济社会发展成就系列分析之十四[EB/OL].(2022-10-11)[2023-3-19].http://tjj.zj.gov.cn/art/2022/10/11/art_1229129214_5005979.html.

② 碳达峰，就是指在某一个时点，二氧化碳的排放不再增长达到峰值，之后逐步回落。碳中和，是指企业、团体或个人测算在一定时间内直接或间接产生的温室气体排放总量，通过植树造林、节能减排等形式，以抵消自身产生的二氧化碳排放量，实现二氧化碳"零排放"。

责任延伸制，发展高端智能再制造产业，大幅提高资源产出率。

构建高质量的低碳工业体系。一是坚决遏制高耗能高排放项目盲目发展。提高新建扩建工业项目能耗准入标准。严格落实产业结构调整要求，对地方谋划新上石化、化纤、水泥、钢铁和数据中心等高耗能行业项目进行严格控制。将碳排放强度纳入"亩均论英雄""标准地"指标体系，开展建设项目碳排放评价试点。强化产能过剩分析预警和窗口指导。二是大力发展低碳高效行业。打造新一代信息技术、汽车及零部件、绿色化工、现代纺织和服装等世界级先进制造业集群。推进生物医药、集成电路等十大标志性产业链的基础再造和提升。加快发展生命健康、新材料、高端装备等战略性新兴产业，培育发展绿色低碳未来产业。深入实施数字经济"一号工程"，推动数字技术在制造业研发、设计、制造、管理等环节的深度应用。三是改造提升高碳高效行业。实施传统制造业改造提升计划升级版，建设国家传统制造业改造升级示范区。推动产业链较长、民生影响较大的制造业低碳化转型升级，对中小微企业实施竞争力提升工程。鼓励企业兼并重组，以市场化手段推进落后产能退出。全面推行清洁生产，将低碳理念融入工业园区、产业基地、小微企业园等平台建设。

构建绿色低碳的现代能源体系。一是深入实施能源消费强度和总量双控。严格控制能耗强度、二氧化碳排放强度，合理控制能源消费总量，落实新增可再生能源和原料用能不纳入能源消费总量控制要求，积极推动能耗"双控"向碳排放总量和强度"双控"转变。加强发展规划、区域布局、产业结构、重大项目与碳排放、能耗"双控"政策要求的衔接。修订完善节能政策法规体系，严格实施节能审查，强化节能监察和执法。全面推行用能预算化管理，加强能源消费监测预警。二是大力推进能效提升。开展能效创新引领专项行动，持续深化工业、建筑、交通、公共机构、商贸流通、农业农村等重点领域节能，提升数据中心、第五代移动通信网络等新型基础设施能效水平。实施重大平台区域能评升级版，全面实行"区域能评＋产业能效技术标准"准入机制。组织开展节能诊断服务，推进工业节能降碳技术改造，打造能效领跑者。三是严控高碳能源消费。统筹能源安全和低碳发展，严格控制煤炭消费总量，高效发展清洁煤电，有序推动煤电由主体性电源逐步向基础保障性电源转变。严控新增耗煤项目，新建、扩建项目实施煤炭减量替代。鼓励企业生产流程去煤化技术改造，持续实施煤改气工程，积极推进电能替代。四是积极发展低碳能源。实施“风光倍增”工程，推广“光伏＋”开发模式，打造若干百万千瓦级海上风电基地。因地制宜发展生物质能、海洋能等可再生能源发电。积极安全有序发展核电，打造沿海核电基地。统筹推进氢能制储输用全链条发展。扩大天然气发电利用规模。有序推进抽水蓄能电站布局和建设。加快储能设施建设，鼓励“源网荷储”一体化等应用。五是推动能源治理体系现代化。加快能源全产业链数字化智能化发展，推进多元融合高弹性电网建设，完善以中长期交易为主、现货市场为辅的省级电力市场体系。加快建设以新能源为主体的新型电力系统。开展绿色电力交易，促进可再生能源消纳。推进天然气领域上下游直接交易、管网独立、管销分离改革。深化能源资源市场化配置改革，完善用能权交易体系。建立能源行业全生命周期数字化监管机制，强化能源监测预警。

推进交通运输体系低碳转型。一是推动交通运输装备低碳化。加大新能源推广政策支持力度，推进以电力、氢能等新能源为动力的运输装备应用，加快城市公交、一般公务车辆新能源替代，引导社会车辆新能源化发展。全面淘汰国三以下排放标准老旧营运柴油货车，逐步提高柴油货车淘汰标准。严格设置高碳排放车辆限行区域和时段。二是优化交通运输结构。推动大宗货物和中长距离运输“公转水”“公转铁”，大力发展以“四港联动”为核心的多式联运，持续提升铁路和水路货运量占货运总量比例。推进公路货物运输大型化、厢式化和专业化发展。加快发展绿色物流，加强运力整合、车货匹配以及供应链与物流链融合，提高货运组织效能。全面落实公交优先战略，稳妥发展共享交通。三是加快低碳交通基础设施建设。把绿色低碳理念贯穿到交通基础设施规划、设计、建设、运营和养护全过程，加快美丽公路、美丽航道、城乡绿道网建设。推进公路和水上服务区、公交换乘中心、港口等低碳交通枢纽建设。加快充（换）电、港口岸电等基础设施建设，搭建充电基础设施信息智能服务平台。推进综合供能服务站和加氢站建设。

推进建筑全过程绿色化。一是提升新建建筑绿色化水平。修订公共建筑和居住建筑节能设计标准。在城乡建设各环节全面践行绿色低碳理念，大力推进零碳未来社区建设。适度控制城市现代商业综合体等大型商业建筑建设。推进绿色建造行动,大力发展钢结构等装配式建筑。完善星级绿色建筑标识制度,建设大型建筑能耗在线监测和统计分析平台。全面推广绿色低碳建材,推动建筑材料循环利用。二是推动既有建筑节能低碳改造。开展能效提升行动,有序推进节能改造和设备更新。加强低碳运营管理,改进优化节能降碳控制策略。推进建筑能耗统计、能源审计和能效公示,探索开展碳排放统计、碳审计和碳效公示。完善建筑改造标准,逐步实施建筑能耗限额、碳排放限额管理。加强建筑用能智慧化管理,推进智慧用能园区建设。三是加强可再生能源建筑应用。提高建筑可再生能源利用比例,发展建筑一体化光伏发电系统,因地制宜推广地源热泵供热制冷、生物质能利用技术,加强空气源热泵热水器等其他可再生能源系统应用。结合未来社区建设,大力推广绿色低碳生态城区、高星级绿色低碳建筑、超低能耗建筑。

推进农林牧渔低碳发展。一是大力发展生态农业。加强高标准农田建设,提升耕地质量,深化“肥药两制”改革。推进农业废弃物资源化,发展有机肥、营养土与基质土产业。加强农作物秸秆综合利用技术集成推广。推动畜牧业、渔业高质量发展。推广农光互补、“光伏+设施农业”、“海上风电+海洋牧场”等低碳农业模式。加快建立农业碳汇核算标准,推进农业生态技术、增汇技术研发和推广应用。二是巩固提升林业碳汇。全面推行林长制,保护发展森林资源。实施科学绿化,组织开展国土绿化行动,有效增加森林面积。加强中幼林抚育、珍贵树种和大径材培育、美丽生态廊道建设,精准提升森林质量,提高森林蓄积量。建立退化天然林修复制度。加强松材线虫病等林业有害生物防治和森林防火。加强对林业碳汇的科技支撑,不断提升林业碳汇能力。三是增强海洋湿地等系统固碳能力。积极推进大型海藻、红树林等海洋碳汇开发利用,综合开展各类蓝碳试点项目。加快推广浅海贝藻养殖,探索发展海洋碳汇渔业。加强海洋保护区建设与管理,注重陆海统筹,增加沿海城市海洋碳汇资源储备。强化湿地保护,完善湿地分级管理体系,实施湿地保护修复工程,对集中连片、破碎化严重、功能退化的自然湿地进行修复和综合整治,增强湿地固碳能力。

（三）坚守生态环境生命线，筑牢生态保护堤防

浙江省生态保护红线基本格局呈“三区一带多点”。“三区”为浙西南山地丘陵生物多样性维护和水源涵养区、浙西北丘陵山地水源涵养和生物多样性维护区、浙中东丘陵水土保持和水源涵养区，主要生态功能为生物多样性维护、水源涵养和水土保持。“一带”为浙东近海生物多样性维护与海岸生态稳定带，主要生态功能为生物多样性维护。“多点”为部分省级以上禁止开发区域及其他保护地，具有水源涵养和生物多样性维护等功能。“生态保护红线是保障和维护生态安全的底线和生命线。切实提高政治站位，全面贯彻习近平生态文明思想，严守生态保护红线，将生态保护红线作为综合决策的重要依据和各级各类规划编制的重要基础，实现一条红线管控重要生态空间，确保生态功能不降低、面积不减少、性质不改变，全面保护我省生态环境，切实维护我省生态安全，不断推进美丽浙江和生态文明建设，为高水平推进社会主义现代化建设提供强有力的生态环境保障。”①

强化生态环境空间管控。加快确定生态保护红线、环境质量底线、资源利用上线，制定生态环境准入清单，在地方立法、政策制定、规划编制、执法监管中不允许变通突破、降低标准，不符合、不衔接、不适应的在 2020 年底前完成了调整。全面完成生态保护红线划定、勘界定标，实现“一条红线”管控重要生态空间，确保生态功能不降低、面积不减少、性质不改变。制定实施生态保护红线管理办法，开展生态保护红线监测预警与评估考核。环境质量在污染防治攻坚战中持续改善。步步迈向更高的目标，是浙江生态文明建设多年以来一直坚持恪守的思路，具体措施的部署落实为之填充上了一抹生动的色彩。在绿色征途中，高标准打好污染防治攻坚战，持续不断地开展环境污染整治，成为贯穿始终的主线，蓝天、碧水、净土、清废、降碳五大硬仗聚焦发力，重点工程项目加快落地。“环境就是民生，青山就是美丽，蓝天也是幸福”②，已成为每个浙江人的真切体验。

系统推进生态保护修复。统筹山水林田湖草系统治理，实施重要生态系

---

① 浙江省人民政府关于发布浙江省生态保护红线的通知（浙政发〔2018〕30 号）[EB/OL].（2018-07-20）[2023-03-19]. https://www.zj.gov.cn/art/2018/7/20/art_1229019364_55336.html.

② 习近平. 论坚持人与自然和谐共生[M]. 北京：中央文献出版社，2022：135.

统保护和修复重大工程。坚决查处生态破坏行为，2018年底前，市、县两级政府全面排查违法违规侵占生态空间、破坏自然遗迹等行为，制定治理和修复计划并向社会公开。深入推进钱江源等国家公园建设。进一步推进自然保护区、湿地保护区、海洋特别保护区规范化建设和科学管理，到2020年已经完成省级以上自然保护区范围界限矢量化和勘界立标。强化生物多样性保护，开展生物多样性区域优先保护工作。加强湿地保护与修复，恢复湿地生态功能。加强河湖生态缓冲带建设，因地制宜建设人工湿地水质净化工程。高水平推进国土绿化，深入开展平原绿化和森林扩面提质，提高林草覆盖率，加快建成森林浙江。加强城市生态保护与修复，严格实施绿地系统规划和绿线管制制度，在城市功能疏解、更新和调整中，将腾退空间优先用于留白增绿。实施水生态保护与修复工程，持续开展河湖库塘清淤，建立清淤轮疏长效机制。加强生态流量保障，严格水利水电开发管理。推进全域土地综合整治与生态修复工程。全面加强矿山生态环境整治、修复和绿化，抓好危险矿库专项整治。加强海洋牧场建设，构建渔业资源可持续利用管控机制。加大自然岸线保护力度，实施全省海岸线整治修复三年行动，实施最严格的围填海和岸线开发管控，统筹安排海洋空间利用活动。

坚定不移贯彻绿色发展理念，治理成效持续显现。大力推进污染防治攻坚战，推进污染减排和重点区域环境整治，开展“蓝天保卫战”等一系列环境专项整治行动，环境治理投资大幅增长。2021年环境污染治理投资总额822.4亿元，是2012年的2.5倍；环境污染治理投资占GDP比重为1.1%，比2012年上升0.2个百分点。环境治理力度明显加大。大力开展空气质量巩固提升行动。2021年，全省已经完成工业废气治理项目1460个，淘汰国三及以下营运柴油货车11280辆；分别建成工业园区（工业集聚区）、镇（街道）、生活小区“污水零直排区”44个、218个、1106个；建设改造农村生活污水处理设施3246个。废弃物处理水平明显提升。2021年，全省已经完成小微产废企业危险废物集中统一收集体系县（市、区）全覆盖，累计建成危险废物利用处置能力1207万吨/年，其中新增62.39万吨/年；全省医疗废物安全处置率、生活垃圾无害化处理率均达到100%。生态系统修复工作进展顺利。2021年，全省已经完成废弃矿山修复 100 座，建成“美丽河湖”127 条，完成河道综合整治 571.6 公里。[①]

(四)省域生态文明建设制度创新走在前列

浙江生态文明制度创新和改革深化引领全国。从 2002 年到 2023 年，浙江已经构建由自然资源资产产权制度、国土空间开发保护制度、空间规划体系、资源总量管理和全面节约制度、资源有偿使用和生态补偿制度、环境治理体系、环境治理和生态保护市场体系、生态文明绩效评价考核和责任追究制度等八个方面构成的生态文明制度体系，形成人口、资源、环境协调可持续发展的空间格局、产业结构、生产方式、生活方式。习近平指出：“环境就是民生，青山就是美丽，蓝天也是幸福。要着力推动生态环境保护，像保护眼睛一样保护生态环境，像对待生命一样对待生态环境。”[②]以水、大气、土壤和森林绿化美化为主要标志的生态系统初步实现良性循环，突出生态环境短板得到加强，全省生态环境面貌出现根本性改观，生态文明建设主要指标和各项工作走在全国前列，人民生活更加幸福安康，建成生态省，成为全国生态文明示范区和美丽中国先行区。

生态文明建设目标明确、体系完善、执行有力，考核严格。全面贯彻人与自然和谐共生理念，探索出一条经济转型升级、资源高效利用、环境持续改善、城乡均衡发展的绿色发展之路，形成了一批具有浙江特色、全国领先的实践创新做法。“千村示范、万村整治”工程成为全国样板并荣获联合国“地球卫士奖”，在全国率先建成生态省，率先部署开展全域“无废城市”建设，生态环境持续改善，空气质量在全国重点区域中率先达到国家二级标准，生态环境公众满意度连年持续上升，生态环境保护发生历史性、转折性、全局性变化，浙江的天更蓝、山更绿、水更清，为新时代新征程承担生态文明建设新使命任务奠定了坚实的实践基础。美丽浙江建设按照“三步走”实施，“十四五”是浙江在高水平全面建成小康社会基础上，开启全面建设社会主义现代化国家新征程的第

---

① 蒋晓雁.生态建设见成效 美丽浙江展新颜：党的十八大以来浙江经济社会发展成就系列分析之十四[EB/OL].(2022-10-11)[2023-03-19]. http://tjj.zj.gov.cn/art/2022/10/11/art_1229129214_5005979.html.

② 习近平.论坚持人与自然和谐共生[M].北京：中央文献出版社，2022:87-88.

一个五年，着重体现四个“高”的深度推进，即深度推进高质量发展，经济生态化和生态经济化基本实现；深度推进高水平保护，优质生态产品供给更加充分；深度推进高品质生活，绿色幸福生活基本实现；深度推进高效能治理，现代生态环境治理体系基本建立。

巩固提升生态文明制度体系与治理能力水平。在推进省域生态环境治理体系和治理能力现代化重大改革中，加快完善地方法律法规，完善标准体系，加快形成支撑适用、协同配套的标准体系。全面提升生态环境治理能力现代化水平。加强农村生活污水治理规模化能力建设，完善监测监控技术体系，强化监测监控质量管理，推进生态环境保护综合协同管理平台升级迭代，全面提升防范和化解环境风险能力。在健全环境治理能力支撑体系方面做了如下努力：一是强化环境监管监测能力建设。推进生态环境监测监察执法能力标准化建设，按规保障一线监测、执法用车，按需配备特种专业技术车辆，确保与生态环境保护任务相匹配。推进乡镇水质自动监测站、乡镇环境空气质量自动监测站、断面水质自动监测站等站点建设，2022 年已经形成覆盖全省的大气复合立体监测网，实现省控以上断面、八大水系和重点湖库主要支流水质自动监测站全覆盖。建立健全资源环境承载能力监测预警机制。二是推进环境治理数字化转型。构建区域生态环境信息资源共享数据库，推动全省范围内跨部门跨地区互联互通。迭代升级生态环境保护综合协同管理平台，加快构建生态环境在线监测、全程监管、协同处置体系。加快大数据、云计算、人工智能、区块链、物联网等新一代数字技术在污染防治、执法监管、监测监控领域的应用。三是强化科技和人才支撑。在流域综合整治、饮用水安全保障、废水深度处理、大气污染协同防控、土壤修复等重点领域，开展核心技术和创新管理研究。推动关键技术和产品自主创新，推动生态环境保护首台（套）重大技术装备应用。整合各类生态环境科技创新服务平台，培育一批环境资源领域省级重点实验室和省领军型创新创业团队。四是加强财税激励。建立健全常态化、稳定的地方环境治理财政资金投入机制，持续优化环境治理财政资金支出结构。完善绿色发展财政奖补机制。完善生态环境损害赔偿资金管理和使用制度。

巩固提升生态环境保护治理体制领跑优势。推进省域生态环境保护管理政策创新。一是率先提出“绿色国民经济核算体系”“自然资源资产负债表”等绿色词汇。以新的方法规范生产生活，给环保领域带来了新鲜的空气。绿色国民经济核算，即绿色 GDP 核算，包括资源核算和环境核算，旨在以原有国民经济核算体系为基础，将资源环境因素纳入其中，通过核算描述资源环境与经济之间的关系，提供系统的核算数据，为可持续发展的分析、决策和评价提供依据。加快统筹产业结构调整、污染治理、生态保护、应对气候变化，协同推进降碳、减污、扩绿、增长，推进生态优先、节约集约、绿色低碳发展。二是深入推进环境污染防治，持续深入打好蓝天、碧水、净土保卫战。浙江一方面坚持以最严格的标准开展以蓝天、碧水、净土为代表的环境治理行动，为支撑“蓝天”保卫战，制定发布纺织染整工业、化学合成类制药工业、制鞋工业、工业涂装工序、燃煤电厂等地方标准。在“碧水”保卫战中，浙江省制定发布《农村生活污水处理设施水污染物排放标准》《城镇污水处理厂主要水污染物排放标准》等标准后，每年减少污水排放量约 3 万吨、预计可减少电镀行业 50%左右的重金属排放量，成为全国首个农村生活污水治理工作实现行政村全覆盖的省份。在“净土”保卫战中，制定发布污泥土地利用、污染场地风险评估、污染地块治理修复工程效果评估等方面的地方标准。三是完善生态环境保护治理协调机制、推进机制和督查机制，深化生态环境领域财政事权和支出责任划分改革，制订有利于推进产业结构、能源结构、运输结构和用地结构调整优化的政策，完善与“绿色指数”挂钩的生态环保财力转移支付制度。四是建立多元化生态补偿机制，完善金融扶持政策。根据全省经济社会发展和财力增长状况，省级财政逐步增加预算安排，重点支持“生态环境保护和治理”“城乡环保基础设施和环境监测监控设施建设”“生态公益林建设”“千村示范、万村整治”“下山脱贫”“山海协作”“欠发达乡镇奔小康”“万里清水河道建设”“千万农民饮用水”“碧海生态建设”以及水土保持、自然资源保护、城乡环境综合整治等生态补偿效益明显的工作。

建立源头严管制度。建设生态文明要实行源头严防，就是在源头上防止损害生态环境的行为，这是建设生态文明的治本之策。习近平指出：“只有实行最严格的制度、最严密的法治，才能为生态文明建设提供可靠保障。”[①]用制度保障生态文明建设，既是在生态优先价值观指引下开展生态文明建设的创新性工作，又是对现有生态环境保护制度的继承、发展与完善。建立和完善最严格生态环境保护制度是实现生态文明建设宏伟目标的重要保障和基础，是缓解资源环境约束与经济社会发展之间矛盾、推动绿色发展、推动构建人类命运共同体的内在要求，也是加快生态文明体制改革、推动环境保护顶层设计和战略转型的重要任务。最严格的制度是保护生态环境的根本遵循。制度带有全局性、稳定性，管根本、管长远。只有实行最严格的制度、最严密的法治，才能为生态文明建设提供可靠保障。一是建立健全党政领导班子和领导干部综合考评机制。按照各市县(市、区)主体功能定位，实施分类考核评价，构建促进科学发展及生态文明建设的党政领导班子和领导干部综合考核评价机制，落实责任制，突出强调生态建设、改善民生、统筹协调发展。主体功能定位为优化开发区域的市县(市、区)，率先转变经济发展方式，提高经济增长质量和效益。主体功能定位为重点开发区域的市县(市、区)，加强产业集聚，提高城市化、工业化水平和质量。主体功能定位为生态经济、生态保护区域的市县(市、区)，加强生态环境保护，大力发展生态农业、生态旅游等绿色产业，实施“小县大城”战略，努力成为富裕的生态屏障。二是建立环境损害惩治制度和责任追究制度。建立了以环境损害赔偿为基础的环境污染责任追究体系，对造成生态环境损害的责任者严格实行赔偿制度。初步建立了环境污染损害赔偿责任风险基金，鼓励推行环境污染损害责任保险制度，对高风险企业实行环境污染强制责任保险。加强地理国情监测，有重点地将水、土地、森林、矿产、海洋等自然资源资产纳入审计范围，探索编制自然资源资产负债表，实施党政领导干部自然资源资产离任审计制度和生态环境损害责任追究制度。

---

① 习近平.论坚持人与自然和谐共生[M].北京：中央文献出版社，2022:44.

第一章　构建集约高效绿色的省域国土空间

习近平指出："国土是生态文明建设的空间载体。从大的方面统筹谋划、搞好顶层设计，首先要把国土空间开发格局设计好。"[①]2020年，浙江已经建立全省国土空间规划体系，基本完成各级国土空间总体规划编制，合理开展相关专项规划编制，有序推进详细规划编制，统筹划定生态保护红线、永久基本农田、城镇开发边界三条控制线，初步形成全省国土空间开发保护"一张图"。到2025年，预计将健全国土空间规划编制审批体系、实施监管体系、法规政策体系和技术标准体系，全面实施国土空间监测预警和绩效考核机制，形成以国土空间规划为基础、统一用途管制为手段的国土空间开发保护制度。到2035年，预计将全面提升国土空间治理体系和治理能力现代化水平，形成生产空间集约高效、生活空间宜居适度、生态空间山清水秀，安全和谐、富有竞争力和可持续发展的国土空间格局。

第一节　实现现代化省域空间治理

浙江聚焦聚力省域国土空间治理现代化，加快打造推动高质量发展、促进高水平均衡、创造高品质生活、强化高效能治理的标志性成果。2020年，习近平总书记在杭州考察时强调，要把保护好西湖和西溪湿地作为杭州城市发展和治理的鲜明导向，统筹好生产、生活、生态三大空间布局，在建设人与自然和谐相处、共生共荣的宜居城市方面创造更多经验。

---

① 习近平．论坚持人与自然和谐共生[M]．北京：中央文献出版社，2022：31．

一、走在前列，开创省域空间治理新格局

全力打造生产空间集约高效、生活空间宜居适度、生态空间山清水秀的空间格局。浙江省第十五次党代会报告提出，以大湾区、大花园、大通道、大都市区建设为内涵的“四大建设”能级整体提升为牵引，以重大项目、重大平台为支撑，构建“一湾引领、四极辐射、山海互济、全域美丽”空间格局。

（一）一湾引领构建一体化格局

杭州湾是我国第二大湾区，2021 年经济总量、工业增加值、外贸进出口分别占全省 69.7%、76.1%和 71.4%，在全省发展中举足轻重。结合制造强省、海洋强省、开放强省建设，浙江在湾区集中布局高能级平台、高端产业、引领性项目，谋划建设一批未来园区，努力使湾区成为引领浙江高质量发展的大平台。一湾引领，就是在大湾区建设上更高一筹，突出创新属性，加强创新资源要素高效配置、区域共享，致力建设世界级大湾区。以环杭州湾经济区为核心，集中布局高端产业、高能级平台、引领性项目，构筑环杭州湾产业带空间成片、交通成网、创新成核、产业成链、生态成群一体化发展格局。推进宁波舟山海域海岛高质量发展，以自贸港（岛）建设为目标，完善一岛一功能布局、综合交通通道布局，推进世界一流强港建设，打造世界级产业集群。加快温台沿海产业带高质量发展，发挥温台地区民营经济特色优势，推动蓝色经济、绿色经济协同发展。举全省之力推进杭州城西科创大走廊建设，聚焦三大科创高地，打造面向世界、引领未来、服务全国、带动全省的创新策源地。

坚持突出重点，有序推进。把环杭州湾经济区作为大湾区建设的重点。一是坚持交通先行，一体发展，特别是加强轨道交通和综合枢纽建设，以交通一体化支撑区域发展一体化。二是坚持优化环境，创新引领，从制度、科技、生态、人文等方面营造国际一流的营商环境，集聚国际高端要素。三是坚持平台支撑，项目带动，将打造科创大走廊和产城融合的现代化新区作为启动大湾区建设的重要抓手。浙江已经设立的杭州钱塘新区、湖州南太湖新区、宁波前湾新区、绍兴滨海新区、金华金义新区、台州湾新区、温州湾新区等七大省级新区，都是统一于“世界级大湾区”的一颗颗“棋子”。

明确大湾区总体布局和重点。“一环、一带、一通道”，即环杭州湾经济区、

甬台温临港产业带和义甬舟开放大通道。大湾区建设的重点是构筑“一港、两极、三廊、四新区”的空间格局。“一港”即高水平建设中国(浙江)自由贸易试验区争创自由贸易港。“两极”即增强杭州、宁波两大都市区辐射带动作用,带动环杭州湾经济区创新发展、开放发展、联动发展。“三廊”即以高新区、高教园、科技城为依托,加快建设杭州城西科创大走廊、宁波甬江科创大走廊、嘉兴G60科创大走廊。“四新区”即谋划打造杭州江东新区、宁波前湾新区、绍兴滨海新区、湖州南太湖新区,将新区建设成为产城融合、人与自然和谐共生的现代化新区。在微观层面,发挥现有产业优势,瞄准未来产业发展方向,整合延伸产业链,打造若干世界级产业集群;突出产城融合发展理念,推进产业集聚区和各类开发区整合提升,打造若干集约高效、产城融合、绿色智慧的高质量发展大平台。

实施六大建设行动。平台聚焦产业、创新、城市、交通开放、生态等大湾区建设的六大重点领域。一是现代产业高地建设行动,主要包括建设世界级先进制造业集群,加快传统产业优化升级,大力发展高新技术服务业,建设新兴金融中心,建设全球新兴的文化与旅游产业基地等。二是“互联网+”科创高地建设行动,主要包括高水平建设国家自主创新示范区,实施人才强省战略,建设一批创新应用示范基地,前瞻布局一批国际水准的创新载体等。三是现代化国际化城市建设行动,主要包括实施一批现代化城市示范工程,加快完善城市基础设施,完善一体化公共服务体系,加快推进城市治理数字化等。四是湾区现代交通建设行动,主要包括打造高水平互联互通的交通设施网络,打造世界级港口集群,打造通达全球的世界级机场群,推进湾区智慧化交通建设等。五是开放高地建设行动,主要包括高水平建设中国(浙江)自由贸易试验区,建设电子世界贸易平台试验区,培育建设一批国际货物和服务贸易基地等。六是美丽大湾区建设行动,主要包括严格管控各类生态功能区,推进污染治理与生态修复,制定实施产业准入负面清单,建设资源节约和环境友好型社会等。

(二)四极辐射前景夺目

全面提升杭州、宁波、温州、金义四大都市区和中心城市能级。浙江城市化水平比较高,常住人口城镇化率达72.7%。根据区位条件、资源禀赋、产业基础，明确了四大都市区和11个设区市的功能定位，推动各市各展所能、各扬所长，加快壮大实力、提升能级，更好辐射带动周边发展。比如杭州、宁波，按照习近平总书记唱好杭甬“双城记”的重要指示精神，实现错位发展、协同发展。再如温州，加快提升“全省第三极”功能，撑起浙南的一片天。四极辐射，就是在大都市区建设上更优一级，凸显共享属性，以杭甬双城经济圈为主核，提升杭州、宁波、温州、金义四大都市区的辐射能级。聚焦唱好杭甬“双城记”，打造优势叠加、面向全球、错位发展的“双门户”，即以宁波舟山港为枢纽的海上开放门户、以杭州萧山国际机场为枢纽的空中开放门户；构建协同发展、创新引领、辐射全省的“双中心”，即杭州全球数字经济创新中心、宁波国家智能制造创新中心。温州都市区加快推进市区、永嘉和乐清的拥江发展以及温瑞一体化发展，打造民营经济创新发展示范区。金义都市区发挥金华市区人文宜居和义乌开放创新的错位优势，协同发展金兰一体化、永武缙一体化、义东浦一体化，提升都市区中心城市辐射能力。

（三）山海互济相得益彰

山海互济就是在大通道建设上更快一拍，强化开放、协调属性，发挥义甬舟开放大通道及其西延行动、海河联运通道等功能作用，强化陆海统筹，打造山海协作工程升级版。围绕义甬舟开放大通道“两核一带两辐射”的总体布局，统筹推进海洋强省和山区26县高质量发展，全面构筑衔接沿海港口、畅通义甬舟、联动长三角的内联外畅综合交通运输体系，提升陆海内外联动、东西双向互济的开放枢纽功能，整体融入“双循环”新发展格局。进一步构建陆海协同新体系、畅通陆海统筹新通道、建立山海协作新机制，推动陆海之间资源互补、产业互动、布局互联，促进区域协调发展再上新台阶。在空间格局上，进一步深化“两核一带两辐射”总体布局，推动资源整合、空间融合，做强宁波一舟山，金华一义乌两大极核，协同共建义甬舟开放型经济发展带，增强东西双向辐射能力。浙江将重点建设综合交通、现代物流、双向贸易、数字智慧、产业科创、生态文化六大通道，高质量畅通“一轴多联”综合交通通道，加快金甬铁路、宁波一舟山港六横公路大桥等重大项目建设，全面开工甬舟铁路，重点打造穿山、梅山、北仑一大榭、金塘等千万级标箱级港区，加快金华义乌国际机场、衢州机场迁建项目前期。

一是聚焦“两核”，提升甬舟和金义综合交通枢纽能级。以国家打造长三角国际性综合交通枢纽集群为契机，支持宁波打造国际性综合枢纽城市，发挥宁波舟山港“硬核”力量，推进通苏嘉甬铁路建设，实施宁波机场四期工程。建设义乌国际铁路枢纽场站，实施金华铁路枢纽改造提升工程，推进义乌机场和衢州机场迁建，加快衢州浙皖赣闽四省边际多式联运枢纽港建设。二是聚焦“一带”，打造一轴多联复合大通道。“十四五”期间，计划建成甬金铁路双层集装箱示范项目、宁波舟山港主通道，加快建设甬舟铁路、杭金衢高速改扩建，开工甬金高速改扩建、杭甬运河宁波段，深化甬金衢上高速、义龙庆高速前期研究。三是聚焦“两辐射”，增强东西双向对外辐射带动能力。打造“义新欧”国际集装箱班列金名片，成为国内效益最好、市场化程度最高、竞争力最强的中欧班列，年开行量 3000 列以上。实施义甬舟开放大通道西延行动，全面强化浙江与“一带一路”合作伙伴和长江中上游内陆腹地联动发展。

(四)全域美丽诗画江南

全域美丽就是在大花园建设上更进一步彰显绿色属性，展现浙江发展的人文之美、生态之美、和谐之美；以衢丽生态板块为主核，着力建设我国绿色发展样板区。构建“两屏八廊八脉”的生态空间格局，保护形成以山海为基、以林田为底、以蓝绿廊道为脉、以重要生态源地为节点的山水林田湖草生命共同体，构筑生物多样性保护网络。围绕碳达峰目标、碳中和愿景，推动大花园建设从环境形态美向产业内核美蜕变。串联沿海自然风光和人文胜迹，串珠成链建设贯通南北的生态海岸带。立足浙江海洋、山区和红色特色资源，联动建设蓝色海洋旅游带、绿色生态旅游带、红色文化旅游带，协同推进浙东唐诗之路、大运河诗路、钱塘江诗路和瓯江山水诗路“四条诗路”文化带建设，构建网络化全域生态空间。以绿色发展擦亮“大花园”底色，创新生态产品价值实现机制，拓展绿水青山就是金山银山转化发展空间。

以实现河湖安全流畅、生态健康、水清景美、人文彰显、管护高效、人水和谐为主要目标，以主要江河干流、县域母亲河、自然人文禀赋优厚河湖及美丽城镇、美丽乡村建设范围内河湖为重点，以补齐防洪薄弱短板、修护河湖生态环境、彰显河湖人文特色、提高便民休闲品质、提升河湖管护水平为主要举措，全域建设美丽河湖，营造更多更好更优的生态、宜居和绿色滨水发展空间，推进治水实现由净到清再到美的跃升，使美丽河湖成为诗画浙江的花园水脉、诗路文脉、振兴命脉，打造美丽河湖浙江样板、浙江经验、全国标杆，助推乡村振兴和美丽浙江建设。

全域美丽大花园建设取得新成效。2022 年，深入推进新时代美丽城镇建设，启动建设城乡风貌样板区 212 个，新增未来社区建设 221 个，改造老旧小区 814 个。建设 11 个新时代美丽乡村标杆县，发布首批 8 个大花园示范县和 16 个“耀眼明珠”。[①]

二、干在实处，建设“绿富美”大花园

2017 年浙江省第十四次党代会提出，谋划实施“大花园”建设行动纲要，把省域建成大景区，大力建设具有诗画江南韵味的美丽城乡，充分体现了浙江人坚定走好“绿水青山就是金山银山”之路的高度自觉和实践担当。推进“大花园”建设，就要将美丽资源转化为美丽经济，增强发展的内生动力和活力，实现更高质量、更可持续的发展。从“千村示范、万村整治”工程起步，历经示范引领、普遍推进、发展提升各个阶段，浙江农村整体面貌显著改观，美丽乡村已成为浙江的一张金名片，共建共享“诗画浙江、美好家园”已成为浙江人民的共识。先行一步的浙江乡村，突出强调高水平推进和提升，体现了继续走在前列的底气和决心。

浙江率先在全国实现生态保护系统化、环境治理全域化、村容村貌品质化、城乡区域一体化；力争率先在全国构建生产生活生态融合、人与自然和谐共生、自然人文特色彰显的美丽宜居乡村建设新格局；力争率先在全国建立农村人居环境建设治理体系，实现治理能力现代化，为全国治理提升农村人居环境、建设美丽中国提供浙江样板。

在梳理提炼过去经验的基础上，浙江首次对农村人居环境工作系统提出“五提升”的新概念，包括系统提升生态环境保护、全域提升基础设施建设、深化提升美丽乡村创建、整体提升村落保护利用、统筹提升城乡环境融合发展。

---

① 袁家军. 以美丽浙江建设和生物多样性保护新成效 为“诗画江南活力浙江”增色添彩[EB/OL]. (2022-07-15)[2023-03-19]. https://www.jrzj.cn/art/2022/7/15/art_10_20496.html.

其中还包括严格生态环境保护、深入推进厕所革命、全面加强规划设计、推进全面系统保护、深化小城镇环境综合整治行动等19项具体内容。

高水平推进农村人居环境提升行动是一项综合性的系统工程，必须系统部署、系统推进。生态环境要增彩增绿，守住源头，加强保护，强化治理，实现农村宜居宜业宜游；基础设施要提档升级，全面提高农村生活污水治理水平，全面推行农村生活垃圾分类，全面推进厕所革命；村容村貌要焕发新颜，一手抓规划管控，一手抓整治提升；乡土文化要留根铸魂，有形的乡土文化要留住，活态的乡土文化要传承；小城故事要讲深讲透，确保消灭脏乱差，同时彰显特色、常态长效，不断增强小城镇的综合承载力、辐射带动力；产业发展要因地制宜，依托整治抓倒逼，立足优势抓植入，让农村更有活力、农民更有奔头。

三、勇立潮头，开辟浙江生态发展新境界

浙江省十五次党代会报告指出："全面提升杭州、宁波、温州、金义四大都市区和中心城市能级。唱好杭甬'双城记'，培育国家中心城市，推动宁波舟山共建海洋中心城市，支持绍兴融杭联甬打造网络大城市。支持温州提升'全省第三极'功能，支持台州创建民营经济示范城市。支持嘉兴打造长三角城市群重要中心城市、湖州建设生态文明典范城市，共建国家城乡融合发展试验区。支持金华高水平建设内陆开放枢纽中心城市、衢州创新省际合作建设四省边际中心城市、丽水创建革命老区共同富裕先行示范区。"[①]在浙江省委省政府坚强领导下，始终坚持"八八战略"不放松，省域所属11设区市，齐头并进，各领风骚，彰显特色，踔厉奋发，合力奏响生态优先的号角，深入推进人与自然和谐共生的现代化，奋力谱写美丽浙江的新篇章，树立生态文明建设示范区的新标杆。

（一）齐头并进，唱好杭州、宁波"双城记"

共建高质量发展标杆。围绕提升杭甬双城综合能级和核心竞争力，注重发挥两地数字经济、创新活力、智能制造、港口开放等比较优势，形成齐头并进、比翼齐飞的发展态势。共建高水平协同样板。聚焦交通互联、创新协作、

---

① 袁家军.忠实践行"八八战略" 坚决做到"两个维护" 在高质量发展中奋力推进中国特色社会主义共同富裕先行和省域现代化先行[N].浙江日报，2022-06-27(1).

产业链协同、公共服务等重点领域，推动杭州、宁波错位发展、协同发展、合作联动。共建高能级带动典范。着力构建杭甬双城经济圈，进一步增强对全省高质量发展建设共同富裕示范区的引领带动作用。预计到2025年，杭州宁波将全面形成双城核心引领、错位协同、联动创新、竞合共赢的发展局面，基本形成杭甬双城经济圈格局，对全省辐射带动作用明显增强，从而更好融入长三角一体化发展战略。杭州宁波城市综合能级和核心竞争力迈上新台阶，创新活力之城、历史文化名城、生态文明之都特色优势更加彰显。

努力建设"美丽之窗"，继续提升杭州国际知名度。杭州在全省的龙头地位不断巩固，在全国的战略地位日益提高，在国际上的知名度和影响力持续提升。杭州在全国省会城市中率先建成"国家生态市"，荣获"国家生态园林城市""全国美丽山水城市"等称号。连续7年获美丽浙江考核优秀，连续6年获得省"五水共治"大禹鼎。成功创建国家生态文明建设示范区、县(市)5个，"绿水青山就是金山银山"实践创新基地1个，省级生态文明建设示范县(市、区)11个。出色完成G20杭州峰会环境质量保障任务，成功举办联合国世界环境日全球主场活动，美丽杭州的知名度和影响力持续提升。"生态环境部环境规划院评估认为，杭州在协调推进经济高质量发展和生态环境高水平保护方面起到了很好的综合引领、示范标杆作用，成为美丽中国建设的样本。"[①]主要做法包括如下几个方面：一是打赢蓝天保卫战。关停杭钢半山基地和半山电厂、萧山电厂燃煤发电机组，淘汰10吨以下燃煤小锅炉4000多台，淘汰黄标车22.6万辆，率先在全国大中城市中建成无钢铁生产企业、无燃煤火电机组、无黄标车的"三无城市"。有序推进重污染行业企业关停转迁，共计淘汰509家，搬迁改造257家，整治提升"低散乱"企业4087家。在华东地区率先出台国三柴油货车禁行和淘汰补助政策，淘汰国三柴油货车12.1万余辆。在全省率先划定高排放非道路移动机械禁用范围828平方公里。强化扬尘污染精细化治理，安装道路和工地扬尘在线监测设备2100余套。2013年至2021年，市区PM2.5平均浓度由70微克/立方米下降至28微克/立方米，市区空气质量优

① 杭州市生态环境宣教信息中心. 美丽杭州这十年：高水平打造美丽中国建设样本[EB/OL]. (2022-10-09)[2023-03-19]. http://epb.hangzhou.gov.cn/art/2022/10/9/art_1692259_59024979.html.

良率由 60%上升到 87.9%。二是打好碧水保卫战。在全省首创开展“污水零直排区”创建并率先迭代升级，累计建成 3.0 版“污水零直排”工业园区 112 个、镇街 168 个、生活小区 3631 个、创建美丽河湖 88 个，数量全省第一。总处理能力 403.9 万吨/日的 49 个污水处理厂全部达到一级 A 排放标准，其中 39 个达到更严的浙江省地方标准。2013 年至 2021 年，市控以上断面水质优良率由 83%上升到 100%，县级以上集中式饮用水水源地水质达标率保持 100%。三是打好净土清废攻坚战。全市已建成 3 个工业固废处置中心、4 个飞灰处置项目、8 座污泥处置设施、10 座垃圾焚烧厂和 11 座易腐垃圾设施。全市生活垃圾实现零填埋和焚烧处理能力全覆盖。一般工业固废综合利用率达 99%以上，工业危废综合处置利用率达 96%以上，医疗废物无害化集中处置率保持 100%。全市污染地块安全利用率保持 100%。扎实推进“无废城市”建设，2021 年“无废指数”位列全省第二，2022 年连续两个季度位列全省第一。四是绿色低碳转型加快推进。积极推进碳达峰、碳中和，率先开展碳排放监测试点，加快推进造纸、印染等传统产业转型升级，严格“两高”项目环境准入。2021 年，杭州以占全省 10.4%的大气污染排放(不含机动车)和 11.6%的水污染排放，贡献了全省 24.6%的 GDP 和 28.9%的一般公共预算收入。五是持续深化山水林田湖草生态修复。累计完成修复项目 501 个。34 个省级以上自然保护地得到持续保护，全市森林覆盖率 66.85%，连续多年位居全国同类城市首位。六是美丽城乡建设全域推进。深化“百村示范、千村整治”工程，建成美丽城镇 118 个、美丽乡村 1385 个、美丽河湖 213 条(个)，天蓝、水清、地净成为乡村的自然底色。全市 4282 公里绿道结环成网，将众多美丽乡村、美丽城镇串珠成链，成为靓丽风景线。七是数字赋能生态环境治理。围绕“大生态”多跨协同工作格局，按照“一张图”理念，坚持以数据为核心，以实战实用为目标，遵循“建好平台、重塑业务，整合数据、分析研判，发现问题、闭环整改，亲清服务、助推发展”思路，率先构建“生态智卫”大场景，加快推进生态环境治理体系和治理能力现代化。①

① 杭州市生态环境宣教信息中心.美丽杭州这十年：高水平打造美丽中国建设样本[EB/OL].(2022-10-09)[2023-03-19].http://epb.hangzhou.gov.cn/art/2022/10/9/art_1692259_59024979.html.

杭州创新创业活力更加充分迸发，城市文化软实力全面提升，人间天堂更合诗意栖居，最具幸福感城市金字招牌持续擦亮，智慧城市建设闯出新路，政治生态持续净化优化。良好生态环境是最普惠的民生福祉。近年来，杭州始终坚持一张蓝图绘到底，全力优化城市空间格局，持续改善生态环境质量，不断厚植生态文明之都特色优势，让人民生活更加幸福。久久为功才能行稳致远。从加大绿色低碳环保产业发展力度，到优化城乡人居环境，再到统筹推进山水林田湖草系统治理，接下来，全市将聚焦生态环境治理和保护，多措并举探索生态共富的杭州经验，努力建设“美丽之窗”，让高质量发展的成色更足。

宁波坚定不移推进绿色发展，城乡面貌焕然一新。“十三五”时期宁波生态环境质量持续改善，成功创建国家级森林城市和节水城市，获评国家级生态文明建设先行示范区、省级生态文明建设示范市，成为省级清新空气示范区，连续四年获得省五水共治“大禹鼎”。宁波以空间、经济、环境、港城、城乡、人文和制度等“七美融合”为具体方向，打造美丽中国先行示范区。全力锻强创新驱动的“主引擎”，打好改革破题的“主动仗”，唱响共创共富的“主旋律”，在高质量发展中加快建设现代化滨海大都市。“七美”包括多维度构建三生融合相宜的美丽国土空间，基本实现生产空间集约高效、生活空间宜居舒适、生态空间山清水秀的“三生融合”美丽空间；多路径发展绿色低碳循环的美丽现代经济，绿色低碳循环的现代经济体系基本建立，积极打造全国绿色低碳循环可持续发展的新标杆；多要素打造山清水秀天朗的美丽生态环境，全市生态环境质量达到国内制造业发达城市领先水平；多层次共建海陆联动相融的美丽硬核港城，现代海洋产业体系全面建立，环境友好、资源节约的海洋可持续发展格局全面形成；多方位构筑智慧富裕宜居的美丽幸福城乡，全市城乡融合和区域协调发展水平显著提升，“美美与共”的全域美丽新格局全面形成；全市生态文化软实力显著增强，国家生态文明建设示范区全域建成；多领域创新科学现代完备的美丽治理制度，系统完善、运行有效的美丽宁波建设制度体系有效运行，治理体系和治理能力现代化能力水平全面展现。

宁波将以减污降碳协同增效为总抓手，推动绿色低碳发展、深化污染治理、强化生态保护、完善治理体系，充分融入美丽长三角建设，积极应对气候变化，推动生态文明建设不断进步，努力绘就现代版“富春山居图”宁波画卷。预计到2025年，宁波生态环境保护各项工作力争走在全省前列，“美丽宁波”建设取得明显成效，基本形成节约资源和保护环境的空间格局、产业结构、生产方式、生活方式。生态环境空间管控格局更加成型，生态系统状况与服务功能稳定提升。经济社会发展方式更加成熟，绿色竞争力明显增强。主要污染物排放量持续削减，温室气体排放增速趋缓。生态环境更加优美，环境风险和生态安全得到有效管控。生态环境治理体系更加完善，治理能力明显提高。

（二）创新赋能，开启“美丽中国”温州模式

全国水生态文明城市、中国气候宜居城市、中国最具幸福感城市，一张张沉甸甸的“国字号金名片”接踵而来，成为温州生态环境事业高质量发展的有力见证。

筑牢高质量发展生态屏障优化市域生态格局。温州强化国土空间规划的基础性作用，构建“一屏一带四廊四片”的生态保护格局。重点保护西部山区生态屏障和东部海洋带的生态资源。构建流域山水格局，打造瓯江、飞云江、鳌江、楠溪江—温瑞塘河四大生态廊道，重点保护流域的上游片区，推进雁楠山水生态保护片、泽雅生态保护片、飞云江—鳌江上游生态保护片、矾山生态保护片建设。严格落实“三线一单”管控制度，严守生态保护红线，确保红线面积不减少、功能不降低、性质不改变。加强生态系统保护修复。统筹推进山林江海河湖湿地整体保护和系统修复，实施重要生态系统保护和修复重大工程。全面加强矿山生态环境整治、复垦，消除受损山体的安全隐患，恢复山体自然形态，保护山体原有植被，重建山体植被群落。加快推进生态廊道建设，开展大规模国土绿化行动，推进平原绿化和森林扩面提质，加强松材线虫病、美国白蛾等重大林业有害生物灾害的防控。启动湿地修复与提升工程，逐步恢复湿地生态功能，遏制湿地面积萎缩、功能退化趋势。加强湿地公园等生态功能区建设，申报创建国际湿地城市。推进各级各类自然保护地规范化建设和管理，省级以上自然保护区全部达到国家级规范化建设要求。持续推进生态文明建设示范区创建，预计到2025年全市80%以上县（市、区）创成省级以上生态文明建设示范县（市、区）。建设美丽大花园示范区。按照“三片三带五区多点”的空间布局，实施生态保护提升、全域旅游推进、绿色产业发展、交通基础设施提升、温州文化传承振兴、绿色发展机制创新六大工程，打造全国一流的美丽

宜居生态福地、全国先进的绿色产业发展高地、全国引领的绿色机制创新标杆。

全民共建“绿水青山”美好家园。为了保障“美丽温州”生态建设的成果，促进生态文明建设的可持续发展，温州利用数字经济及金融市场活跃的优势，为生态环境科学、精准治理创新制定了“云”上一盘棋、“环保管家”、碳金融等管理办法，成为颇具特色的“美丽中国”温州模式。一是美丽温州“云管家”。美丽温州“云管家”是温州生态环境的一种全新管理模式，被浙江省认定为基层应用典型。它用一张数字化的地图集成了温州生态水环境的所有业务数据，如水环境监测、一源一档、移动执法、行政处罚、建设项目、在线监控、固废监管等环保涉水数据；还集成了水利、行政执法、12345、四个基层平台信访投诉等跨部门业务数据，提供“管家式”无微不至的云端在线服务，真正做到呼之即来、全面实现一站式温州美丽水乡生态环境信息化服务。除了“云管家”外，温州还筹划了“云”上一盘棋，在“云管家”基础上，同步建设秸秆焚烧高空瞭望监控、扬尘在线监测等体系，从数据孤岛到整合、要素单一到全面、单一监管视角到多维视角，实现从展示到实效的跃升，助力温州环境监管“快稳准”。二是“环保管家”。“环保管家”是温州市生态环境局针对以往中介机构提供服务过于单一、随机的问题，率全国之先开展中介机构规范化管理改革，以市场化机制引导工业园区及企业委托实力较强的环保中介机构提供废水、废气、一般固废、危险固废和土壤修复等综合托管服务，实现从单一服务到综合服务、从“临阵磨枪”到随时服务、从短期合作到长期服务的转变，加快提升服务质效。目前，已发展培育 26 家“环保管家”中介机构，为 4000 多家企业提供了专业生态环境保护服务。三是“碳金融”。温州金融机构在温州市生态环境局的引导下，为遵守环保法律法规的企业提供创新绿色信贷产品、拓宽绿色融资渠道，积极探索开展基于碳排放权配额、排污权、用能权、用水权、碳汇权等绿色能源的抵质押贷款业务，为温州绿色生态的建设发展提供有力的资金保障。

（三）绍兴人文为魂、生态塑韵

绍兴坚持人文为魂、生态塑韵，深入推进新时代文化绍兴工程，打好污染防治攻坚战，擦亮稽山鉴水颜值，展现品质之城“新魅力”。双碳引领，系统变革。以“双碳”目标为引领，系统推动发展理念、治理手段、治理机制的变革重塑，将完整准确全面贯彻新发展理念运用到生态文明建设的各领域、各方面、各环节，深入践行“绿水青山就是金山银山”理念，奋力开辟新时代美丽绍兴建设新境界。

生态塑韵，品质提升。牢固树立“人与自然和谐共生”理念，坚决遵循自然生态系统演替规律，统筹推进生态环境治理与社会经济发展，进一步擦亮“稽山鉴水”金名片，绘就近悦远来“品质之城”新画卷，率先走出人文为魂、生态塑韵的城市发展之路。

构建生态空间格局。推动国土空间优化布局，统筹生态、农业、城镇空间，科学划定“三区三线”，[①]建立健全生态环境分区管控体系，绘好“一心、三江、四绿廊”[②]绿网蓝脉风景线，打造“城在景中，景在城中”的绿色生态空间格局。严格自然生态空间准入管理，防止不合理开发建设活动对生态空间的破坏和扰动。以国土空间规划为基础，立足资源环境承载能力，完善“三线一单”生态环境分区管控体系，建立动态更新调整机制，加强“三线一单”在政策制定、环境准入、园区管理、执法监管等方面的应用。落实规划环境影响评价机制，推进土地利用相关规划和区域、流域的建设、开发利用规划，以及有关专项规划开展环境影响评价，从源头控制污染产生，对实施五年以上的产业园区规划，进行规划环境影响跟踪评价。

严守生态保护红线。优化调整区域生态保护红线，严守生态空间保护区域，确保面积不减少、性质不改变、管控类别不降低。推进生态保护红线和生态保护重点区域隔离缓冲带建设，稳步清退不利于生态保护的人工设施。建立空间管控监管平台，建立“监控发现—移交查处—督促整改—移送上报”工作流程。红线区域按禁止开发区域的要求进行管理，严禁不符合主体功能定位的各类开发活动，严禁任意改变用途；生态空间管控区域以生态保护为重点，原则上不得开展有损主导生态功能的开发建设活动，不得随意占用和调整。

构建生态廊道体系。坚持系统化思维，以隔离生活生产空间、调节区域生态功能为目的，多尺度推进生态廊道建设。以小流域、小区域为单元，在河湖

---

① 国土空间规划三区三线是根据生态空间、农业空间、城镇空间三种类型的空间，分别对应划定的生态保护红线、永久基本农田保护红线、城镇开发边界三条控制线。

② 一心指会稽山生态绿心。三江指钱塘江、曹娥江、浦阳江。四绿廊指龙门山、天姥山、四明山和沿杭州湾等区域生态绿廊建设。

沿岸、城市近郊、工业园区、道路两侧等区域，因地制宜推进生态缓冲区建设，形成小区域的生态安全屏障，并逐步向生态保护型、文化休闲型的综合廊道拓展。以城市尺度为单元，推进城市滨水绿道建设、文化休闲带建设，连接城市绿地、公园、湿地等生态网络重要节点和小区域生态廊道，打造城市生态廊道，形成工业生产空间与生活空间相对隔离，生活空间与自然空间的有机结合的城市景观环境。打造会稽山等森林公园、曹娥江等河流生态安全廊道和杭绍台高速公路、杭绍城际铁路等生态绿廊。依托古城、鉴湖、浙东古运河等三大河流廊道，有机联系各个生态斑块，推进生态廊道贯通建设，串珠成线，高水平打造的区域尺度生态廊道，实现区域生态空间互联互通。

(四)金华全力夯实绿色发展底色

金华坚持绿色发展理念，围绕“打造增长极、共建都市区、当好答卷人”总要求，大力实施“环境立市”战略，持续推进美丽金华建设，深入实施第三轮循环经济“991”行动计划、绿色经济培育行动，积极打造浙中大花园，绿色循环产业体系初步构建，资源利用效率显著提高，生态环境质量不断改善，绿色发展成效显现。

绿色循环产业体系初步建立。“十三五”期间，深入实施绿色经济培育行动，加快培育绿色新动能，以绿色循环经济为核心的生态经济体系初步建立。深入推进绿色农业发展，建成一批现代生态循环农业示范主体。金华经济技术开发区、永康经济开发区、浦江经济开发区和义乌经济技术开发区等4家省级园区循环化改造示范试点取得实效，推动全市11家省级以上工业园区基本完成园区循环化改造，形成了大宗固废综合利用为重点的企业循环型产业链，以化工、医药等主导产业为纽带的园区循环型产业链，以废金属、废纸等再生资源回收利用为核心的社会循环产业链等循环经济体系。节能环保产业做大做强，增加值年均增速达10%以上。规上工业新产品产值率达到39.3%；高新技术产业增加值占比五年内提高21.8个百分点。

构建全域美丽大花园建设体系。加快建设现代宜居的美丽城市，塑造富有活力的美丽城镇，提升诗意栖居的和美乡村，高质量建设宜居、宜业、宜学、宜游、宜养的浙中大花园，形成“一村一幅画”“一镇一天地”“一城一风光”的全域大美格局。加快浙中生态廊道建设，搭建起浙中大花园的主体架构，打造山水林田湖生命共同体，构筑集生态保护、休闲观光、文化体验、绿色产业于一体的生态经济带。加快打造浙中诗路文化带，打造诗学一体的文化传承带、开拓创新的文化产业带、浙中意韵的诗画旅游带、自然和谐的美丽生态带、互联互通的开放合作带。认真执行《浙江省大花园建设标准》，积极创建省级大花园示范县。推进全市大花园数字化管理系统建设，与省级系统做好衔接，提升大花园数字化治理水平。深入开展“人人成园丁、处处成花园”行动，形成全社会共同参与建设大花园的良好氛围。

加强生态系统保护和修复。实施主体功能区战略，建立健全“三线一单”[①]生态环境分区管控机制，制定并执行不同区域生态保护、环境准入、污染治理、绩效评价等差异化政策。全过程推动绿色低碳循环可持续发展，全领域打好生态环境巩固提升持久战。加快建立自然保护地体系，实行自然保护地统一管理和分区管控。加大水土流失治理力度，在重点流域、中小河道、湖库和湿地实施生态修复。深化全域土地综合整治与生态修复，加强矿山生态环境整治、复垦。加强钱塘江、瓯江、曹娥江等主要流域源头地区生态保护，开展水生态保护修复。大力推进城市修补、生态修复，积极推进海绵城市建设，着力改善人居环境。以“森林金华”建设为载体，深入推进国家级森林城市群试点，强化公益林建设和天然林保护，推行林长制，实施“一村万树”行动，提高森林质量，持续增加森林碳汇。实施平原绿化美化行动，推进平原绿化提质。强化湿地保护与修复，优先修复生态功能严重退化的重要湿地，逐步实现退化湿地的全面修复，续建提升一批湿地公园。

（五）嘉兴生态优先，绿色发展；湖州逐绿前行，绿满金生

嘉兴市成功创建国家生态文明建设示范区，连续三年获美丽浙江建设工作考核优秀市和治水“大禹鼎”，累计创成国家级生态文明建设示范县 2 个，省级生态文明建设示范区 3 个，国家生态工业示范园区 1 个。生态环境发生全局性、历史性好转；坚持以数字化改革牵引全面深化改革，改革开放之路越来越宽广；大力推动公共服务优质共享，群众生活越来越幸福。

---

① “三线一单”，是指生态保护红线、环境质量底线、资源利用上线和生态环境准入清单，是推进生态环境保护精细化管理、强化国土空间环境管控、推进绿色发展高质量发展的一项重要工作。

嘉兴优化国土空间布局的新路，经验如下。首先，推进城乡融合发展，深化美丽城镇建设。一是全面推进中心城区有机更新。推进形态、业态、文态、生态“四态融合”和留改拆建并举。依托“一心两环九廊十湖”的城市水系肌理格局，形成“一湖九廊两环一城八板块”中心城市有机更新总体框架，匠心打造“九水连心”工程；构建南湖（纪念馆）中轴线，打造新时代“重走一大路”精品线，全新打造南湖区域景观风貌，塑造最江南慢享古城。二是建设现代化高铁新城。坚持人与自然和谐共生，厚植嘉兴文化发展底蕴，充分体现嘉兴元素，打造高铁新城站城一体生态文明示范样板。坚持高铁新城与中心城区、产业体系功能错位融合发展，合理规划新城与中心城区之间留白增绿生态缓冲区。以产立城、以城兴产，产城融合，实现新城与主城良性互动、产业共赢。三是整合城镇发展空间。优化城乡空间结构，推进城乡基础设施共建共享，三类产业融合发展。加快推进国土空间规划编制，厘清城镇功能、地位与作用，完善运河沿线古镇总体设计，推进城镇特色化、现代化发展。因地制宜构建舒适便捷、全域覆盖、层级叠加的镇村生活圈服务体系。建设串珠成链美丽生态绿道，整合各类开敞空间，打造蓝绿交织、水城共融的优美环境。四是优化乡村发展布局。全面提升人居环境，高标准建设城乡融合示范区。严格保护农业生产空间，科学布局农业经济开发区和现代农业园区，建设特色农业强镇，发展高效生态农业，实现乡村产业集约高效。用好万亩水田良好生态资源，发展美丽乡村经济，促进农业与旅游、文化深度融合，突出“一户一景”“一村一品”，保护水清景秀生态空间，形成“农田集中连片、农业规模经营、村庄集聚美丽、环境宜居宜业、产业融合发展”新格局。

其次，加大饮用水水源地保护，构建全链条水安全体系。一是加强水源地监管，严格水源地空间管控与保护。综合运用卫星遥感、无人机、自动在线监测等手段，建设优质水源地空地一体监管体系。实施最严格的水源地保护措施，水源地与工业活动区域设立无扰动、禁入缓冲区。禁止在保护区范围河道内饲养家禽、养殖渔业，降低饮用水水源地保护区周边人口密度及人为活动。二是从水源地到水龙头，提升全链条水安全管理能力。加强从天上到地上、从“水源地”到“水龙头”全链条水安全管理，建立全过程饮用水安全评估体系。抓好水源水体形成过程，分析水源地周边一定范围内大气、陆域及水环境对水体造成污染的可能性，筛选排查风险因子，保证水源水体形成过程的安全。抓好产水供水过程，通过调优水、产好水、净管网、清水箱，全流程筑牢水安全，特别防范高层小区二次加压、楼顶水箱“最后一公里”水安全隐患。

再次，统筹优化产业空间布局，强化重大产业平台建设。一是陆海统筹整合湾北新区，合力建设海洋强市。深入推进海陆统筹规划布局、港口腹地联动、海陆产业互动、海陆集疏运体系与海陆生态文明建设，打造海洋经济“桥头堡”。扩大外贸直航，拉动临港滨海产业升级。以海盐海域优化发展为突破，整合资源，优化协作机制，深入推进滨海开发带动战略。统筹土地政策和海域政策，控制土地供给和滨海资源供给，严格落实海洋功能区划制度，深化海洋功能区划与土地利用规划、城市规划衔接，处理好滨海开发与属地关系。充分发挥港口枢纽和海域资源优势，谋划“湾北新区”在环杭州湾滨海区域的社会功能和产业功能定位，突出高端制造、航空航天、新材料、海洋经济和旅游业等融合发展，形成示范带动作用，打造杭州湾北岸生态海岸高端产业集聚的现代化滨海新城。二是对标先进，优化重大产业平台空间布局。统一编制重大平台空间布局、产业规划，统筹开发招商服务，聚焦战略性新兴产业，布局未来产业，建设一流产业链、育强新产业集群。培育未来产业先导区，推进科研孵化产业化融合、智力资本服务融合、产业城市人文融合。以国家级园区、省级开发区（园区）等产业重大平台为核心，整合区位邻近、产业关联度较高的市镇工业平台，着力打造高质量、高能级的平台体系。对符合规划布局、产业基础较好、开发空间较大的园区，作为分区（分园）纳入产业重大平台统一管理运营。对不符合规划布局、产业“低散弱”、环境及安全隐患多、与周边区域不相协调的园区或工业片区，逐步退出。抓住长三角一体化契机，以资本为纽带深化沪嘉平台合作，积极联动建设一批上海平台的分平台、上海园区的分园区。

最后，强化系统保护修复，构建生态安全格局。一是严格管控生态保护红线。加大生态保护红线四至范围、地理信息、保护对象、主要人类活动、生态系统类型、主要生态功能等信息公开力度，全民监督落实生态保护红线管控。合理布局 360 度 GPS 实时监测监控设备，建立生态保护红线监测监控体系。定期开展巡查，加大执法力度，禁止红线内任何形式的破坏植被和侵占水面行为。实施“东西贯通、陆海相连、疏通廊道、保护生物物种、绿化嘉兴”的生态空间保护战略，构建“两区两带多廊多片多节点”“山、海、城、林”和谐统一的网络状生态安全格局体系，连通大型生态用地，保障区域生态安全。二是加大生态系统保护修复。加大湿地周边植被群落保护，扩增水杉林、池杉林、枫杨林、银叶柳等为保护群落，严禁乱砍滥伐湿地植被。加强功能萎缩湿地植被、重要生物栖息地和城市湿地的修复。切实保护好湿地动植物资源，严格控制农药、化肥等农业污染源，为湿地生物多样性保护提供良好的外围环境。深化城市造林绿化，构建“一主五副多点，两带三网多片”的绿化建设空间格局，提升绿地生态系统健康水平。统筹规划建设蓝色廊道，与陆地绿色廊道有机结合，维护恢复河流、江岸自然形态，构建协调、一致、互益的廊道生态。在尚无人工干扰的江河湿地两岸营造自然型驳岸，恢复近岸区生物栖息地，构建缓冲区，促进城市湿地生物多样性。三是优化海洋保护和开发格局。优化海岸线开发利用保护格局，保护滩涂海岛，严格围填海管控。统筹规划海岸线保护与开发，实行海岸线空间管制制度。综合管理33个无居民海岛，健全海岛储备、出让制度，合理合法处理原有海岛利用问题。

湖州生态文明先行示范区建设的战略定位是，努力打造绿色发展先导区、生态宜居模范区、合作交流先行区、制度创新实验区。迄今已取得以下经验。第一，示范区建设的主要任务是“构建七大体系”，即构建科学合理的空间布局、集约宜居的城乡融合、绿色低碳的产业发展、高效节约的资源利用、自然秀美的生态环境、健康文明的生态文化和系统完整的制度保障体系等。2015年，经济发展质量持续提升、节能减排任务有效落实、生态环境质量稳步改善，生态文明建设取得积极成效。2020年，符合主体功能区的开发格局基本形成，绿色产业体系初步建设，城乡一体化发展基本实现，全社会生态文明理念明显增强，生态文明建设水平全国领先。第二，湖州“逐绿前行”，美丽浙江考核实现“十连优”，“五水共治”八夺大禹鼎，全面打响“在湖州看见美丽中国”城市品牌；“因绿而兴”，着力构建“2＋8”高能级平台体系(2个市本级和8个区县平台)，统筹实施“五谷丰登”计划，加快培育以绿色智造为特征的八大新兴产业链；“绿满金生”，坚持以数字化改革引领各领域改革，获批建设国家可持续发展议程创新示范区等。2016年，荣获首批“国家生态市”称号，并成为全国唯一一个国家生态县区全覆盖的地级市；2017年，被授予国家生态文明建设示范市和“绿水青山就是金山银山”实践创新基地，是全国唯一获得两个荣誉的设区市；全市绿色发展指数连续两年列浙江省第2位，被国务院评为稳增长和转型升级成效明显市。第三，全民共建美丽乡村是湖州生态治理的最生动实践之一。安吉的“中国美丽乡村”、德清的“中国和美家园”、吴兴的“南太湖幸福社区”等都是生态文明建设中湖州所打造的美丽乡村。第四，生态治理让人领略到了湖州的颜值，依托绿水青山发展乡村旅游，湖州走出了一条由“农家乐”到“乡村游”再到“乡村度假”并形成“乡村生活”的“湖州之路”。数据显示，2015年，全市旅游人数和旅游收入占全省的10%左右，远远超过了人口、经济总量占全省比重5%左右的平均水平。第五，生态红利进一步催生了百姓的“生态自觉”，群众自觉呵护绿水青山在湖州蔚然成风。为强化公众参与，湖州市发布《市民生态文明公约》。2015年，市人大常委会决定将每年的8月15日设为“湖州生态文明日”，在全省尚属首家。第六，生态建设离不开制度保障。2016年7月1日，全国首部生态文明示范区地方性法规——《湖州市生态文明建设先行示范区建设条例》正式实施。条例从规划建设、制度保障、监督检查、公众参与等方面作出规定，在生态文明制度建设中发挥了独特作用，为生态文明先行示范区建设提供了法律保障。同年11月，湖州市又下发了《湖州市领导干部自然资源资产离任审计暂行办法》，领导干部自然资源资产离任审计迈出了实质性的一步，作为该工作基础支撑的自然资源资产负债表编制也已完成。2018年8月14日，湖州市政府召开新闻发布会，由中国标准化研究院、浙江省标准化研究院、湖州市标准化研究院和湖州市质量技术监督局共同起草的《生态文明示范区建设指南》地方标准正式发布。该标准包含生态文明示范区空间布局、城乡发展及融合、绿色产业发展、资源节约、循环利用、生态环境保护、生态文化和体制机制建设等方面的建设指标。以此为标志，湖州市生态文明先行示范区建设所取得的成果和经验进一步固化，建立起一套可复制、可推广的制度体系，这必将对全国生态文明建设起到积极的推动作用。

湖州坚定不移推进经济生态化、生态经济化，持续绘就“看得见山、望得见水、记得住乡愁”的动人画卷，走出了“美丽乡村、美丽经济、美好生活”各美其美、美美与共的绿色发展道路。

(六)舟山聚力建设全域美丽海岛大花园

2022年,舟山率先实现国家生态文明建设示范县(区)全覆盖。目前,舟山正在全力推进海岛未来乡村亮相全省赛道,美丽乡村建设全域全速推进,全域整治提升乡村环境。

全程强化海洋生态环境治理,取得以下成效。一是强化陆源污染管控。治气着力强化臭氧治理,突出石化、修造船、油储等行业开展重点防控,创新实施"舟山好空气"管护应用场景、扬尘监测模块(纳入全省生态环境数字化改革试点),成为全省仅存的预计优良率可达标的两个地市之一。深入推进"五水共治""找寻查控"专项行动,"一点一策"抓好969个问题整改;创新实施河湖湾滩智慧管护等数字化应用场景纳入省试点。治土治废着力深化无废城市建设,工业危废处置率保持100%,敏感用地、耕地安全利用率均为100%。二是强化海源污染管控。加大入海排污口整治提升力度,多部门联合推进1552个入海排污口专项排查整治,完成59个重点排口规范化治理,通过陆上监管、海上巡查和遥感,形成了海陆空一体化监管模式。推进"湾(滩)长制"全覆盖,划定湾滩321个,涉及岸线总长度942公里。率先立法《舟山市港口船舶污染物管理条例》,有效提升船舶污染物接收、转运及处置能力,实现海陆联动闭环管理。探索建立"海上环卫"工作机制,并入选全国自贸区加强生态环境保护推动高质量发展案例,重点创新实施清海净滩巡护项目、渔港渔船污染物智能化防治项目(海上云仓)、滩涂保洁及滩涂油污应急处理项目,成立湾滩问题巡查、海漂垃圾打捞、垃圾清运处置三支队伍,配备各类保洁船140艘,二级以上22座渔港全部配备油污水收集设施。三是健全主要岛屿分类管控体系。对照新区主要海岛功能布局规划,深化84个主要岛屿分类开发保护,构建"一岛一功能"海岛特色国土空间治理体系,有力有效落实"三区三线",海洋自然保护地面积占舟山2万多平方公里海域总面积的11%以上,海域生态保护红线面积占比33.35%。①

全域深化美丽海岛大花园建设,取得以下成效。一是海陆统筹一体深化

①② 浙江生态环境厅. 舟山率先实现国家生态文明建设示范县(区)全覆盖[EB/OL]. (2022-11-22)[2023-8-22]. Sthjt. zj. gov. cn/art/2022/11/22/art-1229588135-58936717. html.

生态修复与保护。印发舟山市"美丽海湾"六个分湾区建设实施方案，逐步推进普陀、本岛南部诸湾，岱山和嵊泗诸岛四大湾区美丽海湾建设，覆盖海域面积 1863 平方公里、岸线 1206 公里，2023 年普陀诸湾作为全省仅有的两个优秀案例之一推选到生态环境部。通过渔业资源增殖放流等方式，修复海洋生态环境，过去 5 年间放流大黄鱼、曼氏无针乌贼等苗种 82 亿尾(粒)。通过潜堤构筑、海岛公园、亲水海岸生态景观等一系列措施，完成岸线整治修复 122 公里、恢复生态湿地千余公顷。2022 年已完成全域土地综合整治与生态修复工程 2 个，矿山生态修复 10 个，新增百万亩国土绿化面积 1741 亩。二是积极打造海岛美丽大花园。重点推进海绵城市建设、公园绿地扫盲覆盖行动、美丽城镇美丽乡村建设和未来社区建设，不断提质升级，实现成果高效转化。2022 年以来完成优质公园、绿化美化路建设 4 个，启动 43 个城镇老旧小区改造项目，未来社区建设完成投资 27.34 亿元，创建完成新时代美丽乡村特色精品村 3 个、精品村 21 个，美丽庭院 5680 户，虾峙镇、岱东镇、秀山乡、五龙乡已完成第一批省级美丽城镇考核验收工作。三是着力强化生物多样性保护。完成全市海域、普陀陆域生物多样性调查。[②]

全面提升低碳绿色发展水平，取得以下成效。一是探索海洋海岛地区低(零)碳绿色发展模式。开展重点行业减污降碳行动和 250 家重点企业碳账户建设管理工作，入选联合国人居大会净零碳案例的定海新建村和嵊泗花鸟岛、普陀东极岛等一批独具海洋特色的低零碳试点示范引领效应凸显，2022 年舟山申报的《实践先行探索净零碳乡村建设县域路径》入选全国自贸区加强生态环境保护推动高质量发展案例(生态环境部)，1 个低碳试点县、2 个零碳乡镇、10 个零碳村(社区)、5 个零碳示范岛建设工作有序推进。二是大力发展非石化海上清洁能源。按照"可再生能源＋储能＋联合制氢＋蓝碳"，建设清洁能源绿色转换枢纽。2022 年世界最大单机容量的潮流能发电机组(1.6 兆瓦、岱山)、浙江省最大海上风电项目(399.95 兆瓦、嵊泗)均已在舟山并网发电，建设全国最大单体工厂化渔光互补绿色养殖项目，打造光伏发电与水产养殖结合的新模式(嵊泗洋山，年营业收入约 1.5 亿元)。同时，六横坚持以 LNG 接收站建设为牵引，打造清洁能源示范岛，已引进氢能燃料电池、示范应用等项目。三是加快推进生态资源转化。强化资源能源节约，推进能源结构调整优化，今年舟山已申报污染治理和节能减碳项目2个，完成盘活存量建设用地4555亩，完成低效用地再开发1316亩，10家企业完成强制性清洁生产。完善绿色金融体系，银行保险机构创新金融服务，实施差异化绿色信贷和保险政策；落实环境保护、减排降污、资源综合利用、新能源等税收优惠政策共计2.03亿元，惠及4021户次。[①] 促进深化"两山银行"试点成效，推进生态系统生产总值(GEP)复核工作。开展蓝碳交易试点，探索拓展海洋生态产品价值实现新路径。开展有机挥发物交易试点，破解重大项目准入环境指标制约。

(七)台州打造城乡融合美丽城镇，展现全域大美形象

台州坚持拥湾向海，加快建设"双循环"节点城市，构建了开放发展的崭新格局；坚持匠心打造，全域建设美丽台州，全面推进"二次城市化"，展现了全域大美的城市形象。具体经验如下。

统筹协调聚合力，突出思想先行。一是高站位谋划。将美丽城镇建设作为全市城镇工作的总抓手、总载体，高站位统筹推进美丽城镇建设。坚持系统谋划、专班运作，各县(市、区)工作专班实行实体化运作，工作体系日趋完善。二是高规格推动。组建了美丽城镇建设工作领导小组，由市委、市政府主要负责人担任组长，实行双组长制，各县(市、区)全部建立双组长制领导小组。在具体工作中，把美丽城镇建设纳入市对县(市、区)年度考核，并作为考核县(市、区)、乡镇党委政府领导干部工作实绩的重要内容，压实责任，形成强势推进态势。三是高频率造势。坚持"广播有声、电视有影、报刊有文、网络有言、户外有势"的立体宣传模式，通过传统媒体和新媒体的结合，系列化、持续化、常态化开展宣传报道。加强城镇宣传氛围营造，指导城镇在入镇口、重要节点、主次干道、社区等场所进行宣传引导。开展以"建美丽城镇，享美好生活""共富共美向未来"为主题的美丽城镇宣传月活动，营造全民参与、全民共建、全民共享的良好氛围。

坚持共建共享，突出项目带动。一是统筹规划城镇风貌。深化城镇环境

---

① 浙江生态环境厅. 舟山率先实现国家生态文明建设示范县(区)全覆盖[EB/OL]. (2022-11-22)[2023-08-22]. Sthjt. zj. gov. cn/art/2022/11/22/art-1229588135-58936717. html.

综合整治，通过入镇口、街景立面、公园节点等整治改造，提升城镇形象和城镇风貌。例如温岭市以打造“家门口的公园”为目标，结合城中村改造、城市精细化改造等因地制宜建设口袋公园，破解城市交通用地与绿化用地矛盾，提升入城口等重要节点风貌。二是优化公共服务供给。完善邻里中心、体育设施、卫生院、农贸市场等公共服务供给，打造舒适便捷、宜居宜业的城镇生活圈。如路桥区横街镇以横街里商贸综合体为核心，初步形成5分钟邻里生活圈、15分钟中心生活圈、30分钟镇村生活圈的格局。三是聚焦美丽产业培育。完善产业体系，优化产业设施配套，促进一二三产业在城乡充分融合，激活美丽经济，带动创业就业，用美丽书写共同富裕。例如临海市工坊推动农旅融合，科学延伸精制茶制造产业链，创新开发以“茶”入食的特色茶宴，持续加强“羊岩勾青”品牌塑造，筹划举办羊岩山茶文化节，让工坊既成为惠农增收的“主阵地”，又成为农旅融合“助推器”。

坚持共建共享，突出“三个结合”。一是结合山海水城自然禀赋。结合山、海、水和谐生态以及三门湾、台州湾、乐清湾三湾相连优势，展现山水江南、海湾渔港独特魅力，塑造净美宜居、镇景融合城镇风貌。如椒江区大陈镇积极探索渔旅融合新模式，利用大陈黄鱼品牌效应，以渔旅融合的方式打造大陈旅游新模式。二是结合历史人文资源。全力构建美丽台州升级版，构建“一户一处景、一村一幅画、一镇一天地、一城一风光”的全域大美新格局。东部沿海地区突出东海海洋文化，西部突出佛道名山文化、浙东唐诗文化、和合文化、山水美学文化，中部挖掘柑橘文化、官河文化、台州府城文化等。落实特色传承和现代营造的有机统一，着力增强“重要窗口”的风貌辨识度，展现台州特有气质。三是结合民营经济产业优势。把美丽城镇与新时代民营经济高质量发展相结合，将城镇作为产业转型升级的主战场，深入推进老旧工业区块改造，加快建设标准化、规范化小微企业园，再创民营经济新辉煌。

（八）衢州打造诗画浙江核心区；丽水创建生态产品价值实现机制示范区

衢州是浙江省的重要生态屏障，生态是衢州的一张“金名片”。自2019年美丽城镇建设启动以来，衢州市围绕“花园城镇、幸福经济、有礼文化”定位，按照“不比总量比质量，不比全面比特色，不比规模比功能”的思路，突出质量取胜、特色取胜、魅力取胜，全力推进美丽城镇“五美”[①]建设。三年来，累计创成美丽城镇省级样板28个，山区县县城城镇省级样板6个，基本达标乡镇80个，初步构建起舒适便捷、宜居宜业、全域覆盖的镇村生活圈，美丽城镇成为大花园核心景区的又一张金名片。丽水自觉遵循“发展服从于保护，保护服务于发展”理念，全面拓宽“两山”转化通道，加快建设以“生态经济化、经济生态化”为显著特征的现代化生态经济体系，推动实现GDP和GEP[②]“两个较快增长”，在开辟创新实践“绿水青山就是金山银山”新境界上蹚出新路、打造样板。打造万山滴翠、层林尽染、鱼翔浅底、繁星闪烁的最美生态，让乡村融入山水田园，促进美丽城乡与美丽生态“各美其美、美美与共”，丽水全域加快建设浙江大花园最美核心区，促进美丽城市、美丽城镇、美丽乡村、美丽田园有机相融，正成为着绿色中国进程中的鲜活样本。[③]

衢州是浙江省乃至整个华东地区的重要生态屏障。2003年实施生态市建设以来，衢州践行“绿水青山就是金山银山”理念，大力推进“诗画浙江”大花园最美核心区建设，探索出一条独具衢州特色的绿色发展、生态富民之路。坚持生态优先价值取向。持续推进“国家公园＋美丽城市＋美丽乡村＋美丽田园＋美丽河湖＋美丽园区”六大建设，2021年，衢州市被生态环境部命名为国家生态文明建设示范区，成为全省同时收获国家生态文明建设示范区和“绿水青山就是金山银山”实践创新基地两块金字招牌的两个地市之一，龙游县、常山县创成省级生态文明建设示范县，实现了全市省级生态文明建设示范市县全覆盖。衢州不断探索深化“绿水青山就是金山银山”实践创新，努力把生态优势转化为发展优势，把美丽环境转化为美丽经济，以生态美、产业兴、百姓富为目标，努力打造成为诗画浙江大花园最美核心区。近十年来，衢州统筹生态保护和资源开发，逐步走出一条“全域治理＋全域转化”的绿色发展之路。一方面，按照建设全域全景大花园的要求，狠抓一体化生态保护和修复，打出了全域美丽河湖和污水零直排创建、钢铁水泥等全行业超低排放改造、全域土地综

① 美丽城镇“五美”即环境美、生活美、产业美、人文美、治理美。

② GEP：生态系统生产总值。

③ 阮春生，钟根清. 生态产品价值实现的丽水实践[EB/OL]. (2021-04-26)[2023-03-19]. http://www.lishui.gov.cn/art/2021/4/26/art_1229218389_57318649.html.

合整治与生态修复行动、全域烟花爆竹禁燃、全域“无废城市”创建等系列组合拳，推动生态环境从“局部示范”迈向“全域美丽”，生态环境公众满意度已连续两年位居浙江省第一。另一方面，当地扎实推进“绿水青山就是金山银山”实践创新基地建设，坚持以改革求突破，积极拓宽资源转化路径，推动全域绿色发展。比如，在深化生态产品价值实现机制改革方面，衢州创新成立“两山合作社”，出台生态资产抵（质）押制度，目前，衢州全市生态产品金融授信已经达到 36 亿元，通过项目开发运营带动村集体增收 3000 多万元、农户增收 7500 多万元。衢州还积极开展绿色金融改革，2017 年获批全国绿色金融改革创新试验区，在绿色信贷、绿色保险、绿色债券、绿色基金等金融产品创新上取得了实实在在的成果，有力推动了传统产业的绿色转型。

丽水创建全国生态产品价值实现机制示范区，努力打造践行“绿水青山就是金山银山”的全国样板。[①] 2021 年 7 月 30 日中国共产党丽水市第四届委员会第十次全体会议审议通过《中共丽水市委关于全面推进生态产品价值实现机制示范区建设的决定》。建立健全生态产品价值实现机制，是贯彻落实习近平生态文明思想的重要举措，是从源头上推动生态环境领域国家治理体系和治理能力现代化的必然要求。丽水是“绿水青山就是金山银山”理念的重要萌发地和先行实践地、“丽水之赞”光荣赋予地，也是全国首个生态产品价值实现机制试点市，通过三年来锐意改革实践、大胆探索创新，圆满完成了国家改革试点任务。浙江省委书记易炼红 2023 年在丽水考察调研时提出，要“紧紧抓住生态这个发展的最大本底、最大招牌、最大优势，画好‘山水画’，念好‘山字经’，写好‘田园诗’，让绿色成为最动人的色彩；以更大力度培育‘增长极’，找准产业转型突破口，增创营商环境新优势，提升跨越发展驱动力，加快成为全省新发展格局中的新增长极，让发展成为最响亮的声音；以更宽胸襟传递‘山海情’，打好‘经贸牌’，提升平台集成度，打好‘飞地牌’[②]，提升协作紧密度，打好‘华侨牌’，提升外资集聚度，让开放成为最澎湃的动力；以更实步伐走好‘共

---

① 康梦琦. 浙江：实干争先走在前　勇立潮头谋新篇[EB/OL].（2022-09-14）[2022-09-14]. http://zj.people.com.cn/n2/2022/0914/c186327－40123371.html.

② 飞地牌：丽水不断在域外科创聚集地布局“人才科创飞地”，探索出“研发在当地、产业在丽水，工作在当地、贡献在丽水”的有效创新驱动模式。

富路’，擦亮城市品牌，提升生活品质，涵养精神品位，把不断提升革命老区人民生活品质作为最重要的政绩，让幸福成为最自信的名片”[①]。预计到2025年，将形成系统有效的生态产品价值实现制度体系，建成全国生态产品价值实现机制示范区。生态产品价值核算评估体系、自然资源资产产权制度等基础性制度全面建立，生态产品开发经营、市场交易等主体性制度创新完善，绿色金融、生态信用、考核评价等保障性制度总体成型，生态系统生产总值（GEP）达到5000亿元，生态产品“难度量、难抵押、难交易、难变现”等问题得到实质性解决，生态产品价值实现路径全面拓宽，生态优势转化为经济优势的能力显著增强，形成一批具有示范引领作用的标志性改革成果。预计到2035年，生态产品价值实现机制全面创新提升、更加完备高效，高质量绿色发展取得更大成就，成为具有中国特色的生态文明建设新模式的典范样板。

20多年来，丽水一直是浙江省乃至全国的生态文明标杆城市。2016年，丽水市人大常委会决定将每年的7月29日设立为“丽水生态文明日”。2017年，丽水入选全国“美丽山水城市”；2018年，成为全国“两山”实践创新基地。2022年，丽水又成为“国家生态文明建设示范区”。如今，丽水正为全面建设绿水青山与共同富裕相得益彰的社会主义现代化新丽水而加速奔跑。

第二节　科学规划省域生产生活生态空间格局

统筹优化国土空间布局，要求浙江以省域国土调查成果为基础，开展资源环境承载能力和国土空间开发适宜性评价，科学布局农业、生态、城镇等功能空间，优化农产品主产区、重点生态功能区、城市化地区三大空间格局，统筹划定耕地和永久基本农田、生态保护红线、城镇开发边界等空间管控边界以及各类海域保护线，强化底线约束，统一国土空间用途管制，筑牢国家安全发展的空间基础。

---

① 翁浩浩．全面建设绿水青山与共同富裕相得益彰的社会主义现代化新丽水[N]．浙江日报，2023-02-02(1)．

一、精准优化生产空间格局

经济生产是在一个特定的机构单位负责或控制之下为获得产出而进行的生产，经济生产空间是指经济的空间结构。经济生产是人类的基本社会活动，是人类社会赖以生存和发展的基础，无论承认与否，物质生产和经济活动在社会发展和人类活动中始终处于支配地位。生产空间是人民从事生产活动的特定功能区域，是国家或区域进行产品生产和生产服务的空间载体，以工业生产空间为主要表现形式。工业生产是工业化阶段区域发展的主导力量，其空间结构与演变反映了地区工业经济活动及其实体要素的空间格局和发展演化。浙江着力打造浙江特色的区域创新体系，完善十联动创新创业生态系统。所谓"十联动"，即"产学研用金、才政介美云"，即把产业、学术界、科研、成果转化、金融、人才、政策、中介、环境、服务等十方面因素融合提升，打造一个创新创业生态系统。

（一）工业智能化生产

浙江始终把发展经济着力点放在实体经济上，坚持"腾笼换鸟、凤凰涅槃"，突出数字化引领、撬动、赋能作用，推动数字经济和实体经济深度融合，加快建设全球先进制造业基地，提高经济发展质量和效益。

深入实施数字经济。深入实施数字经济五年倍增计划，大力建设国家数字经济创新发展试验区，打造数字强省、云上浙江。加快打造数字产业化发展引领区、产业数字化转型示范区、数字经济体制机制创新先导区，争取数字人民币试点，建设数字技术创新中心，加快打造数字变革策源地。创建国家制造业创新中心等高能级平台，培育壮大数字产业，形成一批具有国际竞争力的数字产业集群。推进工业、农业、服务业数字化转型，推动工业互联网和制造大省深度融合，培育提升"1＋N"工业互联网平台体系，推广新智造模式。加快国家新一代人工智能创新发展试验区建设。加快建设数字社会，拓展新基建应用场景，推进生活数字化、公共服务数字化。加强数字立法，探索数字化基础制度和标准规范，完善数据产权保护机制，深化数据开放共享，培育数据要素市场，保障数据安全，加强个人信息保护。

大力提升产业链供应链现代化水平。保持制造业比重基本稳定。实施制造业产业基础再造和产业链提升工程，运用大数据智能优化产业网络，做优做强自主可控、安全高效的标志性产业链。提升产业链龙头企业核心环节能级，推动产业并购，提高全球供应链协同和配置资源能力。实施制造业首台套提升工程，推进关键核心技术产品产业化应用。深化品牌、标准化、知识产权战略，推动质量革命，全面打响“浙江制造”。深入推进传统产业改造提升，提升小微企业园、创新服务综合体，发展智能制造、服务型制造，培育经典时尚产业。实施产业集群培育升级行动，打造数字安防、汽车及零部件、绿色化工、现代纺织服装等万亿级世界先进制造业集群，培育一批千亿级特色优势集群，打造一批百亿级“新星”产业群，改造提升一批既有产业集群。

做优做强战略性新兴产业和未来产业。大力培育新一代信息技术、生物技术、新材料、高端装备、新能源及智能汽车、绿色环保、航空航天、海洋装备等产业，加快形成一批战略性新兴产业集群。大力培育生命健康产业，推动信息技术与生物技术融合创新，打造全国生命健康产品制造中心、服务中心和信息技术中心。大力培育新材料产业，谋划布局前沿领域新材料，打造新材料产业创新中心。促进平台经济、共享经济健康发展。超前布局发展人工智能、生物工程、第三代半导体、类脑芯片、柔性电子、前沿新材料、量子信息等未来产业，加快建设未来产业先导区。

（二）农业现代化生产

农业现代化是指从传统农业向现代农业转变，在现代科学的基础上建立农业，用现代科学技术和现代工业装备农业，用现代经济科学管理农业。农业现代化是从传统农业向现代农业转化的过程和手段。农业现代化的目标是建立发达的农业，建设富裕的农村，创造良好的环境。

提高高效生态农业发展水平。农业现代化是用现代工业装备农业、用现代科学技术改造农业、用现代管理方法管理农业、用现代科学文化知识提高农民素质的过程；是建立高产、优质、高效农业生产体系，把农业建成具有显著经济效益、社会效益和生态效益的可持续发展的农业的过程；也是大幅度提高农业综合生产能力、不断增加农产品有效供给和农民收入的过程。实施高标准农田建设工程、粮食生猪综合生产能力提升工程，开展粮食节约行动。健全现代农业产业体系、生产体系、经营体系，完善“三位一体”高质量为农服务体系。

深入推进农业供给侧结构性改革，加强“三农”基础研究，加快农业科技创新和人才建设，打造高能级农业科创平台，全面提升农业设施装备水平，完善农业科技特派员制度，发展智慧农业，建设农业现代化示范区，加快提高农业质量效益和竞争力。发展现代渔业。发展壮大乡村主导产业，丰富乡村经济新业态新模式，推进农村一二三产业融合发展。

（三）现代服务业生产

现代服务业伴随着信息技术和知识经济发展的产业，用现代化的新技术、新业态和新服务方式，改造传统服务业，创造需求，引导消费，向社会提供高附加值、高层次知识型的生产服务和生活服务的服务业。现代服务业产生的四大原因：现代信息技术的发展、社会分工的日益精细、经济全球化带动明显、政府政策的刺激作用。现代服务业具有资源消耗低、环境污染少的特点，在很大程度可以缓解产业发展对资源和环境的冲击与负荷。现代服务业能满足转变经济方式的需要，也能满足产业结构调整的需要。现代服务业具有“两新四高”的时代特征。一新：新服务领域——适应现代城市和现代产业的发展需求，突破了消费性服务业领域，形成了新的生产性服务业、智力（知识）型服务业和公共服务业的新领域。二新：新服务模式——现代服务业通过服务功能换代和服务模式创新而产生新的服务业态。四高：高文化品位和高技术含量；高增值服务；高素质、高智力的人力资源结构；高感情体验、高精神享受的消费服务质量。

加快发展现代服务业。现代服务业往往被划分为基础性服务业、生产性服务业、消费性服务业和公共性服务业四大类。其中，与国家经济增长密切相关的就是生产性服务业，包括金融、物流、电子商务、电信服务等。大力发展高端化、专业化的生产性服务业，提升软件与信息服务、科技服务、现代物流、金融服务、创意设计、法律服务、中介、会展等服务业竞争力。大力发展高品质多样化的生活性服务业，提升健康养老、现代商贸、教育和人力资源培训、体育休闲等服务业质量。深化服务业改革开放，加快服务业数字化、标准化、品牌化，推动现代服务业同先进制造业、现代农业深度融合。推进现代服务业集聚示范区优化升级，打造一批现代服务业创新发展区。

二、精心营造生活空间格局

生活空间实质上就是城乡人居环境，它是城市中各种维护人类活动所需的物质和非物质结构的有机结合体。浙江加大城乡建设力度，提升城乡社区绿化水平，加大城镇污水处理设施建设力度，推进城乡生活垃圾治理，因地制宜、精准管理，城乡人居环境得到明显改善。2020 年 4 月，习近平总书记考察浙江时指出，要“深化‘千村示范、万村整治’工程和美丽乡村、美丽城镇建设”。[①] 下一步，浙江省将深入贯彻落实习近平总书记指示精神和党的二十大精神，坚决扛起忠实践行“八八战略”、奋力打造“重要窗口”的使命担当，坚持城乡融合发展，久久为功、接续发力，按照省第十五次党代会“加强美丽县城、美丽城镇、美丽乡村联创联建”要求，持续推进新一轮现代化美丽城镇建设，加快构建“整体大美、浙江气质”新格局，为奋力推进“两个先行”贡献更大力量。

（一）建设美丽乡村

推进“千村示范万村整治”工程的同时，以省级、国家级美丽宜居示范村为抓手，浙江打造了 1860 个美丽宜居示范村，数量居全国第一。2003 年，浙江启动“千村示范、万村整治”行动，拉开了农村人居环境建设的序幕。20 年来，浙江“千万工程”造就万千“美丽乡村”，率先走向乡村振兴。浙江省委、省政府做出重大决策：坚定不移实施“千村示范万村整治”工程。至今，浙江省累计约 2.7 万个建制村完成村庄整治建设，占浙江省建制村总数的 97％；生活垃圾集中收集有效处理建制村全覆盖，11475 个村实施生活垃分类处理，占比 41％；90％的村实现生活污水有效治理，74％农户的厕所污水、厨房污水和洗涤污水得到治理。宜居村培育建设，侧重于美丽乡村建设面上量的整体提升。项目建设主要对村庄重点和亮点区块进行改造提升，开展包括村庄立面改造、绿化彩化建设、道路硬化、河沟池塘整治、路灯亮化、环境卫生设施、广场步道等基础设施和公共服务设施配套建设。特色村培育建设，突出特色特点培育，侧重于美丽乡村建设区域内产业、生态、文化、治理等方面内容质的提升和外延拓

---

① 统筹推进疫情防控和经济社会发展工作　奋力实现今年经济社会发展目标任务[N].浙江日报，2020-04-02(2).

展。项目建设方向主要包括村庄特色区块打造、景观节点建设、公共空间塑造、建筑特色改造、生态环境建设等特色氛围营造方面内容。示范带培育建设，坚持“村、产、人、文”融合发展思路，根据“一个规划、一条干线、一个主题、一链产业、一批美村”要求，依托道路交通、骨干河网、农业特色园区等要素，通过主题策划、特色营造等手段充分整合沿线村庄历史文化、自然山水、特色产业等资源，统筹推进沿线周边山、水、林、田、路、房整体提升。

用“绿水青山就是金山银山”理念引领环境之变。农村人居环境整治三大革命包括厕所革命、垃圾革命、污水革命。厕所革命是指对发展中国家的厕所进行改造的一项举措，最早由联合国儿童基金会提出。厕所是衡量文明的重要标志之一，改善厕所卫生状况直接关系到这些国家人民的健康和环境状况。厕所革命主要是革除露天公厕、土旱厕、棚厕、缸厕。随着城市经济社会迅速发展，垃圾产生量急剧增加，垃圾处理压力不断增大。垃圾革命旨在减少环境污染，修复生态环境，实施垃圾源头减量，增强群众参与垃圾分类的意识，大力推进分类收集与回收利用，使垃圾变废为宝，逐步建立生活垃圾综合处理模式，走可持续发展道路。实施污水革命，意义在于通过开展农村生活污水治理工作，全面收集、处理农民居住地的生活污水，解决农民居住地生活污水直排问题，逐步消除黑臭水体及其他污染水体的现象，全面提升农村人居环境。

乡村美丽创建，是以美丽乡村庭院、美丽乡村微景观、美丽乡村小公园（小广场）、美丽田园、美丽乡村休闲旅游点为载体，坚持自下而上、村民自治、农民参与原则，立足农村现有基础，因势利导，引导群众“用一点空间、投一点小钱、增一点绿意、添一抹色彩”，由点及面、带动辐射，秉承不搞大拆大建、就地取材、数量服从质量、进度服从实效的理念，通过改造、完善、提升，打造一批小而优、小而精的乡村美景，加快宜居宜业美丽新农村建设，持续提升农民群众的获得感和幸福感。

创建美丽乡村庭院。以改善人居环境、弘扬良好家风、建设文明乡风为目标，打造“一院一景、一户一韵”的特色风格。每个乡镇每年创建50个以上美丽乡村庭院，做到：布局设计协调，院落空间布局设计合理，庭院内外布置与建筑主体、周边环境等协调统一；居室整齐清洁，房屋院落四周内外的物品摆放整齐，庭院外观规整有序，院内整洁美观；庭院净化绿化，房前屋后扫清楚、拆清楚、摆清楚，鼓励庭院内和房前屋后栽植果树、花草以及蔬菜瓜果，推广绿化角、庭院花圃，打造实用型、功能型乡村庭院；产业增收致富，鼓励农村家庭居家就业创业，开展作物种植、休闲文创、手工制作、农产品销售等生产活动，持续增加经济收入。

创建美丽乡村微景观。尊重乡土风貌和地域特色，保留村庄原有纹理，以“绣花”功夫推进乡村微改造、精提升。每个建制村每年创建一处以上美丽乡村微景观，做到：整体性强，创建区域与村庄建筑环境、自然景观、文化背景协调统一，符合乡村空间发展要求，达到整体景观与局部微景观有机融合；实用性强，以创建地块周边民宿、地理、功能相结合，利用旧物料、闲置物件、工业品、特色民间工艺等，对村庄边角地块、闲置区域、房前屋后、街头巷尾、垃圾堆放点等进行整理改造，在小区域范围内形成良好的宜居生态环境；融合性强，保留地方特色、生活模式，将乡土内涵、传统农耕、人文历史、传统建筑、民俗风情融入创建，把小区域创建成好景观。

创建美丽乡村小公园（小广场）。充分尊重农民意愿和风俗习惯，主要依托原有的生态基底和乡土景观，不盲目新建扩建，不搞过度开发。每个乡镇每年创建 3 个以上美丽乡村小公园（小广场），做到：突出资源整合，改造提升现有村庄内的小公园（小广场），进一步完善功能、美化景观，鼓励利用乡村四旁闲置地、废弃地、抛荒地、山体等改造“口袋公园”；突出需求导向，适应乡村生活水平持续提高，满足村民对于休憩、健身、交流的实际需求，提高村民生活品质和归属感；突出因地制宜，充分考虑乡村文化要素和自然野趣，展现乡村历史遗迹、名人轶事、民俗文化、产业文化等，凸显乡村景观文化特色。

创建美丽田园。以重塑乡村魅力、打造田园风光、传播农耕文化为路径，以稻田、蔬菜种植园等为主要载体。每个乡镇每年创建 1 片以上美丽田园，做到：风光靓丽化，田园与周边山水林等环境协调融合，具备观赏性，能够吸引游客观光、休闲，体现田园气息、乡土风光；设施标准化，田园地块规整，田间道路通达，沟渠相连畅通，田园防护生态；生产规模化，以建制村为创建主体，以连片规模达 100 亩以上田块为基本单元，作物种植集中连片，田间管理科学有序，耕作模式合理，品种布局规范，田园无失管，耕地无抛荒、无非农化；环境整洁化，田间道路干净，田间绿化美化，工具房（管理房）整洁大方、美观实用、无违规搭建行为，田间地头无丢弃各类垃圾、无废弃农药化肥包装物和废旧农膜。

创建美丽乡村休闲旅游点。坚持保护与利用并举，有效实现生态、社会、经济三大效益与文化的有机结合，重点创建四种类型美丽乡村休闲旅游点。全县每年创建2个以上美丽乡村休闲旅游点，做到：美丽休闲乡村，村落民居原生状态保持完整，农业生产功能与休闲功能有机结合，服务基础设施功能齐全、配置合理，乡风民俗良好，在周边地区知名度、美誉度以及游客满意度较高，休闲农业与乡村旅游有效结合；美丽森林人家，森林资源环境良好，具有游憩价值的景观、景点，融森林文化与民俗风情于一体，为游客提供生态友好型旅游产品；美丽水乡渔村，休闲娱乐、观赏旅游、生态建设、文化传承、科学普及以及餐饮美食等与渔业有机结合，基地各功能区划分明确、布局合理、安全美观、配套完善；美丽民族特色村寨，建筑质量良好且分布集中连片，风貌协调统一，传统文化保护传承良好，历史文脉传承延续，民俗文化活动丰富，各民族交往交流交融。

（二）建设宜业、宜居、宜乐的特色城镇

浙江围绕深入实施“八八战略”、协调推进乡村振兴战略和新型城镇化战略，按照以人为本、融合发展、统筹兼顾、彰显特色、改革统领、久久为功的原则，在小城镇环境综合整治取得阶段性成效的基础上，着眼高质量发展、竞争力提升、现代化建设，努力建设功能便民、共享乐民生活美、兴业富民产业美、魅力亲民人文美、善治为民治理美的美丽城镇，加快形成城乡融合、全域美丽新格局，打造现代版“富春山居图”，为建设美丽中国提供浙江样板。[①]

实施设施提升行动，实现功能便民。一是深化环境综合整治。深入推进小城镇环境综合整治和“三改一拆”行动，持续整治环境卫生、城镇秩序和乡容镇貌。积极打造美丽民居、美丽庭院、美丽街区、美丽社区、美丽厂区、美丽河湖和美丽田园等，建设园林城镇、森林城镇、森林乡村，推进“一村万树”行动。二是构建现代化交通网络。倡导以公共交通为导向的开发模式（TOD模式），

---

① 中共浙江省委办公厅、浙江省人民政府办公厅关于高水平推进美丽城镇建设的意见[EB/OL].(2019-12-23)[2023-03-19]. http://www.jrzj.cn/art/2019/12/23/art_7_4826.html.

积极推进各类交通方式“零换乘”接驳，优化路网结构和交通组织，增加停车泊位供给，完善近距离慢行交通网，建设智能交通系统，推进城乡客运一体化，构建外联内畅、便捷有序的交通体系。因地制宜发展水运交通。加快建设“四好农村路”和美丽公路。三是推进市政设施网络建设。加强地下空间开发利用，统筹各类市政管线铺设，合理配建停车设施。全面提升供水水质，保障供水安全。因地制宜推进城乡生活污水治理，加快建制镇雨污分流改造和“污水零直排区”建设。完善生活垃圾分类处理体系，加强垃圾投放、收集、运输和处置系统建设。倡导海绵城市建设理念，推行下沉式绿地。推进“厕所革命”，改造提升农村厕所、旅游厕所。加强防洪排涝能力建设，保障防洪安全。四是提升城镇数字化水平。坚持多用数据、少用资源，加快网络设施数字化迭代，积极推广民生领域服务现代信息技术应用，加强城镇管理数字化平台建设，推进“城市大脑”向小城镇延伸。提高5G网络城镇覆盖率、4K/8K超高清承载能力，推广智慧广电建设。推进“雪亮工程”建设，加快形成城乡一体的公共安全视频监控网络。推进平安乡村、智安小区建设和居住出租房屋“旅馆式”管理。

实施服务提升行动，实现共享乐民。一是提升住房建设水平。有序开展镇中村、镇郊村改造。城镇建成区严格控制新建单家独户的农民自建房。大力提升住房市场供给品质，优化空间布局，促进住房供需平衡、职住就近平衡。加强农房设计和建设管理，推进“坡地村镇”建设，打造浙派民居。加强建筑科技创新与应用，大力发展装配式建筑和绿色建筑。二是加大优质商贸文体设施供给。优化城镇商贸服务功能，建设商贸综合设施，传承创新老字号，培育发展新零售，打造商贸特色街，推进放心餐饮单位建设。加大星级农贸市场和放心农贸市场建设力度，提升发展专业市场。培育和引进品牌连锁超市，完善图书馆、社区文化家园、文体综合服务中心、电影院、绿道、体育场馆等公共文体设施。依托特色和优势，打造特色运动休闲小镇、体育服务综合体、非遗主题小镇、文化创意街区、民俗文化村等。三是提升医疗健康服务水平。全面推进县域医共体建设，以强化急救、全科、儿科、老年病科、康复护理和中医药等服务为重点，提升基层医疗卫生机构服务条件和能力，实现基本医疗服务能力达标升级。积极发展3岁以下婴幼儿照护服务，建设健康乡镇。四是促进城乡教育优质均衡发展。全面推进农村学校与城区学校组建城乡教育共同体，提高教育信息化应用水平，促进教育均等化。加快构建城乡全覆盖、质量有保证的学前教育公共服务体系，引导和支持民办幼儿园提高办园质量。大力发展城乡社区教育、老年教育，倡导终身学习新风尚。五是加大优质养老服务供给。加快居家养老服务中心建设，扩面与提升并举。发展智慧养老服务，提升居家养老服务能力，鼓励发展社区嵌入式养老服务，推进医养结合、康养服务。鼓励家政、护理等机构进社区。

实施产业提升行动，实现兴业富民。一是整治提升“低散乱”。依法依规整治以“四无”为重点的“低散乱”企业或作坊，强化市场倒逼，引导农村地区的企业或作坊区域集聚化、生产清洁化、管理规范化。二是搭建主平台。统筹城乡产业布局，推进镇（乡）域产业集聚，支持有条件的地方建设以乡镇政府驻地为中心的产业集群。扎实推进小城市培育试点，高质量推进特色小镇建设。深化“亩均论英雄”改革，完善激励与倒逼机制，建设提升小微企业园，引导特色企业入园集聚。加大文化产业园区建设力度，打造集群化和规模化产业发展平台。建设特色农业乡镇。三是培育新业态。强化产镇融合，因地制宜培育多元融合主体，发展多类型融合业态，推动镇村联动发展。加快提升传统产业，提高现代农业发展水平。大力发展信息服务、研发设计、现代物流等生产性服务业，加快构建现代物流体系，培育发展农村新型电子商务。优化营商环境，支持乡贤回归创业。

实施品质提升行动，实现魅力亲民。一是彰显人文特色。注重文明传承、文化延续，保护好城镇格局、街巷肌理和建筑风貌。强化历史文化资源保护传承与科学利用，保护古遗址，整饬老街区，修缮老建筑，改造老厂房，利用一批传统村落，培育一批乡土工匠，延续历史文脉。加强各类非物质文化遗产的挖掘与传承，打造一批非物质文化遗产体验项目，推进地名文化保护，展示人文内涵。全面落实基本公共文化服务标准，推进公共文化设施免费开放，积极组织开展以社区为单元的群众性文化活动，实现常住人口公共文化服务全覆盖，体现人文关怀。二是推进有机更新。实施城镇有机更新行动，采用微改造、微更新方式，推进城镇物质更新与功能更新，全面提升人居环境品质。注重整体风貌设计，建设一批建筑精品，塑造具有传统风韵、人文风采、时代风尚的特色风貌。以绿道等慢行通道为主线串联整合各类开敞空间，打造蓝绿交织、水城共融的优美环境。大力推进老旧小区改造，完善配套设施，积极发展社区养老、托幼、医疗、助餐、保洁等现代生活服务业。引导建设功能复合、便民惠民的邻里中心，加快构建舒适便捷、全域覆盖、层级叠加的镇村生活圈体系。支持有条件的地方开展未来社区试点。三是强化文旅融合。推动文化旅游配套服务体系建设，完善多层次、广范围、智能化的旅游服务设施。推动宾馆酒店提档升级，培育一批特色鲜明、丰富多元的农家乐精品。注重镇景融合，积极打造景区镇，鼓励建设旅游风情小镇。

实施治理提升行动，实现善治为民。一是建立健全长效机制。以环境卫生、城镇秩序、乡容镇貌管控为重点，制定实施小城镇环境风貌长效管控标准。加强县(市)域统筹，建立城乡基础设施一体化规划、建设、管护机制。鼓励有条件的小城镇参照执行《浙江省城市景观风貌条例》。二是全面提升公民素养。推进新时代文明实践中心试点工作，建立乡镇新时代文明实践所。加强社会工作人才队伍建设，以志愿服务为基本形式开展理论宣讲进农家、社会主义核心价值观普及、优秀传统文化滋养、移风易俗、邻里守望帮扶等五大行动，不断提升公民文明素养和社会文明程度，建设文明村镇。三是加强社会治理体系和治理能力建设。坚持发展新时代"枫桥经验"，深入开展美好环境与幸福生活共同缔造活动，以党建为引领推动自治、法治、德治融合发展，构建共建共治共享的社会治理格局。以"最多跑一次"改革为统领，深化"基层治理四平台"建设，推进基层综合行政执法改革，加强基层站所建设，发挥乡镇服务带动乡村作用，促进基层社会治理体系和治理能力现代化。

浙江以小城镇环境综合整治为抓手，通过整治环境卫生、城镇秩序、乡容镇貌，完成了上千个小城镇整治，成为全国唯一一个对小城镇进行全面彻底全域整治的省份。注重部门统筹、各司其职，协调联动推进小城镇建设，将特色小镇、卫生镇、园林镇、景区镇创建等行动融入美丽城镇建设考核体系，发挥部门合力。一是用"生活圈"圈出生活之变。统筹建设 15 分钟建成区生活圈、30 分钟辖区生活圈，加快完善城镇"一老一小"公共服务设施。二是用"产城融合"塑造产业之变。全省美丽城镇建设新增龙头企业 515 个、市级以上创新创业基地 1178 个、智能无人工厂 717 个，成为块状经济的孵化地，培育了大量的产业"单打冠军"和专精特新"小巨人"企业。三是用"以文化人"展现人文之变。加强历史文化名镇名村保护利用，积极推广“浙派民居”，打造有乡愁的小镇、有记忆的街区，实现省级样板镇全覆盖。

至2022年，浙江美丽城镇省级样板数量累计达到363个，创建300个美丽城镇的工作目标已提前超额实现。在“环境美”方面，三年累计新增绿道1.6万公里、道路1万公里、污水管网5.7万公里，省级卫生城镇实现全覆盖，居全国省份第一。在“生活美”方面，新增等级幼儿园1080个、卫生院1158个、实体书店1358个、邻里中心1070个、小镇客厅944个，公共服务处于全国领先水平；在“产业美”方面，新增龙头企业515个、市级以上创新创业基地1178个、智能无人工厂717个，成为块状经济的孵化地，培育了大量的产业“单打冠军”和专精特新“小巨人”企业；在“人文美”方面，累计改造提升历史街区、特色街区1564处，创建3A级以上景区镇628个，实现省级样板镇全覆盖；在“治理美”方面，新增智慧应用场景2479个，培育枫桥式基层站所1067个，党建统领的“四治融合”治理模式成为全国示范。①

三、精确统筹生态空间格局

生态空间是具有自然属性和生态防护功能的可提供生态产品和生态服务的地域空间，包括森林、草原、湿地、河流、湖泊、滩涂、岸线、海洋、荒地、荒漠、戈壁、冰川、高山冻原、无居民海岛等。任何生物维持自身生存与繁衍都需要的一定的环境条件，一般把处于宏观稳定状态的某物种所需要或占据的环境总和称为生态空间。在城市与区域范围内，除建设用地以外的一切自然或人工的植物群落、山林水体及具有绿色潜能的空间等系列生态用地，是各类生态用地组合形成的整体结构。浙江开展国土空间用途管制办法研究，制定覆盖全域全类型、相互统一衔接的国土空间用途管制规则，拓展国土空间用途管制监测评估试点。持续深化自然生态空间用途管制试点，支持湖州市、杭州市临安区全面开展试点工作。进一步明确自然生态空间管控规则，制定浙江省自然生态空间用途管制负面清单指南，严格自然生态空间准入管理，防止不合理

① 浙江发布．2022年浙江美丽城镇建设评价结果出炉，你的家乡在列吗？[EB/OL].(2022-12-26)[2023-8-22]. http://zj.zjol.com.cn/ved_boat.html?id=101261836

开发建设活动对生态空间的破坏和扰动。

(一)形成主体功能凸显和开发保护的新格局

坚持城乡融合、陆海统筹、山海互济,立足自然地理格局和资源环境承载能力,完善落实主体功能区战略,细化主体功能区划分,以国土“三调”[①]为底板,锚定生态安全格局,框定城乡融合发展区,界定大通道网络,进一步协调优化生态、农业、城镇、海洋空间布局,优化重大基础设施、重大产业项目和公共资源布局,以大都市区建设为引领,促进大中小城市及小城镇协调发展,形成主体功能明显、优势互补、高质量发展的国土空间开发保护新格局。

浙江将在探索适应新型城镇化的人地挂钩政策、开展耕地保护体制机制改革创新等方面再谋划、再推进,进一步优化国土空间布局,进一步保护和合理利用自然资源,使资源要素保障更加有力、城乡互动更加通畅,城乡差距进一步缩小,让天更蓝、山更绿、水更清,山水林田湖草生命共同体更加紧密,人与自然更加和谐,广大人民群众的获得感更强。

(二)高质量推进乡村全域土地综合整治与生态修复

统筹“山水林田湖草”的资源保护与生态修复体系。浙江通过大力实施重要生态系统保护和修复重大工程,全省森林、湿地、河湖、海洋等自然生态系统状况显著提升,生态保护修复支撑体系基础进一步夯实,省域生态系统的质量、功能和稳定性显著改善,生态安全屏障体系基本建成,优质生态产品供给能力显著增强,山洪、地质灾害等自然灾害风险明显降低,自然生态系统基本实现良性循环,基本绘就人与自然和谐共生的美丽画卷。坚持“四个强化”。一是强化组织领导。坚持和完善党委领导、政府负责的重大工程建设领导机制,认真落实中央统筹、省负总责、市县抓落实的重要生态系统保护和修复重大工程工作体系。二是强化制度改革。深入实施主体功能区战略和制度,建立国土空间规划体系。完善自然资源资产、生态保护补偿、森林、海洋、河湖、

① 国土“三调”全称为第三次全国国土调查,是一项重大的国情国力调查。是以 2019 年 12 月 31 日为标准时点,按照国家统一标准,利用遥感、测绘、地理信息、互联网等技术,统筹利用现有资料,以正射影像图为基础,实地调查土地的地类、面积和权属,全面掌握全国耕地、园地、林地、草地、商服、工矿仓储、住宅、公共管理与公共服务、交通运输、水域及水利设施用地等地类的分布及利用状况,建立国家、省、地、县四级国土调查数据库。

湿地等方面的法规制度。强化自然生态保护领域监管和执法，建立健全执法监督责任追究制度。三是强化政策支持。落实《自然资源领域中央与地方财政事权支出责任划分改革方案》；对集中连片开展生态修复达到一定规模的经营主体，按照“面上保护、局部修复、点上开发”的原则，允许在符合土地管理法律法规和国土空间规划、依法办理建设用地审批手续、坚持节约集约用地的前提下，利用1%～3%的治理面积从事相关产业开发，开展具有浙江特色的生态保护修复综合体试点；以数字化改革为引领，谋划建设生态系统保护和修复数字化应用场景。四是强化氛围营造。加强舆论宣传引导，通过新闻媒体和互联网等多种渠道，开展多层次、多形式的重要生态系统保护修复宣传教育，进一步营造全社会共同参与重要生态系统保护修复的浓厚氛围。

浙江全面推行省、市、县、乡、村五级“田长制”，落实最严格的耕地保护制度。通过“田长”，落实党政同责，强化巡查监管，实行预防在先、系统治理，坚决遏制耕地“非农化”“非粮化”，严守耕地红线，严肃查处各类违法违规占用和破坏耕地行为。坚持高起点全域规划、高标准整体设计、高效率综合治理，打造具有浙江特色的乡村全域土地综合整治与生态修复。以做优空间、做美景观、做精农田、做特产业的工作思路，推进城乡区域协调发展、乡村空间优化布局、资源集约利用，实现乡村全面振兴。亮点打造各具特色为目标，实施村庄整治、农田整治、生态修复，开展历史文化村落保护、乡村企业用地整治、一二三产业融合发展等“3＋X”模式的乡村全域土地综合整治与生态修复。村庄面貌得到全面提升、美丽田园加速推进、生态环境显著改善。

以系统观念科学推进自然资源一体化保护修复，守住自然生态安全边界，提升生态系统质量和稳定性。强化耕地数量、质量、生态“三位一体”保护。加强对耕地污染的调查评价，严格污染土地的准入管控，开展污染土地治理。加强耕地与周边生态系统协同保护。以“田长制”为载体，进一步强化耕地用途管制制度、耕地占补平衡制度、耕地进出平衡制度、耕地目标责任考核制度等一系列刚性约束制度管地，强化补充耕地项目选址审查，严把验收关，创新后期管护方式，实施耕地质量保护与提升行动，确保“占优补优”，做到“占劣补优”。

（三）深化矿业绿色发展和矿地综合开发利用

浙江聚焦国土空间治理现代化，以高质量、竞争力、现代化为导向，以数字化改革为动力，以矿产资源要素保障为核心，以矿业绿色发展为主线，高水平统筹矿产资源勘查、开发利用和保护，确保资源供给与经济社会发展需求相适应，矿产开发与生态保护相协调，全力打造“数字赋能、管控智能、实施高能”的矿产资源治理体系，为共同富裕先行和省域现代化先行提供矿产资源保障和地质技术服务。

制定和实施绿色勘查、智能化绿色矿山建设省级标准。探索矿业绿色发展示范小镇建设，开展绿色矿山建设质量再提升行动，建立健全矿业绿色发展长效机制。转变矿产开发模式，统筹用地用矿需求，优化矿地综合开发利用采矿权设置，促进矿产开发、矿地利用、生态保护协调发展。加强矿产资源保护监督，切实保障矿产资源国家所有者权益，有效维护矿产资源勘查开发秩序。一是强化空间引导，通过建设能源资源基地和国家规划矿区、划定矿产资源勘查布局分区、划定矿产资源开采布局分区、划定矿产资源保护布局分区等，推动勘查开发保护布局更加优化。二是加强分类管理，通过加强矿产资源勘查开采差别化管理、加强总量调控、加强开发准入管理等，推动矿产资源管理更加精细。三是加强地质勘查，通过加强矿产地质调查评价、实施战略性矿产找矿行动、支持省外境外矿产勘查、深化地质找矿理论应用研究等，推动战略性矿产找矿增储成效更加显著。四是深化绿色矿业，通过全面实施绿色勘查、深入推进绿色矿山建设、加快推进矿业绿色发展示范区建设、落实矿山地质环境保护修复责任、提高矿产资源节约与高效利用水平等，推动矿业高质量发展更加扎实。五是坚持数字赋能，通过打造“绿矿智用”大数据应用场景、深化矿业权管理制度改革、深化矿产资源勘查管理改革、深化矿产资源储量管理改革、深化矿产资源监管方式改革等，推动矿产资源管理制度改革更加深化。

体现浙江特色，为全国矿产资源管理提供浙江经验。一是以浙江资源禀赋为基础，加大萤石等战略性矿产、叶蜡石等优势非金属矿产和地热等清洁能源矿产的找矿力度；以资源保障为核心，以矿地综合开发利用为导向，加快建立建筑用石料矿保供稳价机制；以智能化绿色矿山建设为引领，打造绿色矿业浙江模板；以绿矿智用大数据应用场景建设为核心，全面推进矿产资源领域数字化改革。二是深入推进资源集约高效利用，进一步缩减全省采矿权总量，较大幅度提高建筑用石料、水泥用灰岩等矿山开采规模最低准入标准和其他金属、非金属矿山储量规模最低准入标准；制定绿色矿山管理办法，打造绿色矿山升级版；建立严于国家标准的智能化绿色矿山浙江标准；打造国家萤石能源资源样板基地和新型现代化资源高效开发利用示范区。三是率先深入推进矿产资源领域数字化改革，打造绿矿智用大数据应用场景，开展智能化绿色矿山建设，加快矿山数字化基础改造；进一步拓展“两山”转化通道，探索乡镇级矿业绿色发展示范区建设，优化矿地综合开发利用模式；助力砂石行业高质量发展，推动建设一批开采、加工、制造一体化的砂石产业园区。四是统筹资源保障与生态保护，落实国土空间“三条控制线”（即生态保护红线、永久基本农田保护红线、城镇开发边界）管控要求，严格新建露天矿山项目管理，坚持矿地综合开发利用导向拓展建筑用石料保障渠道，助力长三角一体化建设；深化矿业权管理改革，探索建立履职清单和多部门联合监管责任机制。

坚持生态优先、绿色发展；坚持充分保障、区域统筹；坚持空间管控、集约利用；坚持市场引领、矿地融合；坚持数字赋能、创新驱动。预计到2025年，浙江将建立以国土空间“三条控制线”为前提的矿产资源勘查开发保护新格局，以智能化绿色矿山、乡镇一级矿业绿色发展示范区为特色的矿业绿色发展新格局，以建筑用石料、石灰岩、萤石为重点的矿产资源保障新格局，以数字赋能为手段的矿产资源治理新格局，形成一批具有浙江地矿辨识度的系统性、突破性、标志性成果，推动浙江矿产资源管理改革继续走在前列。

第二章　健全绿色低碳循环发展的生态经济体系

生态经济体系是以生态系统和经济系统为主体，相互作用、相互混合而成的复合系统。生态经济体系主要由人口、环境、资源、科技四大组成要素，四大要素在体系内的主要作用在于维持社会经济的发展，维护生态的平衡，保证社会经济能在良性的生态系统中良性循环。绿色发展不仅是生态环境的改善，还包括发展模式的重塑。近年来，浙江摒弃传统粗放式发展，调整产业结构和能源结构，倡导绿色低碳、简约适度的生产生活方式，生态经济蓬勃发展。围绕保障重大项目建设、激发全社会投资活力，省财政 2023 年预算安排 280.58 亿元。其中，科技创新强基领域资金 16 亿元，综合交通强省领域资金 143.6 亿元，清洁能源保供领域资金 1.32 亿元，水网提升安澜领域资金 58.48 亿元，城镇有机更新领域资金 19.16 亿元，农业农村优先领域资金 15.69 亿元，文化旅游融合领域资金 4.79 亿元，民生设施建设等其他领域资金 21.54 亿元。[①] 通过大力推广“绿色发展”、淘汰“黑色发展”，大力推广“循环发展”、淘汰“线性发展”，大力推广“低碳发展”、淘汰“高碳发展”，生态经济呈现出蓬勃发展的态势，生态产品深受广大消费者青睐，逐渐形成“绿色时尚”。

第一节　高起点高质量发展数字经济

数字赋能发展，数字推动创新。2022 年浙江省数字经济核心产业增加值

---

① 浙江省人民政府.关于推动经济高质量发展的若干政策（浙政发〔2023〕2 号）[EB/OL].(2023-01-18)[2023-03-19].https://www.zj.gov.cn/art/2023/1/18/art_1229017138_2455272.html.

占 GDP 比重达 11.6%。在浙江，数字经济不仅是经济社会高质量发展的“金名片”，更是实现这一发展的重要引擎。浙江发展数字经济路径清晰。2017 年浙江开始深入实施数字经济“一号工程”，2023 年又提出以更大力度实施数字经济创新提质“一号发展工程”，紧紧盯住往“高”攀升、向“新”进军、以“融”提质的发展方向，为经济高质量发展注入澎湃动力。

一、构建绿色低碳循环发展的产业体系

绿色技术是包括节能环保、清洁生产、清洁能源、生态保护与修复、城乡绿色基础设施、生态农业等领域，涵盖产品设计、生产、消费、回收利用等环节的技术。在发展产业体系中，降低消耗、减少污染、改善生态，促进生态文明建设、实现人与自然和谐共生的新兴技术都是绿色技术范畴。浙江率先开展以工业转型升级为重点，构建绿色低碳循环发展的产业体系。

(一)治理高碳低效行业

2022 年，浙江印发了《关于完整准确全面贯彻新发展理念 做好碳达峰碳中和工作的实施意见》，制定全省及“6+1”领域[①]达峰行动方案。实施新一轮“腾笼换鸟・凤凰涅槃”攻坚行动，深入开展“两高”行业项目清理整治，整治高耗低效企业 5479 家，腾出用能约 216 万吨标煤。在全国率先建立综合能耗 5000 吨标煤以上的 1635 家重点企业碳账户，率先开展 9 大重点行业建设项目碳排放评价试点。聚焦钢铁、建材、石化、化工、造纸、化纤、纺织等七大高耗能行业，加快推动绿色低碳改造。对高碳低效行业严格执行产能置换办法，依法依规淘汰落后产能和过剩产能。推广应用清洁生产技术，依法实施强制性清洁生产审核。严把项目准入关，切实发挥节能审查制度的源头把控作用，逐步推开重点行业建设项目碳排放评价试点。对新建项目加强能耗“双控”目标影响评估和用能指标来源审查，对未落实用能指标的项目一律不予核准，坚决遏制“两高”项目盲目发展。在优化能源结构方面，浙江全面实施“风光倍增工程”，首批 30 个分布式光伏整县试点县全部列入国家能源局试点，非化石能源消费占比提升至 20.8%，新增光伏装机 320 万千瓦以上，海上风电装机 175 万

---

① “6+1”领域——能源、工业、建筑、交通、农业、居民生活等六大领域以及绿色低碳科技创新。

千瓦以上，煤电装机占比下降 2.5 个百分点。此外，还制定实施《浙江省关于开展低(零)碳试点建设的指导意见》，形成 11 个低碳试点县、24 个低(零)碳乡镇、200 个低(零)碳村、10 个绿色低碳工业园区、100 个绿色工厂、4 个林业增汇试点县、11 个林业碳汇先行基地的试点体系。基本建成碳达峰碳中和数智平台，发布碳账户管理应用场景、生态环境资源配置在线两项数智低碳创新成果。[①]

(二)坚持快速发展低碳新兴产业

加快数字经济、智能制造、生命健康、新材料等战略性新兴产业发展，培育形成一批低碳高效新兴产业集群，选择一批基础好、带动作用强的企业开展绿色供应链建设。加快构建绿色制造体系，推动传统企业优化产品设计、生产、使用、维修、回收、处置及再利用流程。

推进绿色低碳园区建设。推动省级以上经济技术开发区、高新区等园区全面实施绿色低碳循环改造，推进园区空间布局、产业循环链接、资源高效利用、节能降碳和污染集中治理，推广建设屋顶光伏、光热、地源热泵和智能微电网，强化能源梯级利用，健全环境管理体系和能源管理体系。2022 年新增省级绿色低碳工业园区 10 个、市级绿色低碳工业园区 18 个。建设绿色低碳工厂。迭代完善优化绿色低碳工厂建设评价导则，支持企业对标先进，加快基础设施、运营管理、能源与资源投入、产品开发、环境排放等方面绿色低碳转型，省、市、县联动分级推进绿色低碳工厂建设，2022 年新增省级绿色低碳工厂 100 家、市级绿色低碳工厂 710 家。[②]

加快发展新能源产业。2023 年 1 月 29 日，浙江省发展和改革委员会、经济和信息化厅、科学技术厅联合发布《浙江省加快新能源汽车产业发展行动方案》。方案提出到 2025 年，产业集群化发展布局更加优化，产业规模和竞争力位居国内前列，新能源汽车年产量超 120 万辆，占全省汽车生产总量比重超过 60%，关键零部件本地配套率显著提升。公共领域用车新能源比例国内领先，

---

① 浙江稳步推进碳达峰碳中和，去年整治高耗低效企业 5479 家[EB/OL].(2022-03-18)[2023-03-19]. http://www.zj.chinanews.com.cn/jzkzj/2022-03-18/detail－ihawqrpf1215787.shtml.

② 建设绿色低碳工厂，加快发展新能源产业[EB/OL].(2022-05-26)[2023-03-19]. https://news.bjx.com.cn/html/20220526/1228436.shtml.

率先开展自动驾驶汽车规模化商业应用，充换电服务便利性显著提高，培育形成"十百千"创新型骨干企业梯队，产业数字化转型和绿色化发展走在全国前列。开展新能源产业情况摸排，明确统计口径，形成龙头企业清单。以工业园区和工厂屋顶光伏、风电、储能等新能源应用为重点，推动落实一批工业节能降碳技术改造项目，加快工业领域新能源推广应用；支持光伏、动力电池、风机等高效能产品设备生产应用项目，推动新能源制造业生产方式向高端化、数字化方向发展，推进新能源技术、产品、装备推广应用。

（三）做强优势绿色环保产业

浙江生态环境系统也将服务企业项目，加快绿色转型发展。据统计，浙江落实重大项目环评"一对一"服务，优化要素保障、执法监管、市场配置等各项惠企政策，还组织千名专家深入万家企业，提供复工复产和污染治理的技术帮扶。2022 年，全省审批环评项目 10597 个，涉总投资 2.17 万亿元，高效保障排污权需求项目 3507 个。"2023 年，在 2022 年 100 个低(零)碳镇(街道)、1000 个低(零)碳村(社区)及 30 个减污降碳协同试点的基础上，逐步推进重点园区、重点行业的绿色低碳转型。"[①]推进吴兴经济开发区、遂昌工业园区等国家绿色产业示范基地建设。支持符合条件的绿色企业上市融资，培育绿色发展领域专精特新"小巨人"企业，大力发展固体废物处置、生态修复、环境治理等环保产业。推行合同能源管理、合同节水管理，推广环境污染第三方治理。环境治理是一个系统工程，治土往往是最后一环，尤为重要。为此，2023 年，浙江全面推进净土行动，持续深化建设用地土壤污染风险管控和修复"一件事"改革，稳步推进杭钢半山基地退役地块土壤、地下水污染风险管控和修复国家试点，开展丽水市地下水污染防治国家试验区建设，全面完成全域耕地土壤污染源解析，实施控(断)源工程，阻断污染源对耕地的持续影响等。

（四）加快农业绿色发展

2018 年，浙江省农业厅发布了《浙江省农业绿色发展试点先行区三年行动计划(2018—2020 年)》，深入实施科技强农、机械强农行动，研发推广微型化、

---

① 钱慧慧. 推动绿色发展、加强系统治理双轮驱动，浙江构建降碳、减污、扩绿、增长整体智治体系[EB/OL]. (2023-01-31)[2023-03-19]. https://www.mee.gov.cn/ywdt/dfnews/202301/t20230131_1014267.shtml.

轻便化、多功能农机装备，推进农田宜机化改造。深化“肥药两制”改革，加强农业农村污染治理。结合高标准农田建设，同步发展高效节水灌溉，提高设施农业可再生能源自给率，大力推广绿色生态种养。发展林业循环经济，推动林下经济高质量发展。加快一二三产业融合发展，促进农业与旅游、文化、健康等产业深度融合。2020年，浙江农业全面实现产业、资源、产品、乡村、制度和增收“六个绿色”目标，三分之一左右涉农县率先建成农业绿色发展先行县。围绕农业绿色发展目标任务，浙江重点推进产业结构、生产方式、经营机制三大“调整”和养殖业污染、农业投入品、田园环境三大“治理”。调整农业产业结构成为浙江农业绿色发展的重要方向。

在调整农业产业结构方面，取得以下经验。一是优化农业生产空间布局。立足资源环境承载力，优化农业生产力布局，逐步探索建立局部区域产业准入清单，推行农牧结合、粮经轮作和适度休耕等制度与模式，保护和恢复农业生态。严格执行畜禽禁限养区制度，引导新垦地等宜养区以地定畜建设标准化美丽牧场。开展中轻度污染耕地安全利用，扩大粮食生产禁止区划定试点，受污染耕地安全利用率达91%以上。推进规模化农产品基地和优势产业带建设，建成一批“两头乌”、湖羊、中蜂、杨梅、枇杷、食用菌、“浙八味”等特色农产品优势区。2020年已建成生态茶园、放心菜园、精品果园、特色菌园、道地药园和美丽牧场共计1500个，基本建成100个一二三产业深度融合的现代农业园区、100个特色农业强镇。二是加快培育农业新产业新业态。实施休闲农业和乡村旅游精品工程，大力发展观光农业、分享农业、定制农业、康养农业等新业态。挖掘、保护、传承农业农村非物质文化遗产，振兴历史经典产业。推进农产品电子商务平台和乡村电商服务站点建设，发展壮大农业会展经济，形成线上线下双向流通格局。实施“农家特色小吃振兴三年行动计划”，培育一批标准化生产、品牌化经营的农家特色小吃企业。三是大力开发绿色农产品。加强绿色品种引进、选育和推广。加快发展“三品一标”产品，支持资源和生态条件突出的地方发展绿色农产品，促进生态优势向经济优势转化。完善绿色农产品生产标准体系，加强农产品质量安全追溯体系建设，落实规模生产主体应用合格证，推动涉农县农产品追溯体系全覆盖。深入实施农业品牌振兴行动，引导经营主体大力创建名企、名品、名牌，推动地方创建区域公用品牌，加强品牌宣传和营销平台建设，办好农产品展销和推介活动，组织参加重点国际性展会，提升农产品品牌影响力和市场竞争力。

在治理田园环境方面，浙江取得以下经验。一是强化农业面源污染防控。加快建立农业面源污染监测体系，全面完成农业污染源普查，建设涵盖水、土、农产品的农业面源污染监测点，及时发布预测预警。探索末端减排模式，在敏感区域和主要流域建设氮磷生态沟渠拦截系统，建设小流域农业面源污染综合治理示范区。制定农田污染控制标准，依法禁止未经处理达标的工业和城镇污染物进入农田、养殖水域等农业区域。二是深化农业生态环境整治。深入实施整洁田园行动，全面落实农药废弃包装物市场主体回收、专业机构处置、公共财政扶持机制，建立健全废旧农膜“主体归集、政府支持、专业机构处置、市场化运作”相结合的回收处置体系，推动废旧地膜纳入农村生活垃圾回收处置系统。大力清理田间积存垃圾、改造生产设施、整理田间杆线、建立长效机制，促进田园清洁化、生态化、景观化。完善外来检疫性有害生物风险监测评估与防控机制，严防外来检疫性有害生物入侵和生物灾害发生。

（五）提升服务业绿色发展水平

浙江将绿色发展作为服务业提质增效的重要环节。绿色发展的三大系统是指社会、经济和自然系统。绿色发展不仅仅关涉人与自然的关系，而且通向经济、政治、文化、社会建设各方面和全过程。绿色发展的核心是正确处理人与自然的关系。绿色服务是指有利于保护生态环境，节约资源和能源，无污、无害、无毒的同时有益于人类健康的服务总称。提升服务业绿色发展水平，主要措施包括以下几个方面。一是积极发展绿色物流业，培育一批绿色流通主体，实现仓储、运输、包装、配送物流供应链的绿色低碳发展，推动电商快递等重点领域“减塑”。二是推动软件和信息服务、科技服务、现代物流等生产性服务业向专业化和价值链高端延伸。推动物流降本增效，培育一批绿色流通主体。主要举措在于降低“六个成本”，即物流制度成本、物流要素成本、物流税费成本、物流信息成本、物流联运成本、物流综合成本。具体对策在于扎实推进国家物流枢纽网络建设。布局建设国家骨干冷链物流基地。加强应急储备设施建设。促进物流业制造业融合发展。组织开展物流园区示范工作。三是全面提升冷链物流网络化、标准化、智能化水平，加快形成连接国内国际双循环的冷链物流产业生态体系。推进实施冷链物流网络节点布局创新行动、冷链物流装备和技术升级创新行动、冷链物流产业链补强创新行动、冷链物流业态模式场景创新培育行动和冷链物流全链条创新监管行动，加快补齐浙江冷链物流空间布局、设备技术、产业发展、业态模式、政策环境等方面存在的短板，充分利用好浙江冷链物流后发优势，实现浙江全省冷链物流创新发展、跨越发展。四是推动快递包装绿色转型，推广应用绿色包装。明确建立实施统一采购制度、开展规范包装操作管理、推广快递包装循环复用、组织开展生态环保培训、落实塑料包装治理责任、开展节能减排绿色运输等重点任务。五是推进绿色饭店建设，提供绿色客房和绿色餐饮服务。绿色饭店是指运用环保健康安全理念，坚持绿色管理，倡导绿色消费，保护生态和合理使用资源的饭店。绿色客房是指饭店客房产品在满足客人健康要求的前提下，在生产和服务的过程中对环境影响最小和对物资消耗最低的环保型客房。绿色餐饮是指餐饮企业从保护资源、维护环境、有益健康、持续发展角度出发，对产品在生产、加工过程中给予控制，为消费者提供安全、健康的餐饮食品。其强调在生产与服务的过程中，更多地关注节约资源、注重环保，极大地尊重就餐者的利益与健康，并从经营的各个环节全方位、全过程地给予体现，从而达到经营的最佳效果，最终实现经济、生态、社会的和谐统一。六是在外贸企业推广"碳标签"制度，积极应对欧盟碳边境调节机制等绿色贸易规则。"碳标签"制度是指采用生命周期评价法，准确量化产品和服务各环节所产生的碳排放量，并找出关键环节，进而提供高效碳减排解决方案。碳标签侧重从源头治理方面推进减污降碳，是一种推动企业碳减排、绿色供应链的有效工具，更是作为面对国际贸易壁垒的重要应对手段。碳标签制度融合了政策法规与市场约束力，在各国广为推广，伴随着需求侧和供给侧的转型意识不断增强，未来碳标签有望成为影响全球贸易的绿色通行证。

二、构建清洁低碳安全高效的能源体系

浙江以清洁能源示范省建设为统领，构建清洁低碳安全高效的能源体系。从能源安全和保障供应出发，以优化调整能源结构为主线，以科技和政策创新为驱动，以构建以新能源为主体的新型电力系统为目标，适应国家可再生能源

大规模、高比例、高质量、市场化发展的形势要求，形成以风、光、水和生物质发电为主，海洋能和地热能综合利用为辅的多元发展新格局，充分发挥浙江数字经济优势，打造浙江智慧能源示范区。“截至2020年底，全省可再生能源装机容量达到3114万千瓦，其中光伏1517万千瓦(分布式1070万千瓦)，常规水电713万千瓦，抽水蓄能458万千瓦，生物质发电240万千瓦(垃圾发电210万千瓦)，风电186万千瓦(海上风电45万千瓦)，可再生能源装机占比达到30.7%。”[①]进入数据经济时代后，浙江正在抢占机遇，加强可再生能源技术的应用研究和在新形势下的数据经营模式的创新，实现能源结构转型。减少碳排放，推进节能环保，清洁能源，以便达到中央“双碳”目标的要求。

(一)加快能源结构调整优化

浙江应用新理念、新思路、新科技来把握发展战略，不仅要推进已经谋定的“领先、关键、重大”方向，加快项目建设的战略；还要瞄准“双碳”时代背景下的新方向、新项目。严控新增煤电装机容量，推进煤炭清洁高效利用。大力发展风电、光伏发电，实施“风光倍增工程”。因地制宜发展生物质能、海洋能等可再生能源。安全高效发展核电，打造浙北、浙东南、浙南三大沿海核电基地。积极扩大天然气利用规模，有序推进抽水蓄能电站布局和建设，加快送浙第四回特高压直流通道项目建设。加强煤炭储备体系建设，积极推进“石油国储”项目建设。提升电力运行和天然气调节能力，加强能源保供风险防控管理。

一是深挖分布式光伏潜力，鼓励集中式复合光伏。继续推进分布式光伏发电应用。在城镇和农村，充分利用居民屋顶，建设户用光伏；在特色小镇、工业园区和经济技术开发园区以及商场、学校、医院等建筑屋顶，发展“自发自用，余电上网”的分布式光伏；结合污水处理厂、垃圾填埋场等城市基础设施，推进分布式光伏；在新建厂房和商业建筑等，积极开发建筑一体化光伏发电系统。同时，加快探索建筑屋顶太阳能热水器和光伏发电系统一体化应用。

二是积极推进近海海上风电，探索深远海试验示范。大力推进海上风电建设。积极推进已核准项目的开发建设，适时开展一批规划项目前期核准工

---

① 浙江省发改委.浙江省可再生能源发展“十四五”规划(浙发改能源〔2021〕152号)[EB/OL].(2021-06-23)[2023-03-19].https://www.zj.gov.cn/art/2021/6/23/art_1229203592_2305636.html.

作，加快海上风电规划修编，积极争取新增海上风电项目入规，逐步探索建设海上风电，实现浙江省海上风电规模化发展。“十四五”期间，浙江省海上风电力争新增装机容量450万千瓦以上，累计装机容量达到500万千瓦以上。因地制宜发展分散式风电。充分利用浙江省沿海沿江滩涂、工业园区和火电厂区空地等区域，因地制宜发展分散式风电，同时试点推进分布式发电市场化交易，研究点对点电源直供模式。结合乡村振兴战略，贯彻国家“千乡万村驭风计划”。启动老旧风电场技术改造升级。遵循企业自愿原则，鼓励业主单位通过技改、置换等方式，重点开展单机容量小于1.5兆瓦的风电机组技改升级，促进风电产业提质增效和循环发展。探索海上风电基地发展新模式。通过海上风电规模化发展，实现全产业链协同发展，重点开发规模相对集中的区域，集约化打造海上风电＋海洋能＋储能＋制氢＋海洋牧场＋陆上产业基地的示范项目，并出台相关配套政策，带动全省海上风电产业发展。结合海上风电开发，探索海上风电制氢、深远海碳封存、海上能源岛等新技术、新模式。

三是加强小水电生态监管，科学有序发展抽水蓄能。加强小水电生态流量监管。巩固长江经济带小水电清理整改成果，通过安装监测设施对生态流量泄放情况开展监测，建立生态流量监管平台，进一步加强生态流量监管。在做好生态保护的前提下，有序推进交溪流域小水电综合开发。有序发展抽水蓄能电站。积极推进长龙山、宁海、缙云、衢江、磐安等地抽水蓄能开工项目的建设，稳妥开展泰顺、天台等地抽水蓄能电站项目前期工作，适时启动建德、桐庐站点的前期工作。结合现有站点，合理规划布局，积极推动新一轮抽水蓄能电站选点工作。加强抽水蓄能电站建设管理体制、电价机制等研究。“十四五”期间，浙江全省抽水蓄能电站力争新增装机容量340万千瓦，累计装机容量达到798万千瓦。四是按需推进垃圾发电项目，鼓励农林生物质和沼气发电。按需推进垃圾焚烧项目。加强垃圾发电项目前期管理与选址，在合理选址和保护环境的前提下，加大生活垃圾焚烧发电设施建设力度。因地制宜选择安全可靠、技术成熟、先进环保、经济适用的处理技术。生活垃圾焚烧发电设施要同步落实飞灰的安全、无害化处置场所，防止产生二次污染。“十四五”期间，垃圾焚烧发电新增装机容量50万千瓦，累计装机容量达到260万千瓦。因地制宜发展农林生物质和沼气发电。根据生物质资源分布特性，在农林生物质富集地区，科学合理建设农林生物质电站。根据畜禽养殖场、城市污水处理厂等分布，因地制宜推动沼气发电工程建设。

（二）深化能源治理改革创新

加快构建以新能源为主体的新型电力系统，加强智能电网建设。积极发展“新能源＋储能”、源网荷储一体化和多能互补，组织开展储能试点。持续提升电力需求侧响应能力，积极推广虚拟电厂。持续深化电力市场化改革，完善风电、光伏发电、抽水蓄能发电等价格形成机制。稳步扩大用能权交易范围，探索多元能源资源市场交易试点。强化能源消费总量弹性管理，建立单位GDP能耗降低激励目标机制。实施重大平台区域能评升级版，全面推行“区域能评＋产业能效技术标准”准入机制。推进重点用能企业对标先进能效标准进行节能诊断和技术改造。

一是加强统筹协调。相关部门要加强对可再生能源建设的总体指导和统筹协调，统一思想认识，形成联动机制，合理确定可再生能源开发建设时序，有效衔接可再生能源开发、输送、利用各环节。强化要素资源供应与保障，及时解决项目建设遇到的问题，确保项目建设一批、核准一批、前期准备一批。强化项目管理，不断完善工作机制和评价考核体系，着力提高项目质量和成效，重视生态环境保护，进一步加强与浙江省国土空间总体规划的协调对接，促进可再生能源开发利用的高质量发展。二是强化政策落实。根据国家发布的可再生能源电力消纳保障机制以及对浙江省设定的可再生能源电力消纳责任权重，加紧研究和制定可再生能源消纳、能源“双控”等对地方政府、相关部门的考核评价体系，充分调动地方政府、相关部门和企业主体的积极性。出台可再生能源与能源“双控”考核、用能空间数据联动政策，明确对各地能源“双控”考核和用能空间核算中年度新增可再生能源可扣减能耗。做好规划年度监测分析和规划中期总结评估。分解和落实全省可再生能源发展目标和任务，督促各地区加快可再生能源开发利用，加强对各地区规划执行情况的考核。为进一步提升浙江省对可再生能源的消纳能力、缓解电网调峰压力，积极探索制定储能配额制，优先考虑在源荷逆向分布、本地消纳空间不足等就地消纳矛盾突出区域配套储能。三是强化要素保障。强化土地要素保障，对相关部门确定的重大可再生能源建设项目，在建设用地指标方面给予重点支持，指导地方按照有关规定合理利用废弃土地、荒山荒坡、滩涂等资源建设可再生能源项目。强化资金要素保障,拓宽投融资渠道,创新适应可再生能源产业的融资方式和金融服务模式,建立和完善可再生能源产业链企业信用担保体系,提高中小企业融资能力,扩大融资规模,采取多种手段保障资金需求。四是完善市场环境。加强落实可再生能源税收、土地、贷款等方面的优惠政策,营造良好的投资环境,进一步引导社会投资转向可再生能源领域,充分发挥公共部门投资可再生能源的积极性,营造良好的投资环境吸引国际投资主体。发挥市场配置资源的作用,通过竞争配置方式组织建设项目,以此引领技术进步和产业升级,促进成本下降,减少补贴需求,适应国家可再生能源补贴退坡的形势,同时加强对可再生能源开发利用市场的规范管理,着力营造有序竞争的市场环境。逐步建立完善的电力市场环境,积极衔接、有序推广国家可再生能源绿色电力证书交易,通过市场化方式部分解决可再生能源补贴问题。

三、构建覆盖全社会的资源高效利用体系

浙江以循环经济发展为依托,构建覆盖全社会的资源高效利用体系。资源高效利用制度。把经济活动、人的行为限制在自然资源和生态环境能够承受的限度内,使资源、生产、消费等要素相匹配相适应,用最少的资源环境代价取得最大的经济社会效益,形成与大量占有自然空间、显著消耗资源、严重恶化生态环境的传统发展方式明显不同的资源利用和生产生活方式。

(一)全面建立资源高效利用制度

全面建立资源高效利用制度,要树立节约集约循环利用的资源观,健全自然资源产权制度,实行资源总量管理和全面节约制度。要强化约束性指标管理,加快建立健全充分反映市场供求和资源稀缺程度、体现生态价值和环境损害成本的资源环境价格机制。要构建市场导向的绿色技术创新体系,大力发展节能环保产业。要完善资源循环利用制度,实行垃圾分类回收,构建覆盖全社会的资源循环利用体系。

首先,强化约束性指标管理,实行能源和水资源消耗、建设用地等总量和强度双控行动,建立目标责任制,合理分解落实。研究建立双控的市场化机制,建立预算管理制度、有偿使用和交易制度,更多用市场手段实现双控目标。

按照污染者使用者付费、保护者节约者受益的原则，加快建立健全充分反映市场供求和资源稀缺程度、体现生态价值和环境损害成本的资源环境价格机制，促进资源节约和生态环境保护。其次，按照提升发展质量和效益、降低资源消耗、减少环境污染的部署，构建市场导向的绿色技术创新体系，开展能源节约、资源循环利用、新能源开发、污染治理、生态修复等领域关键技术攻关。强化企业技术创新主体地位，充分发挥市场对绿色产业发展方向和技术路线选择的决定性作用。建立绿色循环低碳发展的产业结构和经济体系，采用先进实用节能低碳环保技术改造提升传统产业，大力发展节能环保产业。再次，完善资源循环利用制度，实行生产者责任延伸制度，推动生产者落实废弃产品回收处理等责任。完善再生资源回收体系，实行垃圾分类回收，加快建立有利于垃圾分类和减量化、资源化、无害化处理的激励约束机制。推进产业循环式组合，促进生产系统和生活系统的循环链接，构建覆盖全社会的资源循环利用体系。加大绿色金融支持，落实好促进节能减排相关税收优惠政策，加快建立用能权、排污权和碳排放权交易市场。

（二）全面推行循环型生产方式

大力发展绿色低碳产业。打造循环经济“991”行动升级版，实施园区绿色低碳循环升级工程，探索开展绿色低碳园区试点。构建先进制造业循环经济典型产业链，提升汽车零部件、工程机械等再制造行业发展水平。推动重点行业企业开展工业固体废物源头减量和综合利用。加快发展新能源产业。开展新能源产业情况摸排，明确统计口径，形成龙头企业清单。以工业园区和工厂屋顶光伏、风电、储能等新能源应用为重点，推动落实一批工业节能降碳技术改造项目，加快工业领域新能源推广应用；支持光伏、动力电池、风机等高效能产品设备生产应用项目，推动新能源制造业生产方式向高端化、数字化方向发展，推进新能源技术、产品、装备推广应用。持续壮大节能环保制造业。开展节能环保制造业情况摸排，明确统计口径，形成龙头企业清单。以高效节能装备、先进环保装备为重点，积极拓展节能环保设计、环境综合治理等高附加值环节，鼓励企业开发环境友好型药剂、低碳化工艺、轻量化环保装备，提高污染治理绿色化水平。

调整农业生产方式将成为浙江农业绿色发展的重要抓手。一是全面推行减量化投入。2020 年土壤有机质含量保持在 2.2%,不合理施用化肥减量 3 万吨,农药减量 1500 吨;全面实施资源化循环,畜禽粪污、秸秆和农村清洁能源利用率分别达到 98%、95%和 85%。二是调整农业产业结构,因地制宜发展农业;增加智力投资,提高人口素质;加大农业科技投入,加快农业技术的应用和推广;发展节水农业、生态农业;农业发展与生态环境保护相结合;延长产业链,增加农产品的附加值,增加农民的收入;加强农业基础设施建设,改善农业生产条件;改善农业生态环境,促进农业的可持续发展。

(三)加强再生资源回收利用

首先,加快先进技术装备研发推广,强化生产过程资源的高效利用、梯级利用和循环利用,降低固废产生强度。推动固废在地区内、园区内、厂区内的协同循环利用,提高固废就地资源化利用。支持水泥、钢铁、火电等工业窑炉以及炼油、煤气化、烧碱等石化化工装置协同处置固体废物。其次,推进资源循环利用。加快推进资源循环利用,推动固体废弃物处置利用全区域统筹、全过程分类、全品种监管、全链条循环。加强城乡生活垃圾分类设施建设,推行定时定点分类模式,推进垃圾分类回收和再生资源回收"两网融合"[①]。鼓励大型商贸流通企业开展逆向回收。再次,推进再生资源高值化利用。开展资源综合利用政策研究制定,更大力度、更大范围推广应用再生资源高值化利用,推动废钢铁、废塑料、新能源汽车废旧动力蓄电池等再生资源综合利用行业规范管理,培育一批骨干企业。推动新能源汽车动力电池回收利用产业链合作共建回收渠道,构建回收利用体系;加大动力电池自动化拆解、有价金属高效提取等技术的研发推广力度。

四、构建绿色现代化的基础设施体系

浙江以绿色低碳发展为方向,全力统筹推进传统基础设施和新型基础设

① "两网融合"指的是生活垃圾分类网络和再生资源回收网络的融合。再生资源回收在生活垃圾分类中是非常重要的一个环节,再生资源回收后的分拣,能大大提高再生资源的市场价值。分拣中心落成后,通过"互联网+回收"将可回收物从生活垃圾中分离,可以促进生活垃圾减量化和资源化,减轻政府清运处理压力,以市场化、标准化、技术化的方式,规范传统废品回收行业,提升市容市貌和再生资源利用率。

施建设，打造系统完备、高效实用、智能绿色、安全可靠的现代化基础设施体系。新型基础设施是以新发展理念为引领、以技术创新为驱动、以信息网络为基础，面向高质量发展需要，提供数字转型、智能升级、融合创新等服务的基础设施。

（一）建设绿色化数字基础设施体系

浙江发展绿色化数字基础设施体系的原则如下。一是应用牵引、适度超前。聚焦社会治理、民生服务、产业发展需求，以应用为牵引，适度超前布局浙江省数字基础设施，夯实数字社会的基础。二是集约发展、联动建设。强化部门协同和省市县联动，推动跨区域、跨部门、跨层级、跨系统的统筹衔接和集约建设，形成“共建共享、开放合作”的建设环境。三是政府引导、多元参与。充分发挥市场配置资源的决定性作用，强化政府引导，畅通社会资本参与渠道，培育多元化建设运营新模式、新业态。四是安全可控、创新发展。树立网信安全底线思维，加强安全技术应用和制度保障，以安全可控为前提，推进数字基础设施创新发展。

加强新型基础设施节能管理，制定强制性能效标准，推动数字基础设施绿色发展。鼓励在数据中心项目应用分布式能源，提升数字基础设施能效水平。聚焦市政、交通、建筑等重点领域，实施基础设施智能化建设行动。一是建成高速泛在的网络基础设施。互联网核心设施进一步完善，互联网能级全面提升，成为国际互联网的重要节点。二是建成绿色高效的算力基础设施。形成布局合理、低耗节能、多点联动的数据中心发展格局。建成集约高效、共享开放、安全可靠的云计算基础设施，政务云建设领先全国。三是建成特色鲜明的新技术基础设施。率先建成具有全国影响力的城市智能中枢和数字公共底座，完成设区市的“城市大脑”通用平台建设，建成若干具有国际影响力、全国领跑的人工智能及区块链平台。四是建成全域感知的智能终端设施。建成泛在感知、智能协同的物联感知体系，市政基础设施数字化、集约化建设水平显著提升，智能服务终端覆盖城乡。五是建成全国领先的融合基础设施。“1＋N”工业互联网平台生态体系全面建成，车联网、船联网、飞联网建设取得明显突破，并广泛开展示范应用。六是建成优良的数字基础设施生态体系。建成技术研发、产业支撑、建设运营、服务应用各环节相互协同、良性循环的数字基础设施生态体系，形成多方参与的协同推进机制，构建国内一流的数字基础设施发展环境。

预计到2025年，浙江将成为全国数字基础设施标杆省，全省建成高速、泛在、安全、智能、融合的数字基础设施体系，实现技术先进、功能完善、特色鲜明、惠及城乡的要求，数字基础设施的能级得到全面提升，总体建设水平达到国际一流、国内领先，有力地支撑全省数字化改革、数字经济发展和数字浙江建设。

（二）推动交通基础设施绿色转型

开展低碳公路服务区、低碳水上服务区、低碳综合客运枢纽建设。推进多式联运发展，推动公路货运大型化、厢式化、专业化发展。加快充电设施设备建设，支持个人自用充电桩建设。推广使用新能源车船，推进岸电设施建设与使用。坚持以缩小地区、城乡和收入差距为主攻方向，更加注重向农村、基层、山区海岛和困难群众倾斜，提出实施干线交通基础设施补短板行动、铁路网络加密补强行动、农村路网等级提升行动。

聚焦省域、市域、城区3个“1小时交通圈”，浙江将加快推进杭绍甬高速公路等关键项目建设；推动山区26县和海岛县“外联内畅”，加快建设杭淳开、义龙庆等高速公路，扩容改造235国道、322国道等普通国省干线公路。预计到2025年，3个“1小时交通圈”人口覆盖率将超95%，实现高铁、通用航空“市市通”。

交通服务共同富裕，关键是要满足群众多样化、多层次、高品质的出行需求。重点实施城乡运输服务品质提升行动、水路公共交通品质提升行动、交通畅行攻坚行动、航空服务升级行动、枢纽便捷换乘优享行动、弱势群体交通关爱行动。

浙江将推进通村客运加密提质，基本实现县到乡（镇）公交直达全覆盖；预计到2025年，新建或升级改造50个县级快递物流分拣中心，规划和整合建设200个“一站多能、多网共用、统一管理、集中配送”的乡镇快递物流综合服务园区；建设改造陆岛交通码头泊位80个，实现候船设施覆盖率达95%以上。

打造文明和谐美丽交通展示区。建设2000公里美丽富裕干线路省级样板。农村交通安全、公路施救抢通、交通低碳发展等是重要着力点。实施“浙行安全”攻坚行动、绿色美丽交通培育行动、治理效能提升专项行动，推进公共交通绿色低碳发展，力争到2025年实现大中城市中心城区绿色出行比例达80%，主城区公共领域车辆新能源化比例达80%；打造沿山、沿海、沿江、沿湖“四沿”美丽富裕干线路，建成省级样板工程2000公里，建成美丽航道500公里。

浙江将全面推进道路交通安全隐患治理。重视加大长陡下坡、平交道口等重点路段整治和危旧桥（隧）改造力度，预计到2025年，处置边坡隐患点600处，整治平交道口1000处，确保交安设施完好率100%；迭代升级“浙运安”智控平台，建设一批危化品车辆公共停车场；提高交通应急救援保障能力，高速公路一般及以下交通事故施救时间缩短至60分钟以内。

（三）推进城乡人居环境绿色升级

党的十八大以来，浙江住房和城乡建设事业取得巨大成就，住房保障、人居环境、城乡面貌、行业发展、建设品质等都迈上了新台阶。新时代十年，全省城镇化率年均提升1个百分点，整体城镇化水平位居全国省份第四；改造提升数百个城镇污水处理设施、新增数百公里城市快速路、建成数百公里城市地下综合管廊；实现千镇美丽蝶变、千村美丽宜居示范、千个城镇老旧小区改造、千个城镇易涝点整治。

全面执行绿色建筑标准，开展老旧小区改造、既有建筑绿色化改造行动，推动可再生能源建筑一体化应用。实施公共机构碳中和工程，打造零碳公共机构。持续推进污水垃圾处理设施建设，完善小微产废企业危险废物集中统一收运体系，增强医疗废弃物和涉疫生活垃圾处置规范性。实施城乡风貌整治提升行动，打造一批新时代富春山居图样板区。

党的十八大以来，浙江省的城市道路新建了1.56万公里，其中城市快速路有735公里，包括杭州的彩虹快速路，前些年建成的望江隧道等。浙江是建筑业大省，2013年全省建筑业总产值首次突破2万亿元，2013年至2021年持续保持在2万亿元以上，居全国第二位。建筑业增加值占GDP的比重、建筑业入库税收占全省的比重，都在5.5%以上。建筑业还吸纳了全省560万从业人员，在吸收社会就业、增加居民收入方面作出了很大的贡献。在农村层面，浙江继续推进“千村示范万村整治”工程的同时，以省级、国家级美丽宜居示范村为抓手，打造了1860个美丽宜居示范村，数量居全国第一。这些村庄集田园美、村庄美、生活美于一体。在城镇层面，浙江以小城镇环境综合整治为抓手，通过整治环境卫生、城镇秩序、乡容镇貌，完成了1191个小城镇整治，浙江成为全国唯一一个对小城镇进行全面彻底全域整治的省份。在城市层面，浙江以城镇老旧小区改造为抓手，完成了2411个老旧小区改造，受益居民达90.6万户。城镇加装电梯超过了7300多台。[①]

五、构建市场导向的绿色技术创新体系

浙江以增强创新活力为核心，构建市场导向的绿色技术创新体系。绿色低碳循环技术为绿色技术创新的新方向，包括能源节约与绿色低碳转型、低碳与零碳工业流程再造、生态系统固碳增汇、负碳技术等技术，突出了新阶段绿色技术创新体系的新内涵、新方向。浙江进一步完善市场导向的绿色技术创新体系，强化企业创新主体地位，完善转化应用市场机制，加强创新服务保障，推动形成各类创新主体活力竞相迸发、产学研用衔接高效、创新效能持续提升的绿色技术创新工作格局，为加快发展方式绿色低碳转型、推动高质量发展提供有力科技支撑。具体经验如下。

（一）强化绿色技术研发

加强清洁能源、储能等领域前沿技术基础研究，重点突破高耗能行业节能增效技术，超前部署碳捕集利用与封存等负碳技术。鼓励优势单位牵头建设省级重点实验室、技术创新中心，支持龙头企业牵头组建体系化、任务型的绿色技术创新联合体、产业技术联盟。

强化绿色技术创新引领。明确绿色技术创新方向。定期向各地区、行业协会、重点企业等征集共性技术难点和技术需求，以能源节约与绿色低碳转型、污染治理、资源节约集约循环利用、低碳与零碳工业流程再造、生态系统固碳增汇、负碳及温室气体减排等领域为重点，采用“揭榜挂帅”“赛马”等机制，引导各类主体参与绿色技术创新。强化关键绿色技术攻关。组织实施“碳达

---

① 浙江绿道有多少？城乡人居环境怎样整治提升？省建设厅新闻发言人权威解答[EB/OL]. (2012-11-2)[2023-8-22]. https://www.zj.gov.cn/art_1547064_6332.html.

峰碳中和关键技术研究与示范”“大气与土壤、地下水污染综合治理”“循环经济关键技术与装备”“长江黄河等重点流域水资源与水环境综合治理”等重点专项技术攻关，鼓励绿色技术创新主体积极参与，研发一批具有自主知识产权、达到国际先进水平的关键核心绿色技术。

壮大绿色技术创新主体。培育绿色技术创新企业。培育绿色技术创新领军企业，支持领军企业及其联合体承担国家科技计划支持的绿色技术研发项目。从国家高新技术企业、科技型中小企业、全国技术合同登记企业和技术进出口合同登记企业中，遴选发布绿色低碳科技企业，引导各类创新要素集聚。培育绿色技术创新领域专精特新中小企业、专精特新“小巨人”企业，加大对中小微绿色技术创新企业的支持力度。

（二）推进科技成果转移转化

深入实施首台套提升工程，定期发布绿色技术推广目录。积极推广碳捕集利用与封存技术。鼓励企业、高校、科研机构打造绿色技术创新项目孵化、成果转化和创新创业基地，积极培养绿色技术创新创业人才。

激发科研单位创新活力。进一步完善事业单位工作人员考核管理机制，加大绿色技术创新成效在考核评优中的比重，提高科研人员绿色技术创新积极性。支持高校、科研院所等事业单位科研人员按国家有关规定兼职参与企业绿色技术创新、成果转化、技术咨询和服务等工作，继续实施绿色技术创新成果发明人或团队持有股权、成果转化净收入占比以及成果转化奖励收入不受本单位绩效工资总量限制且不纳入绩效工资总量核定基数等相关激励政策。

促进绿色技术创新协同。推进创新主体协作融合，引导绿色技术创新企业、高校、职业院校、科研院所等主体与中介机构、金融资本等联合，形成优势互补、利益共享、风险共担的“产学研金介”合作机制，促进共性技术研发和成果转化应用。支持建立一批专注于绿色技术创新的企业孵化器、众创空间等公共服务平台，加快绿色技术创新突破。更好发挥协同机构作用，发挥好绿色技术融资合作中心在推进金融资源与绿色技术创新融合方面的协同作用，在有条件的地区进一步推进绿色技术融资合作中心建设。完善绿色技术融资合作中心运行管理机制，强化绿色技术信息平台、转移转化平台、金融服务平台功能。鼓励绿色技术创新联盟推动相关产业绿色升级改造，充分发挥其在绿色技术推广应用中的作用。建立健全动态调整机制，适时对现有绿色技术创新联盟开展评估工作。

(三)建设国家绿色技术交易中心

打造线上线下联动的市场化绿色技术交易综合性服务平台。扩大绿色技术交易线下辐射网，常态化推进技术服务和交易。探索建立绿色技术相关标准和认证体系。加强创新平台基地建设。以满足市场需求为导向，优化绿色技术领域全国重点实验室、国家工程技术研究中心、国家技术创新中心、国家能源研发创新平台等创新平台基地布局，加大对绿色技术创新平台基地建设的培育和支持力度。持续优化整合国家科技资源共享服务平台，进一步完善绿色技术资源共享服务体系，加强与绿色技术创新平台基地的衔接。

推进绿色技术交易市场建设。根据区域绿色技术发展优势和应用需求，布局建设若干国家绿色技术交易平台。健全绿色技术交易平台管理制度，完善基础甄别、技术评价、供需匹配、交易佣金、知识产权服务和保护等机制，提升绿色技术交易服务水平。健全绿色技术推广机制。以节能降碳、清洁能源、资源节约集约循环利用、环境保护、生态保护修复等领域为重点，适时遴选先进适用绿色技术，发布绿色技术推广目录，明确技术使用范围、核心技术工艺、主要技术参数和综合效益。规范绿色技术遴选条件、遴选程序，加强目录内绿色技术跟踪管理，建立动态调整机制。通过向国家绿色技术交易平台和产业知识产权运营中心推送、组织开展绿色技术交流等方式，加快绿色技术推广应用。鼓励绿色技术产品应用。推进首台(套)重大技术装备保险补偿机制试点建设，鼓励绿色技术创新装备生产企业申报保险补偿项目。鼓励国有企业采购、使用绿色技术首台(套)装备，推动绿色技术首台(套)装备应用和产业化。推动修订《政府采购法》，完善绿色采购制度。加大政府绿色产品采购力度，进一步扩大绿色产品采购范围，推动各类机关、事业单位及社会团体按规定优先采购绿色产品。完善绿色产品认证与标识体系，稳步扩大绿色产品认证范围，推动认证结果广泛采信。

第二节　高水平提升现代生态农业

浙江以保障粮食安全和重要农产品有效供给为前提，以全面推进乡村振兴、加快农业农村现代化为引领，以农业农村绿色低碳发展为关键，以实施减污降碳、碳汇提升重大行动为抓手，全面提升农业综合生产能力，降低温室气体排放强度，提高农田土壤固碳能力，大力发展农村可再生能源，建立完善监测评价体系，强化科技创新支撑，构建政策保障机制，加快形成节约资源和保护环境的农业农村产业结构、生产方式、生活方式、空间格局，积极推广农牧结合等新型种养模式，大力推进农业面源污染治理和农业废弃物综合利用，生态循环农业建设取得了积极成效。但是，仍存在一些问题，例如：农业区域布局不合理，种养结合不紧密；农业废弃物资源化利用水平不高，面源污染依然比较突出；化学投入品使用过多，土壤肥力总体不高等。如果依靠资源消耗、物质投入的粗放型生产经营方式发展农业，长此以往，则必将难以为继，因此必须转变发展方式，加快发展以生态、循环、优质、高效、持续为主要特征的现代生态循环农业，促进农业永续发展，为实现碳达峰碳中和作出贡献。

一、科学布局农业种养业

浙江历来高度重视种业发展，积极响应国家战略部署，大力提升种业自主创新能力和综合竞争力。长期以来，浙江为牢牢把握粮食安全主动权，筑牢农业农村现代化和人民美好生活根基，全面促进农业高质量发展做出了积极贡献。

浙江始终立足种业科技自立自强、种源自主可控，对标国内领先、国际先进，以建设现代种业强省和特色品种大省为目标，充分发挥浙江省科研育种力量雄厚、种业企业经营灵活、民间资本活跃等优势，进一步在强人才、强科技、强企业和强环境上下功夫，在挖掘特色资源、选育特色品种和培育特色产业上做文章，大力推进技术创新、政策创新、机制创新和数字赋能，加快构建以政府为主导、企业为主体、产学研相融合、育繁推一体化的现代种业体系，切实提升种质资源保护利用、育种创新、企业竞争、良种保供和种业服务等五大能力，着力打造全国现代种业发展高地，为浙江农业农村现代化提供强有力支撑。

浙江省围绕粮油、蔬菜、畜禽、水产、水果、茶叶、蚕桑、食用菌、中药材、花卉等 10 个产业领域，聚力聚焦产业体量大、带动力强且具备竞争优势的战略物种和具有浙江特色、区域优势的地方物种，推进水稻、湖羊、贝类等 54 个特色物种的新品种选育和种子经营，培育具有市场竞争力的优良品种、优质企业和优秀人才。围绕“现代种业强省”“特色品种大省”的现代种业发展定位，重点推进种质资源保护利用、科技创新攻关、新品种选育推广、种业企业培育、良种保障供应等工作，努力打造全国现代种业发展高地，助力乡村振兴和农业高质量发展。

预计到 2025 年，浙江省现代种业发展力争取得突破性进展，种质资源保护利用全面加强，育种创新体系不断完善，良种保障能力显著提升，种业企业市场竞争力持续增强，以优质的制度供给、服务供给、要素供给和完备的市场体系，持续增强种业科技创新活力、种业企业竞争力和发展环境吸引力。

二、构建农业生态循环体系

生态循环农业一般指生态农业。发展生态农业，要求把发展粮食与多种经济作物生产，发展田种植与林、牧、副、渔业，发展大农业与第二、三产业结合起来，利用传统农业精华和现代科技成果，通过人工设计生态工程，协调发展与环境之间、资源利用与保护之间的矛盾，形成生态上与经济上两个良性循环，实现经济、生态、社会三大效益的统一。鼓励农业种养大户、家庭农场、农民专业合作社、农业龙头企业等主体，通过种养配套生产、农业废弃物循环利用等途径，实现主体小循环。通过农牧对接、沼液利用、畜禽粪便收集处理中心等节点建设，构建种养平衡、产业融合、物质循环格局，实现区域中循环。以县域为单位，统筹布局农业产业和沼气工程、沼液配送、有机肥加工、农业废弃物收集处理等配套服务设施，整体构建生态循环农业产业体系，实现县域大循环。

一是减量化模式，按田间每一操作单元的具体条件，精准地管理土壤和各项作物，最大限度地优化使用农业投入（如化肥、农药、水、种子等）以获取最高产量和经济效益，减少使用化学物质，保护农业生态环境。追求以最少的投入获得优质的高产出和高效益，是“减量化”模式的循环农业，也称为“精准农业”。二是生态产业园模式。循环农业的尺度有部门、社会、区域3个层次：部门层次主要指以一个企业或一个农户为循环单元；社会层次意味着“循环型农村”；区域尺度是按照生态学的原理，通过企业间的物质、能量、信息集成，形成以龙头企业为带动，园内包含若干个中小企业和农户的生态产业园。三是废弃物再利用模式。通过农业废弃物多级循环利用，将上一产业的废弃物或副产品作为下一产业的原材料，如沼气、畜粪、秸秆等的利用。以沼气为纽带，将畜禽养殖场排泄物、农作物秸秆、农村生活污水等作为沼气基料处理，产生的沼气作为燃料，沼液、沼渣作为有机肥。结合测土配方施肥、标准农田地力培肥、优质农产品基地建设、无公害农产品等工作，探索“一气两沼”综合利用模式。开展沼渣、沼液生态循环利用技术研究与示范推广，推行“猪－沼－果(菜、粮、桑、林)”等循环模式，形成上联养殖业、下联种植业的生态循环农业新格局。设施完善的畜粪收集处理中心，规范运作和户集、村运、片收的收集机制，畜粪收集率及综合利用率提高到95%以上。采用以秸秆为纽带的循环模式。该模式可实现秸秆资源化逐级利用和污染物零排放、使秸秆废物资源得到合理有效利用，解决秸秆任意丢弃焚烧带来的环境污染和资源浪费问题，同时获得有机肥料、清洁能源、生物基料。围绕秸秆饲料、燃料、基料综合利用，构建“秸秆－基料－食用菌”“秸秆－成型燃料－燃料－农户”“秸秆－青贮饲料－养殖业”产业链。

三、推行清洁生产防治污染

推行清洁生产是贯彻落实节约资源和保护环境基本国策的重要举措，是推进生态文明建设、推动减污降碳协同增效的重要内容，是加快推进绿色高质量发展、促进经济社会全面绿色转型的有效途径。

(一)加快推进农业清洁生产

推动农业生产投入品减量。加强农业投入品生产、经营、使用等各环节的监督管理，科学、高效地使用农药、化肥、农用薄膜和饲料添加剂，减少农业生产资料的投入。全域推行“肥药两制”改革，实行化肥农药实名制购买和定额制施用，到2025年，实现全省“肥药两制”改革县域全覆盖，建成“肥药两制”改革农资店1000家，培育“肥药两制”试点主体1万家。开展绿色防控替代化学防治行动，提高生物农药防治效果，优化用药结构。深入开展畜禽标准化养殖和水产健康养殖示范，加快推进兽用抗菌药、水产养殖用药减量化。到2025年，全省主要农作物化肥利用率(氮肥)达到43%以上，主要农作物绿色防控覆盖率达到50%以上。

提升农业生产过程清洁化水平。改进农业生产技术，形成高效、清洁的农业生产模式。大力推进高标准农田建设，实施绿色农田建设工程，统筹发展高效节水灌溉设施，不断提高农业用水效率。深化测土配方施肥，推进有机肥替代化肥、配方肥替代平衡肥，推广机械深施、种肥同播、侧深施肥、水肥一体等高效施肥方式。推广低毒低残留农药，扩大可降解农膜应用，建设农田氮磷生态拦截沟渠系统，减少种植业面源污染。推进饲料环保化，推广生物饲料、新型疫苗、新型安全高效饲料添加剂，推进养殖尾水生态化治理，减少畜牧业、水产养殖业污染。到2025年，建成省级美丽牧场1500家，规模以上水产养殖主体尾水零直排率达到100%。

推广农业清洁生产新模式。加快构建种植业、畜禽养殖业、水产养殖业清洁生产技术体系，大力推广“稻渔综合种养”“渔菜共生”“茶羊共生”等绿色生态种养模式。省农业农村厅大力推广农光互补、光伏＋设施农业等低碳农业模式，合理利用生物质能、地热能，逐步减少设施农业对化石燃料的需求，推进大棚、冷库等设施农业能源自发自用。省农业农村厅、省能源局发展林业循环经济，推广“林药”“林菌”“林禽”“林蜂”等林下种养模式，推动林下经济高质量发展。

(二)科学使用农业投入品

“十四五”时期是加快推进农业绿色发展的重要战略机遇期，对加快推行绿色生产方式、科学使用农业投入品、循环利用农业废弃物、加强农业面源污染防治提出了更高要求。

浙江深入推进化肥减量增效行动，全面推进测土配方施肥，在果菜茶种植优势突出、有机肥资源有保障、产业发展有一定基础的地区，选择重点县(市、区)开展有机肥替代化肥试点，测土配方施肥技术覆盖率已经达到90%以上。完善农药风险评估技术标准体系，加快实施化学农药减量替代计划，统筹实施动植物保护能力提升工程，2022 年主要农作物病虫害专业化统防统治覆盖率已经达到 40%以上。实施绿色防控替代化学防治行动，主要农作物病虫绿色防控覆盖率达到 50%以上。加强动物疫病综合防治能力建设，严格落实兽药使用休药期规定，规范使用饲料添加剂，减量使用兽用抗菌药物。

浙江支持农业高质量发展。2023 年省政府支持新建和改造提升高标准农田（含粮食生产功能区）60 万亩，农业农村领域省统筹资金重点用于支持高标准农田建设和改造提升。国家级农业产业园每个补助 7000 万～1 亿元，省级现代农业园区每个补助 3000 万元。对省级现代化农事服务中心、区域性农事服务中心实行星级管理和分类补助。支持数字农业工厂和未来农场建设，争取中央预算内投资数字农业项目落地。支持农产品产地冷藏保鲜设施建设整县推进试点。

（三）全面推行农业标准化

浙江坚持隐患排查、风险评价、管控研究、按标生产、精准施策、示范推广的原则，通过规模生产主体试验示范、辐射带动县域“一品一策”的实施路径，集成推广农产品质量安全风险综合管控策略，整体提升标准化生产和农产品质量安全水平。以农产品质量安全标准为重点，进一步健全符合浙江实际的农业标准体系。继续推进农业标准化生产示范基地建设，加强对农民应用标准化技术的指导，扩大标准化技术应用面，促进农产品“按标生产、按标上市、按标流通”。加快发展无公害农产品、绿色食品、有机农产品、森林食品和地理标志农产品，鼓励创建农产品品牌。一是风险隐患排查研究。开展质量安全全程跟踪检测，排查生产过程各环节潜在的质量安全隐患及其变化情况。种植农产品着重对生产、采摘、贮运环节中的农药残留、病原微生物、“三剂”使用等潜在隐患加强排查研究，养殖农产品着重对饲养过程中的兽药使用和残留状况加强排查研究，明确主要风险因子与关键点控制。以隐患排查和监测数据分析为基础，加强风险预警技术研究。开展葡萄质量安全风险监测预警技术研究应用，深化杨梅风险隐患排查与评估预警。二是风险管控技术集成。围绕风险来源、风险程度、蓄积规律，重点开展主要病虫发生规律调查、防治药物筛选、常用药物抗性监测等分析研究，结合当地生产实际完善与绿色防控或健康养殖相融合的综合防控技术，集成农产品生产质量安全风险管控策略。

加强杨梅、蜜梨、桃、葡萄、猕猴桃等水果生产新技术的转化应用，合理利用避雨栽培、生物农药、绿色防控等先进技术，提高果树品种的经济产量和果品品质。提高花菜、芦笋等高效益蔬菜的良种覆盖率，加强水肥管理和合理轮作，实现肥药减量增效。提升茶叶生态化种植水平，全面应用绿色防控，提升茶园生态环境与综合产出水平。提升禽类健康养殖技术水平，均衡饲料配比，加强疾病预防和生物安全防控。三是适用标准研制推广。充分发挥标准规范引领作用，通过比对、梳理农产品标准，形成标准清单并加强行业管理，探索开展甜橘柚、枇杷、蜜梨、水蜜桃等特色农产品营养品质指标研究，加快紧缺标准研制。创建县应当及时将农产品质量安全风险管控策略转化为地方标准、团体标准等标准，探索开展企业标准“领跑者”计划，鼓励试验示范规模主体将先进生产技术转化为适用的企业标准或团体标准，培育一批有影响力的企业标准和实施主体，推进农产品按标生产、按标上市。四是试验示范实践应用。引导农产品规模生产主体落实生产技术规程，推进农产品质量安全风险管控技术的实践应用，指导规模化程度高、带动性强的生产主体试验示范“一县一品一策”技术，显著提升规模生产主体按标生产能力。结合物联网＋数字农业优势，实行二维码追溯和农产品合格证制度，引导农业生产主体开展标准化基地建设和积极参与标准化生产绩效评价。五是标准技术宣传培训。结合不同时节农事活动，采用“线上”“线下”相结合的形式，不定期开展风险管控策略和生产技术标准等宣传培训。编制并免费发放标准模式图、风险管控手册、管控明白纸等通俗易懂、方便实用的标准宣传和培训资料。发挥试验示范主体带动作用，培育一批标准化示范户，积极引导其成为增强农产品质量安全意识、宣传生产管理经验、普及农产品质量安全知识的引领者。

(四)科学处置和利用农业废弃物

加强农业废弃物资源化利用。以秸秆全量化利用试点县创建为契机，构建秸秆“收储运、加工、利用”新模式，大力推进秸秆多途径、高值化利用和闭环化管理，到2025年，全省秸秆综合利用率达到96%以上，离田利用比例进一步提高。加强废旧农膜和肥药包装废弃物回收利用，逐步开展捕捞渔具、畜禽诊疗等农废回收处理。因地制宜采取堆沤腐熟还田、生产有机肥、生产沼气、沼液和生物天然气等方式，加大畜禽粪污资源化利用和无害化处理力度。到

2025 年，全省农药包装废弃物、肥料包装废弃物以及废旧农膜回收率均达到 90%以上，畜禽粪污资源化利用和无害化处理率保持 92%以上。因地制宜鼓励利用次小薪材、林业三剩物进行复合板材生产、食用菌栽培和能源化利用。推进农业源污染减排工作，培育农村沼气、沼液配送等社会化服务组织和有机肥加工、沼气发电、秸秆和加工剩余物综合利用等生态循环企业。按照成本内部化原则，落实畜禽养殖场污染治理的主体责任；加强畜禽排泄物无害化处理和资源化利用设施建设，加快推广沼液就地配套、养种对接、异地消纳、纳管处理等模式以及畜禽养殖雨污分流、畜禽粪便干湿分离、废弃物综合利用等清洁生产设施和技术，实现就地就近消纳；强化属地管理、联防联控责任，加快病死动物无害化处理设施建设，建立健全病死动物无害化处理长效机制。推进农作物秸秆用作还田肥料、畜牧饲料、生物质能源，充分利用农作物秸秆、桑枝条、果树枝条发展食用菌。探索废弃农药和农药包装物回收处理机制，引导和鼓励农业生产者及时回收废弃农膜。

（五）积极推广农业节能生产技术

农业和农村节能减排十大技术，包括畜禽粪便综合利用技术、秸秆能源利用技术、太阳能综合利用技术、农村小型电源利用技术、能源作物开发利用技术、农村省柴节煤炉灶炕技术、耕作制度节能技术、农业主要投入品节约技术、农村生活污水处理技术和农机与渔船节能技术。

深入实施百万亩喷微灌工程。大力推广喷灌滴灌、水肥一体化、山地灌溉、自动喂水喂料、湿帘降温等节水节能设施技术。推进太阳能、沼气能、地热能等清洁能源在农业生产中的应用。加快推进农村沼气集中供气模式，不断提高农村清洁能源利用水平。推广应用低耗高效的新型农机具，优化农机装备结构。引导科研单位、生产企业加强技术攻关，研制生产节能环保农机产品和农业设施。

推动农业生产投入品减量。加强农业投入品生产、经营、使用等各环节的监督管理，科学、高效地使用农药、化肥、农用薄膜和饲料添加剂，减少农业生产资料的投入。全域推行“肥药两制”改革，实行化肥农药实名制购买和定额制施用，预计到 2025 年，浙江将实现全省“肥药两制”改革县域全覆盖，建成“肥药两制”改革农资店 1000 家，培育“肥药两制”试点主体 1 万家。开展绿色防控替代化学防治行动，提高生物农药防治效果，优化用药结构。深入开展畜禽标准化养殖和水产健康养殖示范，加快推进兽用抗菌药、水产养殖用药减量化。

提升农业生产过程清洁化水平。改进农业生产技术，形成高效、清洁的农业生产模式。大力推进高标准农田建设，实施绿色农田建设工程，统筹发展高效节水灌溉设施，不断提高农业用水效率。深化测土配方施肥，推进有机肥替代化肥、配方肥替代平衡肥，推广机械深施、种肥同播、侧深施肥、水肥一体等高效施肥方式。推广低毒低残留农药，扩大可降解农膜应用，建设农田氮磷生态拦截沟渠系统，减少种植业面源污染。推进饲料环保化，推广生物饲料、新型疫苗、新型安全高效饲料添加剂，推进养殖尾水生态化治理，减少畜牧业、水产养殖业污染。预计到2025年，将建成省级美丽牧场1500家，规模以上水产养殖主体尾水零直排率达到100％。

加强农业废弃物资源化利用。以秸秆全量化利用试点县创建为契机，构建秸秆“收储运、加工、利用”新模式，大力推进秸秆多途径、高值化利用和闭环化管理，预计到2025年，浙江省秸秆综合利用率将达到96％以上，离田利用比例进一步提高。加强废旧农膜和肥药包装废弃物回收利用，逐步开展捕捞渔具、畜禽诊疗等农废回收处理。因地制宜采取堆沤腐熟还田、生产有机肥、生产沼气、沼液和生物天然气等方式，加大畜禽粪污资源化利用和无害化处理力度。因地制宜鼓励利用次小薪材、林业三剩物进行复合板材生产、食用菌栽培和能源化利用。

推广农业清洁生产新模式。加快构建种植业、畜禽养殖业、水产养殖业清洁生产技术体系，大力推广“稻渔综合种养”“渔菜共生”“茶羊共生”等绿色生态种养模式。省农业农村厅大力推广农光互补、光伏＋设施农业等低碳农业模式，合理利用生物质能、地热能，逐步减少设施农业对化石燃料需求，推进大棚、冷库等设施农业能源自发自用。

四、促进种养业融合发展

农业内部融合模式，采用农林结合、种养结合、农牧结合等生态循环方式，形成多层次、多结构、多功能的农业融合状态，实现高效生态农业增产增效。

延伸农业产业链模式，通过发展农产品精深加工业，健全市场营销体系，推动农业“接二连三”发展，尽可能将农产品价值留在乡村。农业功能拓展模式，推进农业与商贸、旅游、教育、文化、健康养生等产业深度融合，拓展农业多样化功能。多业态复合模式，生态循环农业、农产品加工、农家乐、农事体验、民俗文化展示、农产品电子商务、特色小镇等多业态相互融合，推动乡村产业兴旺。

（一）推广新型种养模式和资源循环利用模式

根据农业生态学和生态经济学原理，立足当地资源环境、产业基础和种养习惯等实际，充分利用农业生物的特性，对土地、物种、时空进行科学配置，大力推广农牧结合、粮经（水旱）轮作、间作套种、林下生产、稻鱼共生等新型种养模式，着力构建功能互补、能量循环、高效生态的种养模式，切实提高农业资源利用率。通过加强技术培训、实践指导和组织现场观摩等途径，引导农民应用新型种养模式。同时，充分挖掘和利用农业的生产、生活、生态和文化等功能，积极发展休闲观光农业、农家乐、观赏渔业等产业，延伸农业产业链。

科学布局农业种养业。浙江根据当地资源禀赋、环境承载能力和产业特点，优化调整种植业、养殖业及其内部之间的结构，全面落实畜禽养殖生态消纳地，形成产业相互融合、物质多级循环的产业结构。嘉兴、衢州等生猪主产区加快生猪产业减量提质，温州、台州、丽水等市在畜禽养殖量少的适养区域支持建设一批生态牧场。严格执行禁养区和限养区制度，依法科学划定和调整畜禽养殖禁养区、限养区，并向社会公布。立足县域统筹规划，结合农业“两区”建设、垦造耕地项目以及耕地面积和区划布局，合理规划适度规模养殖用地，建设生态养殖场，科学确定养殖种类、规模和总量，将畜禽排泄物就地用于改良土壤，促进种植业与畜牧业科学配套。鼓励利用废弃地和荒山、荒沟、荒丘、荒滩等未利用地开展规模化、标准化养殖。在农牧结合试点范围内，允许农户、种植大户和家庭农场发展种养结合、农牧结合生产。畜禽养殖用地按农用地管理，并按有关规定确定生产设施用地（包括必要的畜禽养殖废弃物处理生产设施用地）和附属设施用地。根据区域渔业生态环境和资源状况，优化水产养殖区域布局。

构建农业生态循环体系。鼓励农业种养大户、家庭农场、农民专业合作社、农业龙头企业等主体，通过种养配套生产、农业废弃物循环利用等途径，实现主体小循环。通过农牧对接、沼液利用、畜禽粪便收集处理中心等节点建设，构建种养平衡、产业融合、物质循环格局，实现区域中循环。以县域为单位，统筹布局农业产业和沼气工程、沼液配送、有机肥加工、农业废弃物收集处理等配套服务设施，整体构建生态循环农业产业体系，实现县域大循环。

(二)大力发展林下经济

林下经济主要是指以林地资源和森林生态环境为依托，发展起来的林下种植业、养殖业、采集业和森林旅游业，包括林下种植、林下养殖、森林休闲三大类。浙江以“全国深化林业综合改革试验示范区”和“全国现代林业经济发展试验区”为抓手，以推动林业供给侧结构性改革为主线，以打造千亿产业为目标，坚持顶层设计和基层探索相统一，在保护生态环境的前提下，科学利用森林资源加快发展林下经济，预计到2025年，全省林下经济的产业布局将进一步优化，“千村万元”消薄增收林下经济帮扶工程深入实施，“一亩山万元钱”林下经济模式深化推广，林下经济利用林地面积达1000万亩以上，全产业链综合产值达1000亿元以上，产业集约化、规模化、标准化、特色化水平全面提升，产品生产、流通、加工体系更加健全，产品供给、质量监管、市场竞争能力不断增强，基本形成“林下种，林中养，林上采，林间游”的高质量发展新格局。以提高林地综合产出率和效益为核心，按照“生态优先、高矮结合、产业融合”的要求，充分利用现有林地资源和森林空间，推广成熟的新型林下经营模式，发展林花、林禽、林苗、林药等复合经营模式，培育发展林下种植业、林下养殖业；科学利用森林景观，发展观光度假、休闲体验、生态养生等森林旅游产业，拓展林下经济产业链，提高森林综合效益。

浙江以打造一批有全国影响力的标志性成果为目标，蹄疾步稳打造“森林碳汇、一村万树、名山带富、未来林场、竹业振兴、千村万元、机械强林、数字林业”8个标志性成果贡献更多林业力量。森林是陆地上最庞大的“碳储库”，也是目前最为经济有效的“碳中和”路径。深入实施重点生态工程，开展林业固碳增汇试点建设，加强森林、林地资源保护，增强森林灾害防控能力。充分发挥森林优势，重点做好资源保护“固碳”、造林绿化“扩面”、质量提升“增汇”、提质创新发展四方面工作。作为浙江“大花园”建设和新增百万亩国土绿化行动的抓手之一，“一村万树”在2018年至2020年的三年行动中，以1个村新植1

万株树为载体，大力发展珍贵树种、乡土树种，构建覆盖全面、布局合理、结构优化的乡村绿化体系，已建成1216个示范村。2021年，浙江启动新一轮“一村万树”五年行动，计划用5年时间，全域推进“一村万树”行动，重点推动新一轮“一村万树”示范村建设，到2025年再建成示范村1000个以上。

（三）大力发展现代生态渔业

浙江逐渐从海洋大省迈向海洋强省，由传统渔业转向现代渔业，产业结构不断优化，行业管理不断加强，发展水平不断提高，渔民收入不断增长，海洋经济正向着高质量发展快速跃升。至2020年底，基本完成“十三五”渔业转型升级发展目标，初步构建起生态良好、生产发展、产品优质、渔民增收、平安和谐的浙江现代渔业发展新格局。

浙江逐步加大对海洋生态文明建设的投入。2017年，《浙江省海洋生态红线划定方案》的正式发布，宣告浙江海洋生态红线先于陆域生态红线全面划定，牢牢守住浙江海上“大花园”的生态安全底线。2018年，《浙江省海岸线整治修复三年行动方案》出台，2020年已经完成全省342.58公里海岸线整治修复，确保全省大陆自然岸线保有率不低于35%、海岛自然岸线保有率不低于78%。启动“蓝色海湾”整治，构建水净岸洁、生态和谐、文景共荣的“黄金美丽海岸线”，以期实现真正“还海于民”。

浙江率先开展配合饲料替代幼杂鱼行动，为全国水产养殖绿色发展提供了浙江样板。“十三五”期间全省累计推广71.45万亩，共减少幼杂鱼使用量约83.5万吨。率先推进渔业健康养殖示范创建，至2020年底，已建成国家级渔业健康养殖示范县6个、省级渔业健康养殖示范县14个，建成国家级水产健康养殖示范场294家、省级水产健康养殖示范场655家，注重不同水产品种、水产和水生植物的合理搭配，积极推广稻鱼共生的新型种养模式，实现“千斤粮百斤鱼万元钱”；积极支持以滤食性（杂食性）鱼类增殖为主的水库渔业、鱼贝藻间养为主的浅海碳汇渔业，发展优质有机鱼产业，实现增收、洁土、洁水。推广应用渔业生态高效养殖和节能减排技术，加快建设“智慧渔业”，提高渔业生产水平。以改革思路和创新举措推进海洋渔业系统治理。一是大力提升渔船机械装备。学习借鉴国际先进经验，研究制订渔船机械装备提升专项行动计划，通过智能化、机械化改造，提升渔业安全生产水平，改善渔民作业和生活条件。二是大力提升从业人员素质。要加快研究船员素质提升办法和举措，同时以案示警、以案说法，教育引导他们提升安全生产责任意识、自我防护意识和应急处置能力。三是大力推动渔民转产转业。系统研究采取有效措施，引导渔业往岸上走、往深海走、往休闲旅游走，促进渔民增收致富，推动共同富裕。

浙江紧扣“大循环、双循环”，以水产品稳产保供、渔业高质高效、渔村美丽宜居、渔民富裕幸福为目标，坚持生态优先、安全生产、绿色发展，以数字赋能、科技创新、制度创新为驱动力，全面提升渔业系统治理能力水平和渔业本质安全水平，创新绿色发展方式，强化渔民民生保障，奋力打造现代化渔业“安全、绿色、生态、智慧、法治、融合”发展的“重要窗口”。

预计到 2025 年，现代渔业建设将深入推进，水产品供给结构和质量将明显改善，渔业安全保障、绿色发展、资源养护、数字化建设、三产融合等领域成效显著，渔业高质高效，渔民富裕富足，努力成为全国渔业现代化先行省，为浙江省成为“重要窗口”作出更大贡献。一是进一步提升渔业安全保障水平。加强渔业渔政管理队伍和执法装备建设，健全安全管理制度机制，全面提升渔船安全生产风险防范闭环管控能力，努力把风险变不确定为确定、变不可测为可测、变不可防为可防、变不可控为可控。二是进一步提高渔业绿色发展水平。养殖空间高品位拓展，绿色养殖全要素联动，水产品质量更加安全放心。远洋渔业规范发展，新材料渔船更新改造持续推进，捕捞渔船卫生和防污染设施配备率 100%，渔船清洁生产水平显著提升。三是进一步增强渔业资源修复能力。建立八大水系统一的禁渔期制度，新建一批国家级海洋牧场示范区，加强生态环境修复和渔业资源养护，增殖放流百亿单位，渔业资源状况持续改善。全面建成渔业资源环境调查制度，探索建立基于种群的限额捕捞制度，实现渔业资源科学利用。四是进一步提升渔业数字化程度。加快实施水产养殖和捕捞渔具“机器换人”，提升渔业生产、监管和销售的全链条数字化水平。打造“海陆互联，标准统一，闭环高效，融合共享”的海洋渔业智慧监管与服务大平台，全面提高海上渔船安全监管能力和效率。五是进一步提升渔业三产融合水平。完善利益联结机制，推动养殖、加工、流通、休闲服务等一二三产业相互融合、协调发展。建设一批国家级渔港经济区，推进港产城旅融合发展，打造渔区乡村振兴新平台。

五、加强农业生态建设和保护

聚焦高效生态农业。浙江历经近20年的逐梦征程，农业现代化水平已位居全国第三位，为我国高效生态农业发展探索了可行的现实路径。近年来，浙江省委、省政府牢记习近平总书记嘱托，使出“洪荒之力”，将“短板”换成“跳板”，接续擦亮高效生态农业这张“三农”金名片，斩获系列“国字号”荣誉：2014年，成为全国唯一的现代生态循环农业发展试点省；2015年，获批创建首个国家农产品质量安全示范省；2017年，被确定为首批国家农业可持续发展试验示范区暨农业绿色发展试点先行区；2022年，获批建设国家丘陵山区适用小型机械推广应用先导区。

加强农业生态建设。实施乡村建设行动，推动农业农村废弃物资源化利用，发展生物质能等清洁能源，促进农村生产生活节能降耗，改善农村人居环境，是实现乡村生态宜居的关键所在。加快推进农业农村减排固碳，进一步推广循环利用、绿色低碳的生产生活方式，让良好生态成为乡村振兴的支撑点，让低碳产业成为乡村振兴新的经济增长点，有利于促进农业高质高效、乡村宜居宜业、农民富裕富足，助力全面推进乡村振兴。加快推进平原绿化和农田林网建设，加强沿海、沿江以及环太湖流域防护林建设，特别是新围垦区要按规划建设沿海防护林。加强生态公益林管理，完善森林生态效益补偿制度。组织实施森林提质行动，加快推进森林抚育经营、林相改造，优化森林结构，提高森林质量。积极发展碳汇林业，探索碳汇市场机制。深入实施“珍贵树种进万村”行动，大力发展珍贵树种，继续做好增苗造林工作。严禁乱砍滥伐树木和非法采砂行为，加强水土保持工程建设。

加强农业资源和生态环境保护。依法严格保护耕地特别是高标准基本农田以及林地、湿地、水域、海岛、滩涂等，加大自然保护区保护建设和珍稀濒危野生动植物资源保护力度，严防农业外来生物入侵、生物灾害，保护生物多样性和生态安全。加强耕地质量定位监测点建设和动态管理，逐步扩大监测内容和范围，科学评估农业生产及投入品对土壤、水、大气环境的影响。组织开展土壤重金属污染状况调查，建立农产品产地环境安全数据库，实施污染防治和生态修复技术，改善农业自然生态条件。全面实施浙江渔场修复振兴计划，依法严厉打击涉渔违规生产经营活动，加强伏季休渔管理，有效控制和压减近海捕捞强度。深入开展生态修复"百亿放流"行动，新建一批海洋保护区、产卵场保护区和海洋牧场，全力保护和修复海洋渔业资源。

注重绿色转型，长效防治和精准治污。一是突出重点环节，更加注重绿色转型。持续推进化肥减量增效，推广高效施肥技术和新型高效肥料，集成应用病虫害绿色防控技术，推广新型植保机械。推行以地定畜、种养结合，促进畜禽粪肥就近就地还田利用。坚持农用优先，持续推进秸秆"五料化"[①]利用。推进地膜科学使用回收，推广加厚地膜和全生物降解地膜。二是加强政策创设，更加注重长效防治。深入实施化肥农药减量增效、地膜科学使用回收、秸秆综合利用等重大项目，健全以绿色生态为导向的农业补贴制度，探索建立耕地地力保护补贴与秸秆、地膜回收利用挂钩机制。三是强化监测评价。完善农业面源污染监测网络，在重点地区和重点流域加密布设监测点，建立大数据和智能终端监控平台，构建治理评价指标体系，科学评价地方农业面源污染治理成效。

六、推进农业农村减排固碳的原则

推进农业农村减排固碳，是农业生态文明建设的重要内容，是农业农村现代化建设的重要方向，是推进乡村振兴的重要任务。加快推进农业农村减排固碳，坚持质量兴农、绿色兴农，加快发展生态循环农，构建节约资源、保护环境的空间格局，形成农业发展与资源环境承载力相匹配、与生产生活条件相协调的总体布局，有利于保障粮食安全和重要农产品有效供给、推动农业提质增效、促进农业农村现代化建设。围绕种植业节能减排、畜牧业减排降碳、渔业减排增汇、农田固碳扩容、农机节能减排、可再生能源替代等六项任务，浙江实施了稻田甲烷减排、化肥减量增效、畜禽低碳减排、渔业减排增汇、农机绿色节能、农田碳汇提升、秸秆综合利用、可再生能源替代、科技创新支撑、监测体系建设等十大行动。

---

① 五料化，即肥料化、燃料化、饲料化、原料化和基料化。

革新农业技术，大力发展节约型农业，是推进农业农村减排固碳的必然要求。发展节约型农业关键要在节地、节水、节肥、节药、节能等方面下功夫。“节地”，就是要高度重视土地资源的保护，大力发展高效设施农业，充分挖掘土、水、光、热资源的利用潜力，提高耕地的综合产出率。“节水”，农业特别是水稻，是高耗水产业，农业用水占全社会总用水量的70%。要加快培育新的耐旱品种，深入研究和大力推广节水栽培技术，加强现有节水技术的集成推广，大力推广覆盖技术、水肥一体化技术、保护性耕作技术、滴灌施肥技术等节水技术，节约用水。“节肥”，就是要加快建立科学施肥的测土、配方、示范、推广体系，根据不同区域、不同作物、不同种植制度，制定测土配方施肥技术规程，改善养分投入结构，优化肥料运筹，改进施肥方法，发挥养分协同作用，提高肥料利用率，减少化肥总施用量。“节药”，目的在于遏制不合理地过量使用化学农药，增加农业生产成本，影响生态平衡，危及人民群众身体健康的趋势。要大力开发抗病虫良种，进一步完善化学农药的使用技术，并根据各地病虫害发生特点，把各项技术不断进行有机的组装配套，形成高效的综合防治配套技术。“节能”，即大力开发农村太阳能，因地制宜开发利用风能、生物质能等清洁能源。

目前，坚持降低排放强度和控制排放总量并举、农业生产效能不断提高、能源消费结构持续优化、农业固碳增汇作用进一步发挥的蓝图，正在之江大地渐次铺展。减少碳排放的举措包括以下三方面。一是减少农机碳排放。深入实施农业机械报废更新政策，依托机械强农行动，优化农机装备结构。加强农机综合服务中心建设并完善服务功能，大力发展“土地托管”“代耕代种”“统防统治”等社会化服务模式。不断提升大型农机跨区调度和动态作业水平。二是减少渔业碳排放。落实海洋渔船功率、数量“双控”制度，推动捕捞渔船减船转产。落实养殖水域滩涂规划，稳定水产养殖总面积，实现规模主体养殖尾水零直排。加快发展离岸型智能化深水网箱、深远海养殖平台等新型养殖模式，不断拓展养殖新空间。三是减少畜牧业碳排放。推进养殖场提质改造，推动畜禽养殖进一步朝着高标准、低排放、高效益的集约模式转型升级。推进畜禽健康养殖，规范并改进畜禽饲养管理。推进生态种养循环，形成养殖户、服务组织和种植主体紧密衔接的生态循环模式。

第三节　高质量打造全球先进制造业

深入贯彻党的二十大精神，以高端化、智能化、绿色化、国际化为主攻方向，以“腾笼换鸟、凤凰涅槃”为主要抓手，坚持集中财力办大事，着力重塑制造业政策体系，统筹推进空间腾换、招大做强、企业优强、品质提升、数字赋能、创新强工六大行动，加快构建以“415X”先进制造业集群为主体的浙江特色现代化产业体系，打造全球先进制造业基地，为“两个先行”夯实物质基础。

一、现代化产业体系的目标定位

现代化产业体系是实现经济现代化的关键标志，是全面建成社会主义现代化强国的物质基础。浙江要保持经济竞争力，建设社会主义现代化先行省，必须有现代化的产业体系。现代化产业体系的主体内容主要包括发达的制造业、强大的战略性新兴产业、优质的服务业以及保障有力的农业，对其内涵特征的描述大多侧重于产业体系本身的质量和效益，然而，现代化是一个动态发展的过程，其内涵和要求是根据时代变化而不断变化的。产业体系现代化是一个庞大的系统工程，不仅是产业内生动力的现代化，还包括外在关联动力的现代化。所以，“建设现代化产业体系不仅要考虑产业本身的质量效益，其内涵特征也不只是包括产业的高端性、产销衔接的高效性、产业占比的协调性、产业之间的融合性以及基础配套的完善性等，还应动态考量其现代化进程中的支撑性、引领性、安全性、开放性和可持续性”[①]。

浙江按照锚定五年、谋准三年、扎实干好每一年的思路，建设浙江特色现代化产业体系，打造经济高质量发展高地。加快构建以先进制造业为骨干，以数字经济为核心，以现代化交通物流体系为动脉，以现代化基础设施为支撑，现代服务业与先进制造业、现代农业深度融合，数字经济和实体经济深度融合的现代化产业体系。把发展经济的着力点放在实体经济上，全方位、全链条推

---

① 刘振中.如何认识现代化产业体系[EB/OL].(2023-02-14)[2023-02-14].https://m.gmw.cn/baijia/2023-02/14/36364755.html.

进质量强省、知识产权强省、品牌强省、标准强省建设，扎实推动制造业高端化、智能化、绿色化发展，大力培育“415X”先进制造业集群，打造新一代信息技术、高端装备、现代消费与健康、绿色石化与新材料等4个万亿级先进产业群，新能源汽车及零部件、智能光伏、智能电气等15个千亿级特色产业群，第三代半导体、基因工程、前沿新材料等一批具有技术领先性和国际竞争力的百亿级“新星”产业群，前瞻谋划布局引领发展的未来产业，基本建成全球先进制造业基地。做强做优做大数字经济，大力实施数字经济“一号发展工程”，加强数字关键核心技术攻关，打造人工智能、网络通信、工业互联网、高端软件、集成电路、智能计算、区块链等战略性产业，培育一批具有产业链控制力的生态主导型企业，促进数字经济核心产业集群化发展；加快制造业、服务业、农业等产业数字化步伐，推动传统产业、中小微企业数字化转型。推进现代服务业与先进制造业深度融合，打造具有国际影响力的数字贸易中心、科创高地、航运服务中心和新兴金融中心，培育壮大商务服务、人力资源、创意设计、节能环保、检验检测等生产性服务业，提升发展现代商贸、文化旅游、健康养老等生活性服务业，全面打响“浙江服务”品牌。完善现代化基础设施，坚持适度超前，统筹存量和增量、传统和新型基础设施发展，优化基础设施布局、结构和功能，率先完成省级水网先导区建设，基本建成世界一流强港和高水平交通强省。①

预计到2025年，全球先进制造业基地建设将取得重大进展，由4个世界级先进产业群、15个“浙江制造”省级特色产业集群和一批高成长性“新星”产业群等构成的“415X”先进制造业集群体系将基本形成，全要素生产率将显著提升，“浙江制造”高端化、智能化、绿色化、国际化水平将持续领跑全国，制造业增加值占全省生产总值比重将稳定在1/3左右，规上制造业全员劳动生产率将达到35万元/人以上，规上工业亩均税收将达到40万元、亩均增加值将达到195万元，规上制造业企业研发经费占营业收入比重将达到3.4%，高技术制造业增加值占规上工业增加值比重将达到19%，高新技术产业增加值占规上工业增加值比重将达到65%，每万人口高价值发明专利拥有量将达到17件。预计到2027年，“浙江制造”在全球价值链创新链产业链的位势将明显提

① 王浩．2023年浙江省政府工作报告[N]．浙江日报，2023-01-18(1)．

升,制造业增加值占全球比重将稳步提升,"415X"先进制造业集群规上企业营业收入将突破12万亿元,超1000亿元的省级特色产业集群核心区将达到20个左右,世界一流企业将达到15家左右。预计到2035年,将基本建成全球先进制造业基地。[1]

二、现代化产业体系的发展路径

浙江加大巩固、提升、融合、创新力度,走一条适合省情的现代化产业体系发展路径。重点推进短板产业补链、优势产业延链,不断增强先进制造业、科技创新、清洁能源等产业发展的接续力和竞争力,推动浙江高质量发展取得实效。从产业趋向看,绿色低碳发展既是我国产业转型的必然趋势,也是实现可持续发展的必由之路;从产业生态看,良好的产业生态是集聚产业、催生创新的土壤,是高质量供给与多层次市场需求相互促进的外生动力。因此,产业体系现代化还意味着要引导绿色低碳发展,创造良好产业生态,进而推动产业体系实现可持续的良性循环发展。

(一)实施空间腾换行动,优化制造业发展空间

整治低效工业用地。一是以国土空间规划为引领,聚焦批而未供、供而未用、用而未尽等问题,大力推进低效工业用地连片整治和盘活利用,预计到2027年完成低效工业用地改造开发20万亩以上。加快开发区(园区)有机更新和扩容利用,推动工业设备上楼,经批准实施的项目,在符合相关技术规范的前提下,容积率宜高则高。二是建设高能级产业平台。积极推动"415X"先进制造业集群企业和新增项目向省级新区、开发区(园区)等产业平台集聚。加快建设"万亩千亿"新产业平台2.0,升级打造制造业特色小镇,科学设置化工园区,力争实现国家级高新区设区市全覆盖、省级高新区工业强县全覆盖,预计到2027年累计建设"万亩千亿"新产业平台40个左右,培育四星级以上小微企业园100个以上。三是推动产业协同布局。围绕浙江省制造业"双核一带一廊"整体布局,聚焦"415X"先进制造业集群发展重点,推动各县(市、区)

---

[1] 《浙江省"415X"先进制造业集群建设行动方案(2023-2027年)》印发[EB/OL].(2023-02-10)[2023-08-22]. http://lyj.zj.gov.cn/art/2023/1/16/art_1277864_59044455.html.

争创省级特色产业集群核心区、协同区，计划打造 20 个左右千亿级省级特色产业集群核心区。争取有效开展制造业高质量发展促进共同富裕示范县结对创建，推动工业大县与山区 26 县深化产业合作，从 2023 年到 2027 年，山区 26 县规上工业增加值突破 2500 亿元。[①]

(二)实施招大做强行动，夯实制造业发展根基

一是谋划招引重大项目。争取办好中国浙江投资贸易洽谈会、“投资浙里”系列投资促进活动，引导优势企业加强浙江省内布局，计划每年招引落地总投资 10 亿元以上的制造业重大项目 100 个以上，总投资 1 亿美元以上的外资制造业重大项目 20 个以上。推动更多项目列入国家发展改革委重大外资项目清单和商务部重点外资项目清单，争取列入项目清单中制造业项目占比达到 2/3 以上。强化央地对接，争取累计落地央企战略合作项目 100 个以上。二是实施千亿技术改造投资工程。加快企业设备更新改造，预计每年实施重点技术改造项目 5000 个以上、新增应用工业机器人 15000 台以上。大力推进节能降碳技术改造，计划实施省级节能降碳技术改造项目 300 个，预计建成省级绿色低碳工厂 500 家、省级绿色低碳工业园区 50 个。支持工业绿色微电网和源网荷储一体化项目建设，支持有条件的市县实现新建工业厂房屋顶安装光伏全覆盖，推动全省光伏发电装机达到 3900 万千瓦以上，可再生能源装机比重达到 43%以上。三是加快重大项目落地建设。聚焦制造业重大项目审批、要素保障等问题，健全省制造业重大项目调度机制，推动重大项目早开工、快建设、多产出，争取每年竣工投产 10 亿元以上制造业重大项目 100 个以上，预计制造业投资占固定资产投资比例达到 20%。四是营造最优营商环境。大力实施营商环境优化提升“一号改革工程”，落实市场准入负面清单管理。优化投资和建设项目审批服务，推动降低市场主体准入成本。[②]

(三)实施企业优强行动，提升制造业效率效益

一是打造世界一流企业。推动实施“雄鹰行动”，争取培育世界一流企业

---

① 《浙江省“415X”先进制造业集群建设行动方案(2023-2027 年)》印发[EB/OL].(2023-02-10)[2023-08-22]. http://lyj.zj.gov.cn/art/2023/1/16/art_1277864_59044455.html.

② 《浙江省“415X”先进制造业集群建设行动方案(2023—2027 年)》印发[EB/OL].(2023-02-10)[2023-08-22]. http://lyj.zj.gov.cn/art/2023/1/16/art_1277864_59044455.html.

15家左右、营业收入超100亿元企业100家以上。推动实施“凤凰行动”，努力培育高市值制造业企业，制造业上市企业达到840家以上，争取总市值达到8万亿元。实施企业管理现代化对标提升工程，提升企业精益管理水平，实现规上制造业企业管理对标评价全覆盖。二是放大“专精特新”企业队伍优势。计划实施优质中小企业梯度培育工程，培育一批产业集群“配套专家”企业，力争2023—2027年每年新增制造业单项冠军企业20家、专精特新“小巨人”企业100家以上。深化科技企业“双倍增”行动计划，预计新增科技型中小企业3.6万家和高新技术企业1.8万家。三是深化“链长＋链主＋专精特新”协同。积极构建链群协同机制，动态培育“链主”企业50家、“链主”伙伴企业500家、产业链上下游企业共同体200个。加强重点产业链跟踪研究，计划2023—2027年每年组织开展100场交流对接服务活动，迭代升级“产业一链通”重大应用，争取实现15条标志性产业链上线全覆盖。强化供应链安全评估、断链断供风险摸排和供应链备份对接，提升产业链供应链韧性和安全水平，预计每年实施产业链强链补链项目500个。四是加快发展服务型制造。开展服务型制造，引领带动个性化定制、共享制造、供应链管理等服务型制造新业态新模式发展，每年培育省级服务型制造企业（平台）60家（个）以上。实施制造业设计能力提升专项行动，计划2023—2027年每年新增省级工业设计中心50家以上。推进先进制造业与现代服务业融合发展试点，计划培育融合发展企业（平台）100家（个）以上。五是推动企业国际化发展。深化民营跨国公司“丝路领航”新三年行动计划，积极鼓励企业开展跨国投资并购，设立研发中心、区域总部等。按国家有关规定，高水平举办博览会、高端论坛等活动。深化跨境电子商务综合试验区建设，壮大龙头企业引领、中小网商共同发展的跨境电子商务群体。支持企业优化供应链布局，建立重要资源和产品的全球供应链体系，在全球建设海外仓1000个以上。[①]

（四）实施品质提升行动，打响“浙江制造”品牌

一是提高制造业质量水平。争创中国质量奖，浙江省力争实现制造业领

① 《浙江省“415X”先进制造业集群建设行动方案（2023—2027年）》印发[EB/OL].(2023-02-10)[2023-08-22]. http://lyj.zj.gov.cn/art/2023/1/16/art_1277864_59044455.html.

域中国质量奖零的突破。浙江省积极深入开展新一轮质量提升行动，滚动实施制造业百个特色产业质量提升项目。计划实施重点产品质量阶梯攀升工程，推动重点消费品、重要工业品、重大技术装备质量迈向高端。积极推进“千争创万导入”活动，预计每年引导2000家规上企业导入先进质量管理方法。持续推进小微企业质量管理体系认证“百千万”提升行动，预计建设质量基础设施一站式服务平台100个。二是强化“浙江制造”品牌建设。持续深化“浙江制造”品牌培育试点县建设，建立集群品牌和区域品牌培育提升机制，探索集体商标、证明商标在产业集群中的应用和保护，努力打造竞争力强、美誉度高的区域品牌。实施浙江精品培育行动，计划2023—2027年每年培育“品字标浙江制造”认证企业300家、“浙江出口名牌”50个、“浙江制造精品”200个。建立工业品牌培育管理体系，开展品牌诊断、品牌故事大赛、品牌创新成果发布等活动。三是企业标准创新发展。建立标准创新型企业梯度培育制度，建设企业标准总师队伍，组建一批标准创新联合体，布局一批标准化技术组织。深化“标准化+”行动，实施数字经济标准提升项目、重点产业对标达标项目，开展标准创新贡献奖评选活动，预计推动企业牵头和参与制修订国际标准50项以上，牵头制修订国家标准500项以上，制修订“浙江制造”标准4500项以上，引入国际和国家标准化技术组织5家以上。四是加强知识产权保护。建设高价值知识产权培育平台，前瞻布局一批核心专利、基础专利、标准必要专利。加快建设重点产业知识产权运营平台、知识产权服务业集聚发展示范区，计划建成专利导航服务基地15个，培育产业知识产权联盟50个。做大做强全省13个国家级知识产权保护中心和快速维权中心，进一步拓宽专利快速预审产业范围，提高知识产权“快保护”能力。[①]

（五）实施数字赋能行动，引领制造业变革重塑

一是加快细分行业“产业大脑”建设应用。浙江支持特色产业集群参与细分行业“产业大脑”建设，鼓励细分行业“产业大脑”优先服务产业集群内企业数字化改造。加快产业数据价值化，推广应用“产业大脑”能力中心，强化中小

---

① 《浙江省“415X”先进制造业集群建设行动方案（2023—2027年）》印发[EB/OL].(2023-02-10)[2023-08-22]. http://lyj.zj.gov.cn/art/2023/1/16/art_1277864_59044455.html.

企业数字化改造能力支撑，计划 2023—2027 年每年新上线运行 10 个细分行业“产业大脑”。二是推进企业数字化转型。深化产业集群（区域）新智造试点，梯次培育“数字化车间—智能工厂—未来工厂”，计划建设未来工厂 120 家以上、智能工厂（数字化车间）1200 家（个）以上。推进数字工厂培育建设，计划 2023—2027 年每年认定数字工厂标杆企业 10 家左右，培育优质数字服务商 1000 家，加快实现规上工业企业数字化改造全覆盖。推进重点细分行业中小企业数字化改造全覆盖，预计打造 30 个数字化改造县域样本。三是加快发展工业互联网。推动基础性平台、行业级和区域级平台、企业紧密互补合作，争取形成 1 个国际领先的基础性工业互联网平台和 30 个以上国内领先的行业级工业互联网平台，实现 100 亿元以上产业集群工业互联网平台全覆盖。[①]

（六）实施创新强工行动，增强制造业发展动能

一是强化关键核心技术攻关。面向“415X”先进制造业集群，浙江省市县联动实施“尖兵”“领雁”研发攻关计划项目，争取制造业项目占比达到 80%以上，预计 2023—2027 年每年形成 80 项制造业硬核科技成果。推动科技领军企业、科技“小巨人”企业牵头组建创新联合体，预计实现 15 个省级特色产业集群全覆盖。二是实施产业基础再造工程。推进核心基础零部件、关键基础材料、基础软件、先进基础工艺、产业技术基础等技术和产品开发，加强重点产品和工艺推广应用，计划 2023—2027 年每年实施制造业高质量发展产业链协同创新项目 60 个。实施首台套提升工程，计划 2023—2027 年每年新增首台套装备 200 项、首批次新材料 25 项、首版次软件 70 项。三是推动重大科技成果转化。加强产业链与创新链融合发展，构建“基础研究＋技术攻关＋成果产业化＋科技金融”全过程集群创新生态链。加速科研成果落地，力争 2023—2027 年每年新增省级以上科技企业孵化器 15 家以上、大众创业万众创新示范基地 10 个以上、省级众创空间 50 家以上，打造网上技术市场 3.0 版和“浙江拍”品牌，技术交易额突破 2100 亿元。四是建设重大创新载体。打造以杭州城西科创大走廊为引领的创新策源地。注重加强以国家实验室为龙头的新型

① 《浙江省“415X”先进制造业集群建设行动方案（2023—2027 年）》印发[EB/OL].（2023-02-10）[2023-08-22]. http://lyj.zj.gov.cn/art/2023/1/16/art_1277864_59044455.html.

实验室体系建设。加快制造业创新中心、产业创新中心、技术创新中心和重点企业研究院建设，预计建成省级以上产业创新平台50个以上，2023—2027年每年新建省重点企业研究院30家、省级以上企业技术中心100家。[①]

① 《浙江省"415X"先进制造业集群建设行动方案(2023—2027年)》印发[EB/OL].(2023-02-10)[2023-08-22]. http://lyj.zj.gov.cn/art/2023/1/16/art_1277864_59044455.html.

第三章　建设全要素美丽生态环境

生态环境是指影响人类和生物生存发展状态的各种物质条件，包括动物、植物、微生物、土地、矿物、海洋、河流、阳光、大气、水分等天然物质要素，以及地面、地下的各种建筑物和相关设施等人工物质要素。“根据 2022 年浙江省生态环境公众满意度调查结果，全省生态环境公众满意度总得分为 86.02 分，比去年提高 0.21 分，实现 11 年连升。”①浙江不断深入推进生态环境保护工作和生态文明建设，加快打造生态文明高地和美丽中国省域标杆，高水平绘就人与自然和谐共生、生态文明高度发达的新时代“富春山居图”，在高质量发展中奋力推进中国特色社会主义共同富裕先行和省域现代化先行，持续增强百姓获得感、幸福感、安全感。

第一节　秉持高标准提升环境质量

在浙江，全面深化污染防治攻坚，推动生态环境质量持续高位改善，夯实共同富裕示范区绿色底色，努力让群众享有更清新的空气、更干净的水、更安全的土壤、更优美的生活环境，不断提升治理水平和优质生态产品供给能力，正从愿景变成现实。2022 年以来，浙江突出精准治水、科学治气、全域治废、依法治土、全力降碳，不断深入推进挥发性有机物源头替代，大力实施清新空气行动。

---

① 朱智翔. 浙江生态环境公众满意度连续 11 年提升[N]. 中国环境报，2023-01-19(1).

一、编织陆地绿色生态屏障

浙江森林覆盖率61.24%，森林蓄积量4.2亿立方米，森林植被碳储量3亿吨，生态服务功能总价值6845.55亿元，林业行业总产值6064亿元。[①] 这一串串数字，显现了"森林浙江"建设的丰硕成果。2010年、2014年，浙江省委、省政府先后作出全面推进"森林浙江"建设、全面实施"五年绿化平原水乡、十年建成森林浙江"的决策部署。

（一）绿色成为浙江发展最动人的色彩

截至2022年，浙江全省森林覆盖率位居全国第3位，311个自然保护地实现统一管理，790多种陆生野生动物、6100多种高等野生植物得到有效保护。积极推进价值转化，增强富民能力，林业行业总产值6064亿元，以全国2%的林地面积创造了全国8%的林业产值，林业对农民增收贡献率达到19%，部分重点山区县农民收入的50%以上来自林业。大力弘扬生态文化，实现共建共享，截至2022年共创建国家森林城市18个，位居全国第一，建成省森林城市75个、省森林城镇752个，实现了省森林城市和省森林城镇中心镇创建全覆盖，建设国家森林乡村447个、省"一村万树"示范村1741个，1.25万株一级古树名木得到重点保护，200多条重要森林古道得到保护修复。浙江大地基本实现了"山青地绿、鸟语花香"，城乡居民"开门见绿、推窗见景"。[②]

（二）构建功能完备的城乡森林生态体系

绿叶在枝头摇曳的风景，正成为浙江各地优化乡村生态、美化环境、重塑乡风的生动载体。浙江启动新一轮"一村万树"五年行动，全域推进"万树"进村。作为全省"大花园"建设和新增百万亩国土绿化行动的抓手之一，自2018年启动"一村万树"三年行动以来，到2021年已建成示范村1216个、推进村10461个[③]。浙江全省已经建成了"城乡森林化、通道林荫化、水岸绿茵化、农

① 胡侠.聚力建设高质量"森林浙江"[EB/OL].(2022-10-15)[2023-03-19]. https://www.jrzj.cn/art/2022/10/15/art_15_21362.html.

② 胡侠.在全省关注森林活动工作座谈会上的发言[EB/OL].(2023-01-16)[2023-08-23]. http://lyj.zj.gov.cn/art/2023/1/16/art_1277864_59044455.html.

③ 浙江省林业局.我省启动新一轮"一村万树"五年行动[EB/OL].(2021-04-08)[2023-08-23]. http://lyj.zj.gov.cn/art/2021/4/8/art_1276365_59008189.html.

田林网化、森林网络化”的城市乡村统筹、山水路田一体、防护功能完备的城乡森林生态体系。

此外，浙江正在逐步完善管理体制机制。一是探索建立分级行使所有权的体制。浙江国土资源、水利、林业、海洋与渔业等自然资源资产管理部门厘清省政府直接行使所有权、市县政府行使所有权的资源清单和空间范围。建立健全各级政府分级代理行使所有权职责、享有所有者权益的自然资源管理体制。二是推进国家公园体制试点。按照《钱江源国家公园体制试点区试点实施方案》，对古田山国家级自然保护区、钱江源国家森林公园、钱江源省级风景名胜区及相应的连接地带进行资源整合、功能重组，建立钱江源国家公园管理体制。制定资源保护、游憩管理、特许经营、社会参与等相关制度，探索形成生态资源有效保护与合理适度开发利用相结合的体制机制。三是健全林业资源科学开发和保护机制。建立健全保护发展森林资源目标责任制，完善使用林地定额管理制度。健全天然林保护和生态公益林建设机制，探索直接收购各类社会主体营造的非国有公益林。推进以培育珍贵彩色健康森林为重点内容的森林抚育工作，积极推进国家储备林建设。建立健全森林资源监测体系，建立林地监测、评估与统计制度以及全省林地数据年度更新机制。四是建立湿地保护制度。制定全省县级湿地保护规划，推进重要湿地生态建设与修复。建立湿地资源动态管理平台，探索建立湿地生态效益补偿制度。五是健全生态补偿机制，推进生态公益林分级分类差异化补偿。六是完善林权流转机制改革，继续深化林改，促进适度规模经营。培育林业股份合作社，制定出台股份制家庭林场认定标准。建立省市县一体化的林权交易平台，扩大林产品现货电子交易，规范林权评估等中介服务平台建设。健全林权抵押贷款制度。七是探索编制自然资源资产负债表。做好湖州市自然资源资产负债表编制国家试点工作。建立符合省情的自然资源统一调查制度。

（三）绿色生态屏障生机盎然

浙江省委、省政府全面推进“森林浙江”建设、全面实施“五年绿化平原水乡、十年建成森林浙江”的决策部署，为奋力推进“两个先行”打下了坚实的生态基础。全力加强保护修复，厚植绿色家底，到 2022 年，浙江全省森林覆盖率上升至 61.24%，位居全国第 3 位，311 个自然保护地实现统一管理，790 多种陆生野生动物、6100 多种高等野生植物得到有效保护。[①]

生态环境更加优美。浙江着力构建资源丰富、布局合理、功能完备、结构稳定的绿色生态屏障，进一步提升国土绿化美化水平。通过开展“1818”平原绿化行动，完成平原绿化 261 万亩，浙江全省平原区域林木覆盖率超过 20%，让原本缺林少绿但人口又相对密集的平原地区绿化水平得到明显提升。启动金义都市区国家森林城市群试点建设，扎实推进森林城市创建，到 2020 年已累计创建国家级森林城市 18 个，位列全国第一，实现了省级森林城市县级全覆盖。乡村绿化行动深入开展，从 2005 年到 2020 年共创建省森林城镇 568 个、省级森林村庄 1674 个，建设“一村万树”示范村 786 个、推进村 6847 个，绝大多数的村庄创成了绿化示范村或森林村庄，城乡统筹协调发展的新格局逐步形成。从 2005 年到 2020 年，全省累计完成山地造林 756 万亩，新增珍贵彩色森林 911.8 万亩，新植 1 亿株珍贵树 9357 万株，建成宽度 50 米以上的基干林带 964 公里。2020 年新增百万亩国土绿化行动强势推进，已超额完成 50 万亩年度任务，开局良好。浙江大地绿水青山与金山银山相得益彰的美丽生态画卷正在不断展开。[②]

绿色家底更加殷实。浙江森林覆盖率保持高位持续增长，位居全国前列。从 2005 年到 2020 年浙江林木蓄积量从 1.94 亿立方米提升到 3.85 亿立方米。森林结构进一步优化，阔叶林和针阔混交林面积比重从 38.6%提升至 64.55%，全省健康森林面积比例从 88.45%提升至 96.46%。压实森林防火责任，全力防范森林火灾，完善防火基础设施，严管林区野外火源，森林火灾发生率和受害率持续维持在历史低位水平。全力打好松材线虫病防治攻坚战，松材线虫病蔓延形势得到有效遏制。深入实施“一树一策”专项保护行动，27.5 万株古树名木资源得到有效保护。全面完成国有林场改革，第一个高分通过国家验收。强化以公益林和天然林等为重点的森林资源保护管理，全省森林生态功能显著增强，森林植被碳储量和生态服务功能总价值分别从 2009

① 胡侠.在全省关注森林活动工作座谈会上的发言[EB/OL].(2023-01-16)[2023-08-23].http://lyj.zj.gov.cn/art/2023/1/16/art_1277864_59044455.html.

② 胡侠.坚定以绿水青山就是金山银山理念为指引加快推进高质量森林浙江建设[EB/OL].(2020-08-17)[2023-08-24].http://lyj.zj.gov.cn/art/2020/8/17/art_1276368_54521228.html.

年的 1.83 亿吨和 3558.73 亿元提升至 2018 年的 2.7 亿吨和 6413.94 亿元。[①]

生态系统更加健全。森林、湿地两大自然生态系统覆盖了全省 4/5 的陆域面积，是浙江经济社会发展和人们生产生活的重要空间基础。从 2005 年建设全国第一个国家湿地公园——杭州西溪国家湿地公园开始，浙江省已建成国际重要湿地 1 个，国家湿地公园 13 个、国家城市湿地公园 4 个、省级湿地公园 54 个，公布省重要湿地名录 80 个，有效地发挥了湿地净化水体、生物多样性等生态功能，提升了湿地生态产品供给能力。从 2005 年到 2020 年，浙江全省新建省级以上自然保护区 14 个，各类自然公园 167 个，目前，浙江全省已建有各类自然保护地 309 处、面积 1 万多平方公里，占浙江省陆域面积的 10%，初步构建起具有浙江特色的自然保护地管理体系。良好的生态环境让更多的野生动物得以繁衍栖息，全省 29 个重点珍稀濒危物种抢救性保护取得实效，朱鹮、扬子鳄、普陀鹅耳枥、百山祖冷杉等珍稀濒危野生物种种群恢复成绩喜人，许多湿地成为候鸟迁徙的重要途经地，中华凤头燕鸥、中华秋沙鸭、东方白鹳等国家重点保护鸟类越来越多地进入人们视野。[②]

绿色产业更加兴旺。浙江始终坚持深化创新驱动发展战略，强化林业科技创新体系建设，着力加强科技攻关、成果转化力度和科技服务力度。通过产业集聚、企业培育、品牌提升、平台打造，不断提升产业发展的质量效益。从 2005 年到 2020 年，浙江全省林业年行业总产值从 1060 亿元增加到 6646 亿元，全省以占全国 2% 的林地面积创造了 8% 的林业产值。持续优化产业结构，大力推进一二三产深度融合发展，接近国际成熟优势产业的结构比例。努力发展林业电商等新兴产业，到 2020 年浙江全省已建成 280 多个林产品淘宝村，占全国总数的 36%。中国义乌国际森林产品博览会从无到有，连续举办 12 届，从 2015 年到 2020 年累计实现成交额 221.8 亿元，成为亚洲最大的林业展会。实施林业股份合作制改革，出台林地经营权证管理办法，促进适度规模经营，到 2020 年，浙江全省建立林业股份制合作组织 246 家，经营林地面积

---

① 胡侠. 坚定以绿水青山就是金山银山理念为指引　加快推进高质量森林浙江建设[EB/OL]. (2020-08-17)[2023-08-24]. http://lyj.zj.gov.cn/art/2020/8/17/art_1276368_54521228.html.

② 胡侠. 坚定以绿水青山就是金山银山理念为指引　加快推进高质量森林浙江建设[EB/OL]. (2020-08-17)[2023-08-24]. http://lyj.zj.gov.cn/art/2020/8/17/art_1276368_54521228.html.

34.2万亩，吸纳林农社员17871户；培育专业大户4347户、家庭林场1858个、林业合作社5512个。[①]

富民成效更加显著。据统计，浙江农民13%收入来自林业，对农民增收贡献率达到19%，部分重点山区县农民收入的50%以上来自林业。通过生态旅游、森林康养等生态服务产业发展，辐射带动村民在家门口就业挣钱，"十三五"期间，浙江全省森林休闲养生产业累计接待游客超过15亿人次，产值约8305亿元，占浙江全省林业总产值的29.5%，成为浙江省林业第一大产业。大力推广"一亩山万元钱"林业富民模式，实现总产值235.6亿元。加强公益林建设，成为浙江林业建设史上规模最大、投资最多、惠农最广的生态工程和民生工程，省级以上公益林扩面至4548.6万亩，占林地面积的45.9%，补偿标准从2004年最初的每年每亩8元提高到2020年的31元，其中主要干流和重要支流源头县和省级以上自然保护区提高至40元，位居全国前列，山区林农累计获得补偿资金达168亿元，曾连续6年被列入省政府十大民生实事工程，人们的绿色获得感不断增强。[②]

二、营造海洋蓝色生态屏障

浙江岛屿多、岸线长、物产丰，资源条件得天独厚。浙江省是全国岛屿数量最多、海岛岸线最长的省份，共有大小海岛4350个（海岛陆域总面积2022平方千米），约占全国的40%，海岛岸线总长4496千米，全省80%以上具有建港潜力的深水岸线分布在海岛周边。同时，浙江省拥有舟山、渔山、温台和舟外、渔外、温外等6个渔场，总面积约22.27万平方公里，渔业资源年蕴藏量400多万吨，年持续可捕量约200万吨，水产动物资源种类达945种，是我国渔业资源最丰富、生产力最高的地区。截至2018年底，浙江省有近900多个海岛被划入15个省级以上海洋保护区，海洋生物多样性和海岛资源环境得到有力保护。

---

① 胡侠.坚定以绿水青山就是金山银山理念为指引加快推进高质量森林浙江建设[EB/OL].(2020-08-17)[2023-08-24]. http://lyj.zj.gov.cn/art/2020/8/17/art_1276368_54521228.html.

② 胡侠.坚定以绿水青山就是金山银山理念为指引加快推进高质量森林浙江建设[EB/OL].(2020-08-17)[2023-08-24]. http://lyj.zj.gov.cn/art/2020/8/17/art_1276368_54521228.html.

（一）海洋生态总体战略

优化海洋和海岸带保护利用格局。结合历史围填海处置和养殖用海调查，明确“以海定陆”和“以陆定海”的功能定位，合理布局开发保护重点区域。重点聚焦历史围填海区域的空间布局，编制省海岸带保护利用规划，采取“五色分区”法明确重点区域、开发时序、开发强度，细化管控措施，引导产业依规进入、项目有序落地，实现“一张图”场景式应用。

首先，以海洋经济社会绿色低碳可持续发展为导向，促进海洋生产生活方式绿色转型。优化海洋空间保护开发格局，提升海洋空间资源利用效率。推动海洋传统产业转型升级，壮大海洋绿色环保战略性新兴产业。积极发展海上绿色航运和海洋新能源，助力全省有效构建绿色交通运输体系和清洁低碳现代能源体系。增强海洋应对和适应气候变化能力，大力推进海洋碳汇建设，促进碳排放强度持续降低，探索开展“零碳岛”建设。开展全民行动，加快沿海地区形成简约适度、绿色低碳的生活方式。其次，以海洋强省和“美丽浙江”建设战略为引领，梯次推进“美丽海湾”保护与建设。有机衔接全省重大战略，将“美丽海湾”保护与建设作为海洋生态环境保护工作的主线和载体。统筹陆海污染防治，提升海湾海水水质。打通岸线、河口、海岛等自然要素，实行海湾生态系统一体化保护和修复。改善海湾亲海品质，让公众享受到更多亲海近海之美。对重点海湾实施“一湾一策”综合治理攻坚，依照海湾条件梯次推进“美丽海湾”保护与建设，打造秀美沿海带上的璀璨明珠，助力新时代海洋强省和“美丽浙江”建设。再次，以构建现代海洋环境治理体系为核心，完善海洋生态环境管理制度、提升管理能力。健全海洋生态环境管理体制机制，落实属地政府责任，建立部门联动协作机制。完善法规标准，推进法治建设。牢固树立环境风险底线思维，构建海洋生态环境风险常态化管理体系，加强风险预警防控和应急能力建设。提升监测监管能力，推动海洋生态环境领域数字化转型。建立健全区域合作机制，持续推进重点流域和海域的协同治理。

（二）海洋环境保护精准科学依法治污

以美丽海湾保护与建设为主线，坚持生态优先、绿色发展，坚持减污降碳协同增效，聚焦解决区域海洋生态环境突出问题，保护、治理与监管并重，推进海洋生态环境治理体系和治理能力现代化，推动海洋生态环境质量持续改善，以海洋生态环境高水平保护促进沿海经济高质量发展。一是生态优先，绿色引领。以生态优先、绿色高质量发展为引领，把海洋生态环境保护主动融入经济社会发展全过程，科学合理布局沿海生产、生活和生态空间，加快构建绿色低碳的产业体系，推动生产生活方式绿色低碳转型。二是陆海统筹，系统治理。实施陆海联防共治，严格控制陆源污染物向海洋排放。推动生态保护的区域联动，提升协同效能，优化产业布局。建立健全海洋生态环境统筹保护机制，推动陆海协同治理见成效。三是一湾一策，点面结合。聚焦重点海湾（湾区），以解决突出海洋生态环境问题为导向，实施"一湾一策"差异化治理。在典型区域和关键环节开展示范，进行重点突破、以点带面，综合推进海洋生态环境保护各项工作。四是改革创新，多方共治。以生态环境领域数字化改革为牵引，推动海洋生态环境治理领域改革创新。引导和推动社会各方力量参与海洋生态环境治理，群策群力，形成共抓海洋生态环境大保护的格局。

（三）生态海岸聚焦六大工程

浙江省总投资3495多亿元，并建立百个支撑性项目库。一是生态保护修复工程。统筹推进陆海污染联动治理，大力保护钱塘江、曹娥江、椒江、瓯江、飞云江等重要河口生态系统，保护沿海基干林带，养好大湾区"绿心绿肺"，加强生态资源保护与景观改造，积极推动沿海本底资源绿化与美化升级，高水平建设杭州湾国家湿地公园、玉环漩门湾国家湿地公园。二是绿色通道联网工程。按照快速通道网络、慢行绿道网络、接驳服务网络"三网"融合要求，构建内联外接的绿色通道网络。规划1条以上贯通全省沿海并可自驾的快速路。贯通由游步道、自行车道等组成的慢行道，分级分类规划建设驿站。让群众可以骑行或自驾畅游浙江沿海。三是文化资源挖潜工程。深入挖掘与弘扬生态海岸带文化内涵，建立科学保护、传承创新、全民共享的人文遗产保护体系，打造全国一流的滨海文化体验目的地。深入开展海洋文化遗产调查，挖掘、保护历史遗存。改造升级中国港口博物馆等主题场馆，高标准建设一批国家和省级考古遗址公园。四是生态海塘提升工程。提升海塘防台御潮标准并进行生态化改造，推进海塘安澜千亿工程，拓展海塘综合功能，升级提标打造安全海塘、绿色为辅打造生态海塘、功能拓展打造共享海塘。五是乐活海岸打造工程。引导游艇、运动、赛事、文创、网红打卡等新业态植入，有序建设一批滨海风情独特的高等级景区、旅游度假区、风情景观(街区)。发展帆船、赛艇、摩托艇等项目,改造象山亚帆中心等水上运动训练基地,加快引进国际性赛事。突出风情沙滩、滨海度假、海岛休闲等滨海特色主题,谋划形成百条海岸带休闲旅游精品线路。策划中国海洋文化节,办好浙江海洋运动会,举办环浙沿海系列马拉松、山地越野自行车赛等赛事。六是美丽经济育强工程。深入推进生态田园、绿色园区、无废城镇、魅力乡村等美丽经济载体建设,培育新经济新业态新模式,放大生态海岸带综合效应。

(四)海洋生态环境的保护成效显著

浙江以改善海洋环境质量为核心,统筹近岸海域污染防治和生态保护,海洋生态环境保护工作取得显著成效。一是海洋生态环境质量总体稳中趋好。“十三五”期间,浙江全省近岸海域优良海水比例稳步上升,四类和劣四类海水比例逐步下降,水体富营养化总体呈下降趋势。优良海水比例均值达到42.7%,较“十二五”期间上升13.8个百分点。四类和劣四类海水比例均值为46.5%,下降了12.8个百分点。富营养化指数均值由“十二五”期间的4.15降至“十三五”期间的2.56,降幅明显。二是近岸海域污染防治工作有效开展。实行主要入海河流(溪闸)总氮、总磷浓度控制,浙江全省主要入海河流、溪闸断面水质均优于四类(含四类),水质明显改善。工业固定污染源总氮、总磷排放总量大幅削减。全面清理非法和设置不合理排污口,“十三五”期间浙江共规范化整治入海排污口205个。浙江全省城镇污水处理厂全部完成一级A提标改造工作,省级以上工业集聚片区全面建成污水集中处理设施。船舶污染得到有效防控,绿色港航逐步推进。三是海洋生态保护和建设工作扎实推进。深入实施“一打三整治”行动,渔场资源首次出现恢复迹象。开展全域海洋生态建设示范区创建活动,“十三五”期间共累计获批国家级海洋生态文明建设示范区4个。全省完成海岸线整治修复360千米。开展水生生物增殖放流、海洋牧场和海洋保护区建设。建成国家级、省级各类海洋保护地18个,总面积逾4000平方千米。四是海洋生态环境监测监管不断强化。整合优化近岸海域生态环境监测站位,统一监测频次和评价方法,对沿海设区市实施差别化海水水质考核。组建浙江省海洋生态环境监测中心,扩充人员力量,提升装备水平。建立海域污染监视监测系统,5万吨级以上油码头均已安装溢油监控报警系统。严管船舶违章排污，在宁波—舟山港建成2个国家污染应急设备库。开展“碧海”专项执法行动，依法严查违法行为。五是海洋生态环境保护制度日趋健全。建立海洋生态保护红线制度，“十三五”期间共划定海洋生态保护红线1.4万平方千米，占省管海域面积的31.72%。制定实施海洋主体功能区、海岸线保护利用、无居民海岛保护等规划，控制海洋开发强度，实行差别化岸线保护制度。率先探索建立自然岸线与生态岸线占补平衡机制。强化责任落实，建立设区市政府水污染防治年度目标责任考核制度。积极推进国家“湾（滩）长制”试点和象山港总氮控制试点。[①]

预计到2025年，浙江海岸带生态显著改善、海岸带道路网络联通、海岸带示范段率先建成、滨海城镇群风情显现、海岸带人气活力充足、海岸带智慧化水平领先，将成为全省滨海品质生活共享新空间。预计到2035年，将全面建成绿色生态廊道、人流交通廊道、历史文化廊道、休闲旅游廊道、美丽经济廊道“五廊合一”的生态海岸带。

（五）营造水清滩净、鱼鸥翔集、人海和谐的全域美丽海湾

展望2035年，浙江近岸海域海洋生态环境将根本好转，沿海地区绿色生产生活方式将全面形成，美丽海洋建设目标将基本实现。陆海一体化污染防治体系将有效形成，海洋生态将实现系统保护和修复，生态良好、生境完整、生物多样的健康状态将基本呈现，海洋优质生态产品供给将基本满足人民美好生活需要；海洋生态环境治理体系和治理能力现代化将全面实现；海洋绿色低碳发展将达到国内领先、国际先进水平；“水清滩净、鱼鸥翔集、人海和谐”的全域“美丽海湾”将基本建成。

锚定2035年远景目标，“十四五”时期全省海洋生态环境保护的主要目标是：一是近岸海域环境质量稳中有升。近岸海域水质优良比例争取稳步提升，努力完成国家下达指标；海水富营养化程度将继续降低；陆源入海污染争取得到有效控制，主要入海河流水质按国家要求稳定达标。二是海洋生态安全得到有力保障。争取海域生物多样性保持稳定，典型生态系统逐渐恢复，重点海

① 浙江省发改委．省发展改革委省生态环境厅关于印发《浙江省海洋生态环境保护“十四五”规划》的通知[EB/OL]．(2021-06-09)[2023-08-23]．https://fzggw.zj.gov.cn/art/2021/6/24/art_1229539890_4670811.html.

湾生态系统健康状态有所改善。争取大陆自然岸线保有率不低于35%，海岛自然岸线保有率不低于78%，滨海湿地恢复修复面积不少于2000公顷。三是临海亲海空间品质有效提升。滨海浴场、沙滩环境争取持续改善，滨海风貌争取实现绿化美化，海岸带生态争取显著恢复，预计基本建成10个“美丽海湾”、10个海岛公园，“美丽海湾”覆盖岸线长度不少于400千米。四是海洋生态环境治理能力持续增强。陆海统筹的生态环境治理制度不断完善，数字化治理水平全面提高，生态环境监管能力得到系统加强，环境污染事故应急响应能力显著提升，海洋生态环境治理体系有效构建。[①]

三、深入推进“五水共治”

浙江是江南水乡，省域内河流众多、水系发达，境内有钱塘江、甬江、苕溪、瓯江等八大水系，因水而名、因水而生、因水而兴、因水而美。一方面，浙江全省人均水资源低于全国平均水平，是个缺水省；另一方面，治水的步伐跟不上发展的速度，水环境恶化。水资源对浙江发展的制约日渐凸显。浙江省委、省政府愈加感到，水不仅是生态，是经济，也是民生，更是政治。抓治水就是抓改革、抓发展。2013年，中共浙江省委十三届四次全会提出“五水共治”。所谓“五水共治”即是治污水，防洪水，排涝水，保供水，抓节水。面对不清的水、不绿的岸，浙江以“五水共治”为突破口，于2013年底谋定“三年（2014—2016年）解决突出问题，明显见效；五年（2014—2018年）基本解决问题，全面改观；七年（2014—2020年）基本不出问题，实现质变，决不把污泥浊水带入全面小康”的“三五七”总体目标，成立省“五水共治”办公室，相继组织实施“清三河”“剿灭劣Ⅴ类水”“碧水行动”、城镇“污水零直排区”建设、美丽河湖建设等一系列攻坚行动，推动水环境实现由“脏”到“净”再到“清”，并正在向“美”的持续改变，奏响了一曲生态环境与经济社会协调发展的浩荡长歌。浙江治水十年来，全省“五水智治”数字化建设全面完成，打造形成城镇“污水零直排区”、美丽河湖、美丽海湾、河湖长制、“五水智治”等十大标志性成果。

---

① 浙江省发改委. 省发展改革委省生态环境厅关于印发《浙江省水生态环境保护“十四五”规划》的通知[EB/OL].(2021-06-08)[2023-08-23]. https://www.zj.gov.cn/art/2021/6/8/art_1229505857_2302644.html.

(一)治水工作的相关经验

在开展治水工作方面,浙江已取得以下经验。

聚焦查缺补漏,全面开展污水管网建设改造。按照“总量平衡、适度超前”原则,优化城镇污水处理厂布局和规模,持续推进城中村、老旧城区和城乡接合部的污水管网建设。开展城镇市政公用污水管网系统排查和定期检测,建立“一区一策”“一厂一策”等针对性整改方案,及时修复破损管网。

聚焦提质增效,全面推动城镇“污水零直排区”建设。全面推进重点工业园区“污水零直排区”建设和提质增效,加快实现污水“应截尽截、应处尽处”。逐步实现规模水产养殖场养殖尾水“零直排”全覆盖,启动实施医疗卫生、教育、司法等单位“污水零直排区”建设。

聚焦实战实效,深入开展“五水智治”数字化建设。坚持系统观念,着力推进涉水应用集成,融通各类涉水数据,逐步实现精准画像、分析研判、决策赋能、协同调度、战略管理等赋能跃升,全面形成数智治水新格局。

聚焦源头重点,持续打好水污染防治攻坚战。全面实施农业污染治理攻坚行动,持续推进农业面源污染防治,持续深化“肥药两制”改革。加强陆海统筹,全面启动入海排污口排查整治。通过完善实施船舶水污染物转移处置联单制度,实现船舶含油污水、生活污水和船舶垃圾等污染物来源可溯、去向可寻。

聚焦保护修复,积极构建健康和谐的水生态系统。科学保护自然岸线,坚持做好水土保持,因地制宜实施水系连通、水生植物恢复等生态修复措施,高标准建设美丽河湖。大力提升生物多样性保护水平,严格防范外来水生物种入侵风险。

聚焦风险防控,千方百计守住涉水安全底线。持续推进海塘安澜千亿工程,以流域为单元,开展中小河流综合治理,严格管控非法占用水域岸线。持续推进城市易涝区域整治,加快提升各地城市排水防涝能力。坚持底线思维、极限思维,从最不利情况出发,优先确保农村群众饮水安全,强化灌区灌溉用水调度。

聚焦风险防控,千方百计守住涉水安全底线。持续推进海塘安澜千亿工程,以流域为单元,开展中小河流综合治理,严格管控非法占用水域岸线。持续推进城市易涝区域整治，加快提升各地城市排水防涝能力。坚持底线思维、极限思维，从最不利情况出发，优先确保农村群众饮水安全，强化灌区灌溉用水调度。

（二）浙江全域水生态环境治理的成效

“五水共治”举措，破解了浙江多年治水的难题，坚定了领导干部治水的决心，打破了“分水而治”的格局，实现了“五水”的统一施策、协调推进，治出了环境改善、水清岸美的新成效，治出了转型升级、腾笼换鸟的新局面，治出了各方点赞、百姓满意的好口碑，治出了干部敢于担当、乐于奉献的好作风。具体来说，浙江全域水生态环境治理工作已取得以下成效。

污染防治攻坚战取得阶段性胜利。全面打响蓝天、碧水、净土、清废四场战役，国家“大气十条”“水十条”考核持续保持优秀，环境空气质量在长三角区域率先实现全省达标。2020 年，设区城市细颗粒物（PM 2.5）平均浓度为 25 微克/立方米，日空气质量优良天数比率达到 93.3%，比 2015 年分别降低 43.2%和提高 9.5 个百分点，50 个县级以上城市建成清新空气示范区。全省地表水断面一类至三类比例达到 94.6%，比 2015 年提高 21.7 个百分点，提前三年完成消除劣Ⅴ类水质断面任务。近岸海域水质总体稳中有升，一、二类海水比例 2020 年较 2015 年大幅提升，四类和劣四类比例大幅下降。浙江在全国首个完成农用地土壤污染状况详查，高质量完成重点企业用地详查。超额完成受污染耕地、污染地块安全利用率目标和重点行业重点重金属污染减排目标，台州市土壤污染综合防治先行区建设走在全国前列。浙江在全国首个出台农村污水处理设施管理条例，提前三年完成 1.3 万个行政村环境整治任务。在全国率先开展全域“无废城市”建设，构建覆盖全领域的固废处置监管制度体系，危险废物处置能力缺口基本补齐。浙江全省化学需氧量、氨氮、二氧化硫和氮氧化物四项主要污染物总量控制超额完成“十三五”减排目标任务，单位生产总值二氧化碳排放量持续下降。“十三五”规划各项主要指标顺利完成。[①]

---

① 浙江省发改委. 省发展改革委省生态环境厅关于印发《浙江省生态环境保护“十四五”规划》的通知[EB/OL]. (2021-07-12)[2023-08-24]. https://fzggw.zj.gov.cn/art/2021/7/12/art_1229123366_2310857.html.

生态文明示范创建走在前列。以生态文明示范创建为抓手，持续推进“811”美丽浙江建设行动，建成全国首个生态省，“千万工程”获得联合国“地球卫士奖”，成功承办联合国世界环境日全球主场活动，“美丽浙江”影响力显著提升。稳步推进部省共建美丽中国示范区建设，首个发布省域美丽建设规划纲要，实现全省生态环境公众满意度连续9年上升，国家级生态文明建设示范市县和“绿水青山就是金山银山”实践创新基地个数居全国第一。

绿色发展基础不断夯实。不断推动形成绿色产业布局、产业结构和生产方式，制定实施国家重点生态功能区产业准入负面清单，绿色发展指数位居全国前列。浙江积极服务大湾区、大花园、大通道、大都市区建设，先后发布实施《浙江省环境功能区划》《浙江省生态保护红线》《浙江省“三线一单”生态环境分区管控方案》，在全国率先形成覆盖全省的生态环境空间管控机制。通过治污倒逼转型升级，“十三五”期间累计淘汰改造燃煤小锅炉2.5万台，淘汰工业企业落后和过剩产能涉及9503家。以国家清洁能源示范省建设为抓手，强力推进能源消费总量和强度“双控”制度，在全国率先完成煤电超低排放改造。率先制定出台《浙江省温室气体清单管理办法》，对省市县三级清单相关活动实施统一管理和监督。[①]

生态安全保障持续增强。浙江推进国家公园体制试点，自然保护地体系建设不断提升，生物多样性保护水平不断提高，到2020年，已累计建成省级以上自然保护区、森林公园、风景名胜区、湿地公园、地质公园、海洋特别保护区（海洋公园）310个，受保护地面积显著增加。划定并严守生态保护红线。统筹推进山水林田湖草系统保护修复，实施了一系列湿地、矿山、河湖等生态系统整治和修复工程，生态系统功能得到有效提升，全省生态环境状况指数连续多年保持全国前列。

环境治理现代化加速推进。浙江以“最多跑一次”改革为牵引，重点领域和关键环节制度建设不断取得新突破。浙江省级以上各类开发区和省级特色小镇基本实现“区域环评＋环境标准”改革全覆盖。建立省市县乡四级全覆盖

---

① 浙江省发改委．省发展改革委省生态环境厅关于印发《浙江省生态环境保护“十四五”规划》的通知[EB/OL]．(2021-07-12)[2023-08-24]．https://fzggw.zj.gov.cn/art/2021/7/12/art_1229123366_2310857.html.

的生态环境状况报告制度，在全国率先实现省市县乡村五级河长全覆盖，率先实现省级层面公检法机关驻环保联络机构全覆盖，环境执法力度持续保持全国前列。建立生态环境损害赔偿制度，成立全国首家环境损害司法鉴定联合实验室。建立长三角区域大气和水污染防治协作机制，完善跨界环境处置和应急联动协调机制。推进环境监管能力建设和环保数字化转型，大气复合立体监测体系已基本形成，跨行政区域河流交接断面全面实现水质自动监测，布设完成全省国家网土壤监测网络和全省国控辐射环境空气自动监测网络，率先建设并应用浙江环境地图和生态环境保护综合协同管理平台。①

目前，浙江“五水智治”数字化改革实战实效全面提升，全面谱写优质、安澜、生态、美丽、智治的江南水乡新篇章。2021 年，浙江全省国控断面优良水质达到 96.2%，省控断面优良水质达到 95.2%，分别比 2013 年提升 29.2%和 30.1%，均创历史新高，国控断面优良率首次进入全国前五，居长三角首位。最严格水资源管理连续 6 年国家考核优秀，“十三五”时期考核全国第一。预计到 2025 年，省控以上断面达到或优于Ⅲ类水质比例达到 95%以上，近岸海域海水水质达到国家考核要求；全面完成现有老旧污水管网更新改造，城市污水处理率达到 98%以上，农村生活污水治理行政村覆盖率和出水水质达标率达到 95%以上；单位 GDP 用水量较 2020 年降低 16%。②

第二节　增加优质生态产品供给

干净的水、清新的空气、安全的食品等优质生态产品已经成为人民美好生活的需要。“生态产品，既包括清新空气、清洁水源、宜人气候等从自然系统中生产出来的具有生态功能的产品，也包括生态农产品、养生温泉、风光景观等对自然生态系统进行产业化开发而衍生出来的具有经济功能的产品，是维系

---

① 浙江省发改委. 省发展改革委省生态环境厅关于印发《浙江省生态环境保护“十四五”规划》的通知[EB/OL]. (2021-07-12)[2023-08-24]. https://fzggw.zj.gov.cn/art/2021/7/12/art_1229123366_2310857.html.

② 浙江省发改委. 省发展改革委省生态环境厅关于印发《浙江省水生态环境保护“十四五”规划》的通知[EB/OL]. (2021-06-08)[2023-08-23]. https://www.zj.gov.cn/art/2021/6/8/art_1229505857_2302644.html.

生态安全、提供良好人居环境的自然要素。”[①]目前浙江已建立30余家“两山”合作社，实现农产品、土地、民房等闲置生态资源收储、提升、交易。2023年，浙江继续朝着绿色共富更融合、资源转化更高效的方向创新生态价值转化机制。同时，通过山海协作充分发掘山区、海岛、平原等不同地域的区位、生态、政策、产业、资金优势，因地制宜发展绿色有机农业、绿色制造业、生态旅游业等，让好风景、好环境可度量、可变现。浙江始终沿着生态产品价值转化这条路，建立生态资源交易平台，让碎片化的生态资源高水平变现，为消费者提供优质的生态产品。

一、生态保护补偿制度

生态产品同农产品、工业品和服务产品一样，都是人类生存发展所必需的。生态功能区提供生态产品的主体功能主要体现在吸收二氧化碳、制造氧气、涵养水源、保持水土、净化水质、防风固沙、调节气候、清洁空气、减少噪声、吸附粉尘、保护生物多样性、减轻自然灾害等。一些国家或地区对生态功能区的“生态补偿”，实质是政府代表人民购买这类地区提供的生态产品。生态产品按存在形态可分为有形产品和无形服务。前者主要包括生态系统提供的食物、纤维、木材、燃料、淡水、药材等人类需要的产品；后者主要包括气候调节、空气净化、水土保持、水体净化、种子传播、疾病防控、文化传承、休闲游憩等面向人类的服务。

生态保护补偿是政府或相关组织机构向供给生态环境良好区域或生态资源产权人支付的生态产品价值或限制发展机会成本的行为，是生态产品最基本、最基础的经济价值实现手段。生态产品价值实现是绿色经济发展的强大动力，优质生态产品供给是经济发展新的增长点。通过增加生态产品供给带动生态投资建设有利于拉动经济增长，藏富于绿水青山，将生态产品价值实现打造成绿色经济增长新引擎。

浙江是全国生态保护补偿制度建设的“先行者”。2004年，浙江便开始探索实践实施生态补偿机制，率先出台全国首个省级层面生态补偿机制。2010

① 一林.为人民群众提供更多优质生态产品[N].广西日报，2022-06-21(9).

年，新安江流域水环境补偿试点启动，开始了地区间横向生态补偿机制建设探索。截至2020年年底，10个跨省流域生态补偿试点、行政区内全流域生态补偿机制和辖区内重点流域生态补偿已广泛开展。横向生态补偿机制建立，有效促进了流域生态产品保护和区域间协调发展。近年来，浙江积极推进流域生态保护补偿机制建设，提高生态公益林补偿标准，创新湿地生态补偿机制等。目前，浙江省流域横向补偿已取得阶段性成效，全省共有52对，计51个市县签订跨流域横向生态补偿协议，实现全省八大水系主要干流全覆盖，流域共同保护与治理机制日益完善，流域水环境质量日益改善，并助推流域经济社会绿色转型。

二、生态产品的价值实现

在促进生态产品的价值实现方面，浙江省取得了以下经验。省自然资源主管部门会同省林业、水利等部门，健全自然资源确权登记制度，推进统一确权登记，明确自然资源资产产权主体。省发展改革部门应当会同省生态环境、自然资源、林业、水利、农业农村、统计等部门，建立生态产品基础信息普查制度和动态监测制度，依托自然资源和生态环境调查监测体系，开展生态产品构成、数量、质量等情况调查，编制生态产品目录清单并动态调整。

浙江发展改革部门会同省财政、自然资源、生态环境、农业农村、林业、水利、文化旅游、统计等部门，建立健全生态产品价值评价机制，建立行政区域单元生态产品总值和特定地域单元生态产品价值评价体系，明确生态产品价值核算指标体系、核算方法、数据来源和统计口径等，推进生态产品价值核算标准化。

省人民政府应当逐步建立生态产品价值核算结果发布制度，适时评估区域生态环境保护成效和生态产品价值。县级以上人民政府推进生态产品价值核算结果在政府决策、规划编制、生态保护补偿、生态环境损害赔偿、经营开发融资、生态资源权益交易等方面的应用。鼓励探索生态产品价值权益质押融资。支持有条件的地区开展林业、海洋碳汇交易。

省发展改革部门会同省有关部门依托省公共数据平台建立全省统一的生态产品经营管理平台。县级以上人民政府有关部门应当按照省有关规定，及时将生态产品信息录入生态产品经营管理平台。县级以上人民政府和有关部门应当通过定期举办生态产品推介会、组织开展生态产品线上交易等方式，推进生态产品供给方与需求方对接。在严格保护生态环境前提下，鼓励采取多种模式和路径推动生态产品价值实现，形成政府主导、社会参与、市场运作、可持续的生态产品价值实现机制。县级以上人民政府和有关部门应当合理利用洁净水源、清洁空气、适宜气候等自然条件，发展高效、清洁、低碳、循环的绿色产业，推动生态优势转化为产业优势。

省、设区的市人民政府及有关部门采取措施，支持山区、海岛县(市)依托当地生态资源，发掘地方特色文化和文物、非物质文化遗产等优势，发展旅游、休闲度假经济和文化创意等产业，拓宽生态产品转化通道。鼓励将山区、海岛县(市)确定为职工疗养目的地。鼓励社会资本以投资、与政府合作等方式参与生态产品经营开发。鼓励村集体经济组织、村民采取入股分红模式参与生态产品经营开发。鼓励对矿业遗址、工业遗址、古旧村落、水利遗址等存量资源实施生态环境系统整治和配套设施建设，推进相关资源权益集中流转经营，提升其文化、旅游等开发利用价值。支持创建生态产品区域公用品牌和区域特色农产品品牌，建立品牌培育、推广、激励、保护等机制，完善质量追溯制度，提升生态产品价值。省人民政府综合考虑生态产品价值核算结果、生态保护红线区域面积等因素，建立健全财政转移支付资金分配机制，实施差异化补偿，加大对国家重点生态功能区、以国家公园为主体的自然保护地、特别生态功能区、山区县(市)以及承担重大生态环境保护建设工程任务地区的生态保护补偿力度。探索通过发行企业生态债券和社会捐助等方式，拓宽生态保护补偿资金渠道。主要提供生态产品的地区，所在地县级人民政府可以通过设立符合实际需要的生态公益性岗位等方式，对当地居民实施生态保护补偿。

省财政部门会同省有关部门建立健全主要流域上下游地区横向生态保护补偿机制，推动上下游地区人民政府依据出入境断面水质监测结果等开展生态保护补偿。生态产品供给地与受益地可以通过共建山海协作产业园、生态旅游文化产业园、跨省(市)合作园等方式，实现利益共享和风险分担。建立健全生态产品价值考核机制。逐步将生态产品总值指标纳入高质量发展综合绩效评价，并将生态产品价值核算结果作为领导干部自然资源资产离任审计的重要参考。

第三节 全域建设“无废城市”

“无废城市”建设是以新发展理念为引领，通过推动形成绿色发展方式和生活方式，持续推动废物源头减量和资源化利用，最大限度减少填埋量，将环境影响降到最低的发展模式。全域“无废城市”建设，覆盖工业、生活、建筑、农业、医疗等五大类固体废物，需要打通产生、贮存、转运、利用、处置五个环节。

一、建设全域无废城市

“无废城市”建设旨在实现固体废物产生量最小、资源化利用充分、处置安全，需要坚持固体废物减量化、资源化、无害化和治理能力匹配化，以全域“无废城市”建设为载体，统筹推进工业和其他固体废物管理，推进塑料等白色污染治理，加快构建固体废物多元处置体系，实现固体废物全过程闭环管理。“2020年，浙江率先在全国推进全省域建设‘无废城市’，并将深化‘无废城市’建设纳入浙江高质量发展建设共同富裕示范区的重要内容和建设生态文明先行示范省的重要任务。”①沿着“无废城市”建设这一重要路径，浙江突出全域治废，进一步推进各地“无废城市”建设不断走细走深，成为全国唯一设区市全覆盖的“无废城市”建设省份。

（一）实现固体废物全过程闭环管理

浙江省精心绘制“无废”蓝图。《浙江省全域“无废城市”建设工作方案》《浙江省全域“无废城市”建设工作指标体系（试行）》《浙江省全域“无废城市”建设管理规程》相继出炉，明确提出产废无增长、资源无浪费、设施无缺口、监管无盲区、保障无缺位、固体废物无倾倒的“六无”要求，构建产废源头减量化、收集转运专业化、资源利用最大化、处置能力匹配化、高压严管常态化、管理手段信息化、齐抓共管制度化等“十化”任务体系。

在实现固体废物全过程闭环管理方面，浙江省已取得以下经验。

---

① 王雯.浙江全域“无废城市”建设交出绿色答卷[N].中国环境报，2021-12-30(1).

推进固体废物源头减量化。推行绿色产品设计、绿色产业链、绿色供应链、产品全生命周期绿色管理，形成一批“三废”产生量小、循环利用率高的示范企业和示范园区。全面加强企业工艺技术改造，持续推进清洁生产，夯实产废者的主体责任，延长产废者的责任追究链条，推进源头减量。减少化肥、农药等农业投入品使用量，减少农业废弃物产生量。全面推进物流、网络购物平台绿色包装的应用。加强产塑源头管控，严禁生产不符合标准要求的塑料制品。进一步加强塑料污染治理，建立健全塑料制品管理长效机制，塑料污染得到有效控制。

加强固体废物分类收集。建立健全精准化源头分类、专业化二次分拣、智能化高效清运、最大化资源利用、集中化统一处置的一般工业固体废物治理体系。以小微产废企业废物、实验室废弃物为重点，健全危险废物集中统一收集模式。加快补齐县级医疗废物收集转运短板，实现医疗废物集中收集网络体系全覆盖。建立政府引导、企业主体、农户参与的农业废弃物收集体系，持续完善病死猪无害化处理和废旧农膜、化肥农药包装废弃物回收制度。完善生活垃圾分类运输和处置的运作模式，全面实施生活垃圾强制分类。推进再生资源分拣中心建设。

拓宽固体废物资源化利用渠道。深入推进资源循环利用城市和基地建设，促进固体废物资源利用园区化、规模化和产业化，提升工业固体废物综合利用率。开展危险废物“点对点”利用及建设预处理点工作试点，着力解决废盐、飞灰等危险废物综合利用产品出路难的问题。以高效利用、就近就便为原则，着力提升畜禽粪污、秸秆等农业废弃物资源化利用水平，加强畜禽粪污处理设施长效运维。

提升固体废物末端处置能力。将固体废物处置设施纳入城市基础设施和公共设施范围，推进工业固体废物、生活垃圾、建筑垃圾、农业废弃物、医疗废物等各类固体废物处置设施建设，建立各类固体废物处置设施统筹协调机制，促进共建共享，提高处置设施利用效率。构建多元处置体系，鼓励水泥窑协同处置实验室危险废物，燃煤电厂协同处置油泥、钢铁厂协同处置重金属污泥，重点研究并实施生活垃圾焚烧飞灰熔融、工业废盐综合利用等试点项目。动态调整危险废物集中处置设施规划，制定浙江省危险废物利用处置行业标准，开展行业提升改造行动，提升危险废物利用处置行业水平。围绕补齐固体废物处理能力短板，到 2021 年，浙江省已建成生活垃圾焚烧和餐厨垃圾处理设施 130 座，危险废物利用处置能力较 2015 年增长 191%、医疗废物年处置能力超过 14 万吨，基本实现设区市“产处平衡”。围绕打通固体废物收运“最后一公里”，全省建成小微企业危险废物集中统一收集平台 94 个，64 个县(市、区)设立工业固体废物回收分拣中心 193 个，覆盖工业企业 12 万余家。农药废弃包装物回收点已覆盖 88 个涉农县(市、区)，回收率 90%以上，并在全国较早实现生活垃圾“零增长”、原生垃圾“零填埋”。①

健全固体废物闭环式监管体系。大力推行固体废物监管信息化，持续扩大全省固体废物管理信息系统应用覆盖面，推进跨部门、跨层级、跨领域的数据共享和平台互联互通，实现对固体废物全过程闭环管理。加强固体废物物流、资金流监管，探索产废单位与处置单位资金直付模式，斩断中间环节黑色利益链。运用“互联网＋信用”监管手段，将“无废”处置信息纳入企业(个人)信用档案。

目前，浙江正以“减量化、资源化、无害化”为着力点，以减污降碳协同增效为关键，不断深化“十四五”时期“无废城市”建设，助力城市绿色低碳转型，为高质量发展建设共同富裕示范区、绘好新时代“富春山居图”做足成色、擦亮底色。

(二)深化“无废城市”建设，助力城市绿色转型

党的二十大报告把促进人与自然和谐共生作为中国式现代化的本质要求之一，标定了新时代生态文明建设的光荣使命和历史方位。站在新征程上，全面推进生态文明建设先行示范，要深入贯彻落实党的二十大精神，加快发展方式绿色转型，加快构建废弃物循环利用体系，推动浙江省全域“无废城市”建设迈上新台阶、取得新成效。

浙江高度重视“无废城市”建设工作，将其作为实现经济社会高质量发展和碳达峰、碳中和的重要抓手，以及推动高质量发展、建设共同富裕示范区的重要内容，在全国率先推进全省域“无废城市”建设。“全省上下坚持目标引

---

① 王雯．浙江全域“无废城市”建设交出绿色答卷[N]．中国环境报，2021-12-30(1)．

领、问题导向、创新驱动、联治共建，全域‘无废城市’建设迈出坚实步伐，取得标志性成果，在全国率先发布‘无废指数’和开展‘无废城市’建设评估，成为全国‘无废城市’数字化改革试点省，是全国唯一的所有设区市入列国家‘十四五’时期‘无废城市’建设名单的省。‘无废城市’浙江探索获 2021 年浙江省改革突破奖，‘浙里无废’数字化应用获浙江省 2021 年数字化改革最佳应用称号。首批 4 个设区市、16 个县(市、区)通过评估，被浙江省委、省政府授予‘无废城市’清源杯。”[①]

浙江省充分发挥“无废”专班统筹抓总职能，运用美丽浙江考核和“无废城市”评估激励机制，强化督导帮扶，增强各级党委、政府和相关部门对“无废城市”建设的重视度和执行力。将“无废城市”建设成效纳入美丽浙江考核，有力激发了各地“无废城市”建设动力。有关部门整体谋划、一体推进五大类固体废物治理、利用和监管。坚持以数字化改革为引领，全力开发生态环境“大脑”精准治废智能模块，紧扣核心业务，聚焦重大需求，突破改革难点，输出“大脑”智慧治废能力。迭代开发“浙里无废”，全面应用“浙固码”，打造“浙固链”，深化“无废指数”研究，推动其升级为全国“无废城市”。建设评价标准，提升智慧治废能级。围绕源头减量化、收运集约化、利用最大化、处置无害化、监管精细化，加紧推动危险废物“趋零填埋”，一般工业固体废物、生活垃圾和再生资源收运“三网融合”，生活垃圾填埋场综合治理，“肥药两制”改革等重大工程落地实施，有力提升固体废物治理能力和水平。强化技术、标准、市场、资金保障对“无废城市”建设的支撑。严格执法、依法监管，强化“无废城市”建设的法治保障。积极传播“无废”理念，将“无废城市细胞”建设融入绿色低碳示范创建体系和生产生活，打造万个细胞，塑造“无废城市”社会共建的浙江品牌。

二、规范处置固体废物资源

针对固体废物产生环节，浙江鼓励工业固体废物产生量大的企业在场内开展利用处置，抓好源头减量化；针对固体废物贮存环节，要求地方制定符合

---

① 郎文荣.深入践行习近平生态文明思想 推进浙江全域“无废城市”建设[J].环境保护，2022(23):18-21.

地区实际的一般工业固体废物分类制度，落实贮存规范化；针对固体废物转运环节，要求地方严格执行固体废物转移交接记录制度，实现转运专业化；针对固体废物利用处置环节，要求地方推广城乡生活垃圾可回收物利用、焚烧发电、生物处理等资源化利用方式，促进利用最大化。

坚持能减则减，全面抓好产废源头减量化。浙江统筹推进产业结构调整，重点发展新材料、新能源、高端装备、新一代信息技术、生物医药和节能环保等六大战略性新兴产业，提升纺织服装、电气机械、文教文具、汽车配件和电子信息等五大传统优势产业。严格控制新建、扩建固体废物产生量大、区域难以实现有效综合利用和无害化处置的项目。加快淘汰落后产能，推进铝氧化等固废产生量大的重点行业的清洁生产和产业升级，鼓励其他企业开展自愿性清洁生产审核。工业固体废物产生强度稳定实现负增长。按照厂房集约化、生产洁净化、废物资源化、能源低碳化原则，结合行业特点，分类创建“绿色工厂”。推动循环型工业、生态农业、循环型服务业发展，构建循环经济产业链。推进快递包装绿色治理，提高符合标准的绿色包装材料应用比例。大力推广绿色建筑，推行绿色建造方式，提倡绿色构造、绿色施工、绿色室内装修。

坚持应分尽分，全面落实分类贮存规范化。浙江全面实施生活垃圾强制分类。2022 年，全省城乡生活垃圾分类已基本实现全覆盖，建成省级高标准生活垃圾分类示范小区、示范村各 3000 个以上。强化医疗废物源头分类管理。推动医疗卫生机构对医疗废物按规范分类。推进医疗卫生机构对未被污染的一次性输液瓶（袋）规范化分类处置。推进工业固体废物分类贮存规范化。制定符合地区实际的一般工业固体废物分类制度，督促企业做好固体废物产生种类、属性、数量、去向等信息填报。重点抓好工业危险废物分类贮存规范化管理，全面提升危险废物规范化管理达标率。

坚持应收尽收，全面实现收集转运专业化。建立完善全域固体废物收集体系。建立健全精准化源头分类、专业化二次分拣、智能化高效清运、最大化资源利用、集中化统一处置的一般工业固体废物治理体系。推广小箱进大箱回收医疗废物做法，实现医疗废物集中收集网络体系全覆盖。建立政府引导、企业主体、农户参与的农业废弃物收集体系，2020 年废旧农膜回收处理率已达到 90%以上。持续完善病死猪无害化处理和农药包装废弃物回收制度，2020

年病死猪无害化集中处理率已达到90%以上，农药废弃包装物回收、处置率分别达到80%和90%以上。加大固体废物转运环节管控力度。加强运输车辆和从业人员管理，严格执行固体废物转移交接记录制度。鼓励各地探索危险废物运输管理模式，允许在城市建成区内采用满足防扬散、防遗撒、防渗漏要求的运输方式。严禁人为设置危险废物省内转移行政壁垒，保障省内危险废物合法转移。

坚持可用尽用，全面促进资源利用最大化。浙江大力拓宽工业固体废物综合利用渠道。大力发展循环经济，深入推进资源循环利用城市（基地）建设，促进固体废物资源利用园区化、规模化和产业化。加快推动生活垃圾资源化利用。推广城乡生活垃圾可回收物利用、焚烧发电、生物处理等资源化利用方式。到2020年底，全省已培育有实力的再生资源回收企业30家，城乡生活垃圾回收利用率达到45%以上。统筹推进建筑垃圾资源化利用。积极推动建筑垃圾精细化分类分质利用，完善收集、清运、分拣、再利用的一体化回收处置体系。健全建筑垃圾资源化利用产品标准体系，明确适用场景、应用领域等，提高再生产品质量。着力提升农业废弃物资源化利用水平。加强畜禽粪污处理设施长效运维，以种养循环、就近利用为重点，2021年畜禽粪污综合利用和达标排放率已达到95%以上。建立多途径的秸秆利用模式，2020年秸秆综合利用率已达到95%以上。

三、不断提升废物处置能力

“无废城市”并非没有废物的城市，而是通过推进固体废物源头减量和资源化利用，最大限度减少填埋量，将固体废物环境影响降至最低，实现绿色发展和绿色生活。2019年4月底，绍兴市被确定为全国“11+5”个“无废城市”建设试点。在试点探索的基础上，浙江省人民政府办公厅印发了《浙江省全域“无废城市”建设工作方案》，浙江成为全国第一个以省政府名义部署开展全域“无废城市”建设的省份。

坚持应建必建，全面推进处置能力匹配化。加快补齐固体废物处置能力缺口。将固体废物处置设施纳入城市基础设施和公共设施范围，形成规划“一张图”。2020年已补齐县（市）域内生活垃圾处置能力缺口，2021年已补齐县

(市)域内一般工业固体废物、农业废弃物等处置能力缺口。建立工业固体废物、生活垃圾、建筑垃圾、农业废弃物、医疗废物等固体废物处理设施统筹协调机制,促进共建共享。充分发挥市场配置资源的主体作用。建立生活垃圾、危险废物等固体废物处置价格的动态调整机制,通过调控供求关系推动处置价格合理化。

坚持应管严管,全面形成高压严管常态化。重点加强固体废物物流及资金流的管理。加大固体废物运输环节管控力度,严查无危险废物道路运输资质企业从事危险废物运输的行为。严控产废单位将处置费用直接交付运输单位或个人并委托其全权处置固体废物的行为。持续加大执法力度。落实固体废物违法有奖举报制度,建立完善网格化的巡查机制。进一步完善环境保护税征管协作机制,对直接向环境排放固体废物的违法行为,依法征收环境保护税。强化行政执法与刑事司法、检察公益诉讼的协调联动,实施环境违法黑名单和产业禁入制度,形成环境执法高压震慑态势。

坚持应纳尽纳,全面实现管理手段信息化。着力提升监管信息化水平。实现固体废物管理台账、转移联单电子化。推广信息监控、数据扫描、车载卫星定位系统和电子锁等手段,推动固体废物转运信息化监管能力建设。推动建立协调联动共享机制。直面信息孤岛的堵点和难点,加快打造各类固体废物信息化管理平台,实现跨部门、跨层级、跨领域的数据共享与平台互联互通。充分发挥智慧城市优势,基于物联网、人工智能等信息化技术,着力打造监管“一张网”。

第四章　打造宜居宜业宜游全系列美丽幸福城乡

进入新发展阶段，浙江以打造美丽中国先行示范区为统领，坚持全领域提升共进、全地域协同共建、全要素美丽共享、全过程管控共治、全方位塑造共融，争当展示习近平生态文明思想的重要窗口。

第一节　建设现代宜居的美丽城市

随着社会的发展，城镇化进程不断推进，各种城市病开始暴露出来，大气污、水污染、生态破坏等问题正考验着城市的未来发展。改善生态环境、建设生态城市成为必然选择。只有充分利用好自然资源，改善城市生态环境，治理城市环境污染，把城市建设成为生态城市，才有发展基础。生态城市，从广义上讲，是建立在人类对人与自然关系更深刻的认识的基础上的新的文化观，是按照生态学原则建立起来的社会、经济、自然协调发展的新型社会关系，是有效利用环境资源实现可持续发展的新的生产和生活方式。狭义地讲，就是按照生态学原理进行城市设计，建立高效、和谐、健康、可持续发展的人类聚居环境。生态城市是社会、经济、文化和自然高度协同和谐的复合生态系统，其内部的物质循环、能量流动和信息传递构成环环相扣、协同共生的网络，具有实现物质循环再生、能力充分利用、信息反馈调节、经济高效、社会和谐、人与自然协同共生的功能。

一、浙江城镇化水平走在全国前列

习近平指出："城市发展要把握好生产空间、生活空间、生态空间的内在联系，实现生产空间集约高效、生活空间宜居适度、生态空间山清水秀。”[①]“十三五”以来，浙江深入实施新型城镇化战略，各项工作取得明显成效，城镇化整体水平稳居全国第一方阵。一是人口加速流入，城镇化率全国领先。浙江不断完善基础设施和公共服务，持续增强城市的竞争力、吸引力和承载力，推动其成为全国主要的人口流入省份之一，常住人口增量连续三年排名全国前列。城镇化率达72.2%，居全国第一方阵。二是户籍制度改革全面深化，人口市民化水平不断提升。浙江城乡统一户口登记制度，实行按居住地登记户口的迁移制度，城镇落户条件全面放开放宽。新型居住证制度已全省覆盖，90个县（市、区）全部已建立与居住证挂钩的基本公共服务提供机制。三是“四大建设”深入推进，区域发展更加均衡协调。统筹推进大湾区大花园大通道大都市区建设，省域空间格局不断优化，以大都市区为引领的城镇化格局初步形成。浙江区域发展较为均衡，是高水平协调发展的全国样板。四是城乡融合发展格局基本形成，城乡差距进一步缩小。坚持实施城乡统筹发展战略，持续推进美丽城镇、美丽乡村建设，深入推进“千村示范、万村整治”和农村综合改革，促进城乡居民收入差距缩小。五是数字浙江建设持续深化，城乡治理方式迭代升级。首创实施“最多跑一次”改革，政务服务事项在全国率先实现“一网通办”。全面推动政府数字化转型，“浙里办”网上可办率达100%，“浙政钉”[②]实现省市县乡村小组全覆盖，“8+13”重大标志性应用落地，11个跨部门场景化多业务协同应用上线运行。六是特色载体建设成效显著，形成了一批强县和特色镇。因势利导推进县和小城镇建设，竞争力和影响力持续扩大。2020年中国百强县中，浙江占24席，数量居全国第一。深入实施小城市培育试点，60多个试点镇中，有48个进入全国综合实力千强镇，龙港成功撤镇设市。[③]

二、生态环境之美是美丽城市的核心

厚植绿色发展底色，铺展美丽生态画卷。美丽浙江城乡建设在于天人合

---

① 习近平.论坚持人与自然和谐共生[M].北京：中央文献出版社，2022：125.

② “浙政钉”是依托钉钉平台开发的在线政务协同平台，在浙江已实现省、市、县、乡、村、小组（网格）六级全覆盖。

③ 省发展改革委，省建设厅.浙江省新型城镇化发展“十四五”规划[EB/OL].(2021-05-31)[2023-03-15].https://www.zj.gov.cn/art/2021/5/31/art_1229203592_2300173.html.

一，在于尽善尽美，在于物质需要和精神需要、自然美态和人文美态的契合，在于为人民创造宜居宜业宜游的生产生活环境。生态环境是人类生存、生产和生活的不可或缺的条件。“要像保护眼睛一样保护生态环境，像对待生命一样对待生态环境。”[①]环境为我们的生存和发展提供了必要的资源和条件。随着社会经济的发展，保护环境，减少环境污染，遏制生态恶化趋势已成为政府社会的重要任务。对我国而言，保护环境是我国的基本国策。解决国家突出的环境问题，促进经济，社会和环境的和谐发展，实施可持续发展战略，是政府面临的重要而艰巨的任务。打造宜居家园，让家乡天更蓝、山更绿、水更清、环境更美优美，需要每个公民做生态文明建设的实践者、宣传者、守卫者。

（一）生态环境是城市美丽家园的肌体

现代城市不仅要有强大的产业、完备的设施、发达的功能，更要有良好的生态环境，既要金山银山，更要绿水青山。从田园城市到工业城市，再到可持续发展的生态型城市，城市发展先后经历了“生态自发—生态失落—生态觉醒”三大发展阶段。生态城市是指经济发展、社会进步、生态保护三者保持高度和谐，技术和自然达到充分融合，城乡环境清洁、优美、舒适，能最大限度地发挥人类的创造力、生产力，并促使城市文明程度不断提高的稳定、协调与持续发展的自然和人工环境复合系统。生态型城市不仅是经济发展方式、社会运行方式、市民生活方式的一场深刻变革，更是城市发展方式的一场深刻变革。建设美丽城市，必须首先建设好生态城市，以优良的生态环境构成城市美的核心支撑要素，必须让市民在这座城市能够呼吸到新鲜的空气，喝到洁净安全的水，吃到安全放心的食品，生活在健康安全的生态环境中。建设生态城市，应当从以下两方面着手。一方面，优化城市内部格局，扩大城市发展容量，统筹城市生产空间、生活空间、生态空间，协调与城市周边区域的发展和生态环境一体化管控，实施老城区生态改造，构建渗透全城、空间均衡的生态空间。另一方面，进一步加强绿色基础设施建设，科学实施城市生态修复，推动生态修复自然化、绿化植物本土化，构建以提高生物多样性和生态服务功能为目标导向的生态修复体系，提升城市气候调节、水文调节、环境净化、生物多样性保

---

① 习近平．论坚持人与自然和谐共生［M］．北京：中央文献出版社，2022：88.

护、休闲游憩等生态功能，提高城市韧性与生态安全保障能力，为建设人与自然和谐共生的现代化提供有力支撑。

(二)生态城市应当与美丽共生

建设生态城市本身就是美化城市的过程，依托山水资源的城市可以建设优美的山水城市，城市的大规模绿化可以建成美丽的绿色城市和花园城市。所以城市都可以依托一定的地理环境，建设有特色的优美的生态城市，在优化城市生态系统的同时，大大美化城市环境，使城市生态与美丽共生。有水系资源的城市注重水系开发的有序性和科学性，形成城市良好的水循环，依水建城、兴城、靓城，打造“水在城中、城在水边”的诗意画境。

在建设生态与美丽共生的现代城市方面，杭州取得了突出成绩，表现在以下几方面。一是融洽城乡生态环境图景，注重人居新感受，为和谐共富打造空间。在城区，格外珍惜自然山水的保护和利用；在农村，加大公共服务均等化，让城乡各自特色融入对方，从而形成“城中有乡、乡间有城”的新型城乡交融形态。激活生态环境的传统静态，构建宜业、宜居、宜游的新型空间。二是融通城乡生态产业需求，吸收科技新成果，为和谐共富注入活力。在新的产业结构调整中，城乡之间可互通有无，各展优势。加大可再生能源、能效、零碳、固碳等领域的技术攻关；发挥浙江创新创业活力之省的优势，不断吸引科技人才投身其中；发挥民营科技企业的优势，探索民营企业履行社会责任的新模式。三是融合城乡生态功能差异，运用法治新思维，为和谐共富提供保障。重视地方法立法工作，建立了较为完善的生态补偿机制，积极培育生态交易机制和平台。探索市场化运行模式，从不同层面和主体开展如排污权、用能权、水权、碳汇等环境权益交易。四是融汇城乡生态文化特色，树立生活新理念，为和谐共富提升品位。融汇城乡生态文化特色，倡导新的生活方式，可以深化和谐共富的内涵。

(三)实现城市生态和宜居宜业宜游的统一

生态宜居城市是人与自然和谐相处，能够满足居民物质和精神生活需求，适宜人类工作、生活和居住的城市。习近平指出：“城市建设要以自然为美，把好山好水好风光融入城市，使城市内部的水系、绿地同城市外围河湖、森林、耕地形成完整的生态网络。要大力开展生态修复,让城市再现绿水青山。"[①]生态宜居城市建设要注重低碳、绿色、可持续,要满足居民物质和精神上的双重需要。既有优美、整洁、和谐的自然和生态环境,又有安全、便利、舒适的社会和人文环境,才能称得上生态宜居。

建设生态宜居城市,既是保障城市得以可持续发展的战略选择,也是顺应广大市民呼声构建生态社会的民心所向。建设生态宜居城市是一项系统工程,只有既改善生态环境,实现人与自然的和谐,又以人为本,注重市民的安居乐业,把建设生态城市和宜居城市有机结合起来,才能最终建成真正意义上的生态宜居城市。

2018年以来,浙江全省城镇化水平稳步提升,城乡融合不断加快,常住人口城镇化率达73%;城镇人均住房面积增长至47.9平方米,城镇住房保障受益覆盖率达22.6%;率先在省域层面实现生活垃圾"零增长、零填埋",率先全面、全域完成小城镇环境综合整治。[②]

2023年初,浙江全省住房和城乡建设工作会议在杭州举行,一份有关"安居"的成绩单也随之发布。浙江2023年将新增未来社区300个以上,未来乡村200个以上,打造人民幸福美好家园,让更多人实现从住有所居到住有安居再到住有宜居的"安居梦"。为人民群众安居托底、增进民生福祉是共同富裕的应有之义。到2023年,浙江已累计开展六批783个未来社区创建,完成两批共108个未来社区验收;推进212个城乡风貌样板区试点建设,公布三批111个城乡风貌样板区。[③]

浙江城乡人居环境品质全面提升。"2022年浙江新通车城市快速路120公里,整治起伏道路500公里、'桥头跳车'[④]桥梁316座;开工改造城镇老旧小区616个,新增设区市主城区停车位12.3万个,新建城市地下综合管廊23.8

---

① 习近平.论坚持人与自然和谐共生[M].北京:中央文献出版社,2022:127.

② 张煜欢.浙江如何让城乡百姓"住有宜居"?[EB/OL].(2023-01-10)[2023-08-24].https://t.ynet.cn/baijia/33783741.html.

③ 张煜欢.浙江如何让城乡百姓"住有宜居"?[EB/OL].(2023-01-10)[2023-08-24].https://t.ynet.cn/baijia/33783741.html.

④ "桥头跳车"是道路工程中的一个专业术语,意思就是当车辆行驶到桥头时,也就是桥和路段的接缝不平,产生了一个下凹的不平整路面,使车辆产生颠簸感,极大地影响了行车的舒适性。

公里；新增国家级传统村落 65 个。建成各类绿道 2050 公里。”[①]从安居这个基点出发，以完善社区功能为切入口，全省域推进以人为核心的现代化基本单元建设，探索形成一整套从好小区到好社区、从好社区到好城区的路径模式，打造人民幸福美好家园，是扎实推动共同富裕的新命题。居住条件是人民生活富裕的重要指标，加快推动“让人民群众住有所居”向“更舒适的居住条件”转变，事关人民群众美好生活，事关经济社会发展大局。新征程中，浙江正以实现住有所居、住有安居、住有宜居为梯次愿景，加快建立多主体供给、多渠道保障、租购并举的住房制度，着力提升住房居住品质，更好满足多元化居住需求。

在未来社区方面，2023 年浙江将完善“普惠型[②]＋引领型”社区建设标准和全域未来社区试点建设要求，推广单元化更新建设模式，在部分街道或区域推动实现全域覆盖。预计 2023 年新增未来社区 300 个以上，累计突破 1000 个，建成 150 个以上；完成 600 个以上城乡社区“一老一小”服务场景验收。在未来乡村方面，浙江预计 2023 年新增未来乡村 200 个以上。在城乡风貌整治提升方面，浙江预计 2023 年建成 50 个城市风貌样板区、30 个县域风貌样板区，从中择优公布 20 个“新时代富春山居图城市样板区”、10 个“新时代富春山居图县域样板区”，努力实现城市让生活更美好、乡村让人们更向往、住房让百姓更满意。

三、幸福快乐和生活质量是现代城市的归属

城市是人类文化的重要结晶，是人类文明成果的空间聚集形态。城市文化是社会文明在城市的集中体现与缩影。城市与文化密不可分，城市是文化的依托，文化是城市的灵魂。当今社会人们评价一个城市，并不是光看重高楼大厦和经济的发达程度，而是更看重其文化内涵和文化价值。城市的价值包括城市的经济价值、空间价值、政治价值、社会价值、文化价值等，文化价值居于核心地位。对一个城市来说，文化价值是其核心价值和终极价值。在城市

---

① 张煜欢. 浙江如何让城乡百姓“住有宜居”？[EB/OL]. (2023-01-10)[2023-08-24]. https://t.ynet.cn/baijia/33783741.html.

② 普惠型未来社区的内涵是将未来社区理念融入老旧小区改造，在有限投入的情况下创造更好的生活场景与功能（或基础设施），并减少重复投资与施工。

的文化价值中，历史文化价值又居于重要地位。人文底蕴是城市美丽家园的灵魂，是城市内在美的根本，必须做到优雅丰厚。一座城市还应该有其鲜明的城市精神，这是城市共同的精神家园，激励着一代又一代的市民去创新拼搏奋斗。城市幸福感是城市硬实力与软实力的综合反映，是市民对所在城市的认同感、归属感、安全感、满足感，以及外界人群的向往度、赞誉度等。

生活质量的不断提高同样是生态宜居城市的标配。如果一座城市人居环境差，公共设施不齐全，道路拥堵不堪，人们在这样的城市中生活也就不会幸福，宜居也便无从谈起。因此，城市建设要以实现宜居为目标，以人为本，改善民生，推进基本公共服务均等化，提高城市舒适度，促进经济社会协调发展，形成人民幸福安康、社会和谐进步的良好局面。

对一座城市而言，幸福感是市民对它最好的肯定和褒奖。每座城市虽然解锁“幸福密码”的方式各不相同，但归根结底都是让市民生活更美好。努力为市民创造更好的教育、更稳定的工作、更满意的收入、更可靠的社会保障、更高水平的医疗卫生服务、更舒适的居住条件、更优美的环境、更丰富的精神文化生活，让市民的生活更有获得感、幸福感、安全感，这样的城市可谓幸福城市。中国最具幸福感城市的评选标准包含22个具体指标：物价（含房价）、人情味、生活节奏、文化底蕴、旅游度假、医疗便利程度和质量、环境和污染程度、养老、教育、住房现状、交通状况、气候、购物便利性、治安、餐饮娱乐和文化体育设施、赚钱机会、市民个人发展空间、城市发展质量与速度、文明程度、执法规范程度、公共服务水平、对外来人的包容度等。最具幸福感的城市的评选标准，主要涉及城市居民的生活状态、城市的环境状态以及城市吸引力这三方面的因素。首先，幸福感来源于内心，因此最具有幸福感城市的评判标准之一就是城市居民的生活状态。这方面因素包括居民的收入情况、居民的工作与居住状态，以及居民对所生活的城市的满意度等诸多方面。只有当这座城市的居民对自己所生活的城市感到非常满意的时候，这座城市才会成为最具幸福感的城市。其次，另一个重要因素就是城市的环境状态。一座最具幸福感的城市，其城市环境必定非常优越。无论是自然环境还是交通条件、教育和医疗等各方面的状态都应该非常优秀，才能符合最具幸福感城市的评选标准。最后，衡量一座城市是否具有幸福感的最重要指标就是城市吸引力。只有当一座城市具有非常大的吸引力，各方人才都愿意来这座城市，这座城市才能具有更大的魅力。

第二节　建设富有活力的美丽城镇

为了顺应人民群众对美好生活的向往，加快实现小城镇高质量发展，2019年8月，浙江省委、省政府进一步部署动员新时代美丽城镇建设，启动实施“百镇样板、千镇美丽”工程，提出以全省所有建制镇（不含城关镇）、乡、独立于城区的街道及若干规模特大村为主要对象，以建成区为重点，兼顾辖区全域，统筹推进城镇村三级联动发展、一二三产业深度融合、政府社会群众三方共建共治共享，打造“功能便民环境美、共享乐民生活美、兴业富民产业美、魅力亲民人文美、善治为民治理美”的美丽城镇。

一、大力实施“百镇样板、千镇美丽”工程

2019年8月，浙江省委、省政府作出实施“百镇样板、千镇美丽”工程、推进全省美丽城镇建设的决策部署。2019年至2022，全省1010个城镇以“环境美、生活美、产业美、人文美、治理美”为目标，共实施3.5万余个建设项目，拉动有效投资9000余亿元，创成美丽城镇省级样板363个，全省小城镇环境面貌、基础设施水平、公共服务能力、产业发展活力等大幅提升，超额完成美丽城镇建设首轮三年目标。美丽城镇建设的“十个一”标志性基本要求：一条快速便捷的对外交通通道、一条串珠成链的美丽生态绿道、一张健全的雨污分流收集处理网、一张完善的垃圾分类收集处置网、一个功能复合的商贸场所、一个开放共享的文体场所、一个优质均衡的学前教育和义务教育体系、一个覆盖城乡的基本医疗卫生和养老服务体系、一个现代化的基层社会治理体系和一个高品质的镇村生活圈体系。这些硬性指标，很大程度上填补了小城镇与大城市各方面发展的鸿沟，无处不透露出“城乡等值”的理念。

“千镇美丽”行动主要包括以下方面。健全全域美丽建设新机制，深化“一镇一策”优质政策供给，开展设施、服务、产业、品质和治理五大提升行动，打造千个环境美、生活美、产业美、人文美、治理美的“五美”城镇。加快推进城乡基

础设施互联互通和基本公共服务普惠共享，构建舒适便捷、全域覆盖、层级叠加的镇村生活圈体系，推动美丽城镇组团式、集群化发展。

浙江先后出台了《关于高水平推进美丽城镇建设的意见》《浙江省美丽城镇建设指南（试行）》《浙江省美丽城镇生活圈配置导则（试行）》《浙江省美丽城镇建设评价办法》《浙江省美丽城镇绿色建筑设计导则》《浙江省美丽城镇集群化建设评价办法》等系列政策文件与技术规范，为推进新时代美丽城镇建设制定了“任务书”“作战图”和“时间表”，明确指出了美丽城镇“五个美”[①]、“十个一”[②]、“三个圈”[③]的基本创建要求。值得一提的是，浙江省美丽城镇十分注重分类建设引导，依据城镇在区域中的地位、作用以及自身资源禀赋特征予以分类创建，区分都市节点型、县域副中心型、特色型、一般型四类城镇，其中特色型又可细分为文旅特色型、商贸特色型、工业特色型与农业特色型，以此实现城镇特色化分类发展。2019 年至 2022 年，全省 1010 个城镇共实施 3.5 万余个建设项目，拉动有效投资 9000 余亿元，创成美丽城镇省级样板 363 个，全省小城镇环境面貌、基础设施水平、公共服务能力、产业发展活力等大幅提升，成功探索了城、镇、村联动发展的城镇化新模式，已成为全域共富共美、协同长治长效的优质样板，浙江美丽城镇建设成效显著，获得了住建部门的高度肯定。与此同时，浙江省美丽城镇建设也从“单枪匹马”向“集群发展”迈进，美丽城镇集群建设模式的全新探索再一次在浙江大地生根发芽。

二、着力打造美丽城镇生活生产生态圈

浙江紧紧围绕“功能便民环境美、共享乐民生活美、兴业富民产业美、魅力亲民人文美、善治为民治理美”的“五美”目标，把建设美丽城镇作为实施乡村振兴战略、深化“八八战略”的支点和重要突破口，加快补齐城镇建设短板，以镇带村、镇村联动，逐步形成了联城结村、城乡融合、全域美丽的乡村振兴新格

---

① 美丽城镇“五个美”是指环境美、生活美、产业美、人文美、治理美。

② 美丽城镇建设的“十个一”标志性基本要求：一条快速便捷的对外交通通道、一条串珠成链的美丽生态绿道、一张健全的雨污分流收集处理网、一张完善的垃圾分类收集处置网、一个功能复合的商贸场所、一个开放共享的文体场所、一个优质均衡的学前教育和义务教育体系、一个覆盖城乡的基本医疗卫生和养老服务体系、一个现代化的基层社会治理体系和一个高品质的镇村生活圈体系。

③ 美丽城镇“三个圈”是指生活圈、生产圈、生态圈。

局。浙江取得的具体经验如下。聚焦民生事实，打造功能集成“生活圈”。优化服务内容，全面构筑5分钟邻里生活圈、15分钟社区生活圈、30分钟镇村服务圈。加大优质养老服务供给，建成钟管镇示范性居家养老服务中心，内设日托室、食堂、康复室等各类功能活动室，各行政村配备养老照料中心，确保养老服务全覆盖，同时加大医疗、教育、文体等方面基础服务设施建设，提升基本公共服务水平，形成供给长效机制。优化营商环境，打造产城融合“生产圈”。依托产业集群优势，立足延链补链需求，实施精准招引，主动寻找对接发展方向契合、发展潜力大、创新能力强的上下游配套企业，形成招商引资“葡萄串”效应，增强产业集聚力。以“店小二”深入企业，服务职工“零跑路”办事，成立工业功能区服务站，开设医保、民政、社保、计生等常规业务办理，有效解决企业职工“上班没空办，下班没处办”的问题。擦亮美丽底色，打造山水相依“生态圈”。聚焦大气治理、水质提档、垃圾分类等中心工作，落实“四大机制”，[①]推进美丽城镇省级样板镇建设，扎实有效提升生态环境新优势，促进全域美丽，不断增强人民群众幸福感、获得感、安全感、认同感。

三、坚持“五美”并进，形成美美与共的发展局面

建设新时代美丽城镇，是浙江省推进“八八战略”再深化、改革开放再出发作出的重大部署，也是践行初心使命、实现人民对美好生活向往的实际行动。浙江省美丽城镇建设坚持因地制宜，突出分类指导、一镇一策、规划引领、技术指导，推动城镇建设分类施策；坚持五美并进，用“绿水青山就是金山银山”理念引领环境之变，用“生活圈”圈出生活之变，用“产城融合”塑造产业之变，用“以文化人”展现人文之变，用“整体智治”推进治理之变，形成美美与共发展局面；坚持社会协同，通过吸引社会资本加大投入、发动群众共谋共建、激发干部干事创业的积极性，凝聚共富共美大合力。

“五美”并进，主要包括以下五个方面。一是功能便民环境美，建设蓝绿交织的生态城镇。全面保护山水林田湖草生态本底。实现城镇建成区公共厕所

---

① “四大机制”是指以乡村振兴规划体系为先导的约束机制，以土地制度改革为重点的动力机制，以优化政策体系为关键的支撑机制，以绿色发展为核心的引领机制。

500米服务半径全覆盖、行政村无害化公共厕所全覆盖。实现对外交通10～30分钟快速接驳、交通换乘无缝对接，对内实现自然村通等级公路。二是共享乐民生活美，建设便捷普惠的品质城镇。鼓励统一开发与引进品牌开发商建设农房集聚区或居住小区。传承创新老字号，培育发展新零售。建设义务教育标准化学校，大力推进健康村镇建设，建成省级健康乡镇400个、省级健康村4000个。因地制宜建设养老院、居家养老服务中心以及医养结合、康养结合的综合养老服务设施，打造智慧养老平台。三是兴业富民产业美，建设产镇融合的活力城镇。因地制宜培育主导产业，做大做强特色产业，打造产业集群和创新创业平台，高质量推进特色小镇建设。实现小微园、农业园、文创园等特色产业平台提质。产镇融合，构建产业与城镇互促共进发展格局。四是魅力亲民人文美，建设古今交融的人文城镇。建设集文化传承、旅游休闲、特色商业等于一体的历史镇区、特色街区。开展功能修补与生态修复，实现“300米见绿，500米见园”。注重镇景融合，积极打造景区镇。五是善治为民治理美，建设三治融合的智慧城镇。创新美丽城镇管理机制，实施管理职权强镇扩权、建设资金多元统筹、人才引进高质高效，形成政府与市场相结合、多元要素共同支撑保障合力。

四、坚持“五变”融合，形成合力推进小城镇建设

浙江建设美丽城镇，将视野放大到城镇对乡村振兴的带动上，形成了以下经验。加快推进以县城为载体的新型城镇化，引导特色小镇高质量发展，推进农业转移人口市民化，促进城乡一体化发展。让一个个高水平打造的小城镇，肩负起浙江高质量推进城乡融合发展、加快推进乡村振兴的重要使命。注重部门统筹、各司其职，协调联动推进小城镇建设，将特色小镇、卫生镇、园林镇、景区镇创建等行动融入美丽城镇建设考核体系，发挥部门合力。

浙江坚持“五变”融合，在小城镇建设方面取得了不错的成效。一是用“绿水青山就是金山银山”理念引领环境之变。深化垃圾、污水、厕所“三大革命”，全面实施农村生活污水治理提标行动等，补齐基础设施短板，新增绿道1.6万公里、道路1.0万公里、污水管网5.7万公里，新建(改)公共厕所1.5万个，国家级卫生城镇占比达50%，省级卫生城镇实现全覆盖，居全国省份第一。二是

用“生活圈”圈出生活之变。统筹建设15分钟建成区生活圈、30分钟辖区生活圈，加快完善城镇“一老一小”公共服务设施，新增等级幼儿园1080个、卫生院1158个、实体书店1358个、邻里中心1070个、小镇客厅944个，公共服务处于全国领先水平。三是用“产城融合”塑造产业之变。全省美丽城镇建设新增龙头企业515个、市级以上创新创业基地1178个、智能无人工厂717个，成为块状经济的孵化地，培育了大量的产业“单打冠军”和专精特新“小巨人”企业。如杭州建德市三都镇的藏红花、衢州柯城区石室乡的鱼子酱，产量分别占到全国市场份额50%、全球市场份额35%以上；宁波鄞州区云龙镇成功引进国内集成电路龙头企业落地，打造高端半导体装备产业链。四是用“以文化人”展现人文之变。加强历史文化名镇名村保护利用，积极推广“浙派民居”，打造有乡愁的小镇、有记忆的街区，累计改造提升历史街区、特色街区1564处，创建3A级以上景区镇628个，实现省级样板镇全覆盖。五是用“整体智治”推进治理之变。社会治理方面，新增智慧应用场景2479个，培育枫桥式基层站所1067个，党建统领的“四治”[①]融合治理模式成为全国示范。[②]

2022年底，由中国城市规划设计研究院对浙江省工作进行综合评价，评价报告指出：“浙江通过美丽城镇建设，全省1010个小城镇实现了美丽蝶变和跨越提升，城乡融合发展水平走在全国前列。探索了城、镇、村联动发展的城镇化新模式，已成为全域共富共美、协同长治长效的优质样板。”[③]

第三节　建设诗意栖居的美丽乡村

建设美丽乡村，应按照“村即是景，景就是村”的打造原则，针对片区内的村庄、建筑、田园、水塘、道路等，落实清单化管理，落实“拆、改、修、提、梳、补”六字方针，落实到户，落实到点，精细化整治与管理，坚持不断更新迭代，升级

---

① “四治”指自治、德治、法治、智治。

② 杭州网.2022年浙江美丽城镇建设评价结果出炉[EB/OL].(2022-12-27)[2023-08-23].https://weibo.com/1036713140/Mlu9GEYQJ.

③ 省美丽城镇办.携手奋进现代化美丽城镇建设新征程[EB/OL].(2023-01-04)[2023-03-15].https://www.wxkol.com/item/13ebff8fc90df8e1.html.

美丽乡村，形成“村村有品、村品映辉”的农村产业发展新格局。

一、共建共享全系列美丽幸福乡村

江山云水共泱泱，水碧山青画不如。浙江是中国美丽乡村建设的首创地。从浙北的江南水乡到浙西南的生态绿谷，再到浙东的海岛风光，山水浙江如诗如画，全省 3 万多个村庄散落在这秀美风光中。2003 年，一项功在当代、利在千秋的“千万工程”从“浙”里出发，以村庄整治为重点，提升农民生活质量。浙江按照习近平总书记当年的战略擘画，一张蓝图绘到底，推动全省乡村面貌发生了全方位历史性变化：实现了美丽生态的新蝶变，催生了美丽经济的新产业，探索了城乡融合发展的新机制，形成了共建共治共享的新局面，塑造了文明和谐的新风尚。

（一）改善农村生态环境，实现城乡公共服务趋同

为了提高农民生活质量，缩小城乡差距，浙江省不断改善农村生态不境，城乡公共服务趋同，采取了如下措施：进行农房改造，拆除重建危房、旧房，合理规划新房建设；建设污水、垃圾处理厂，推广沼气池进行粪便处理，保持农村环境干净卫生；推广安全饮用水工程，加强道路建设；均衡分配公共资源，保证医疗设施健全、医疗资源充足。

在最为基础的农村人居环境建设方面，浙江推动农村生活垃圾分类处理、生活污水处理设施建设改造、运维管理和无害化卫生改厕全覆盖，高水平提升乡村人居环境，先后经历了三个阶段：2003—2007 年示范引领，1 万多个建制村推进道路硬化、卫生改厕、河沟清淤等；2008—2012 年整体推进，主抓畜禽粪便、化肥农药等面源污染整治和农房改造；2013 年以来深化提升，攻坚生活污水治理、垃圾分类、历史文化村落保护利用。到 2021 年底，全省农村卫生厕所覆盖率达 99.87%，无害化卫生户厕覆盖率达 99.48%，建有公共厕所的行政村比例达 99.9%，成千上万的普通农户家庭用上了抽水马桶。截至 2019 年底，浙江省农村生活垃圾分类处理建制村覆盖率达 76%，农村生活垃圾回收利用率达 46.6%，干净整洁成为全省村庄的常态。[①] 到 2022 年底，全省农村生

① 黄丽丽. 在“浙”里看见乡村未来[N]. 浙江日报，2020-11-23(13).

活垃圾分类处理行政村覆盖率达96%。

(二)营造充满浙江气质的美丽乡村

美丽乡村是美丽浙江的坚实基础、精彩亮点,浙江将持续推进新时代美丽乡村提标提质、迭代升级,把美丽乡村这张“金名片”擦得更亮、叫得更响;将着力打造现代版富春山居,从各美其美迈向美美与共,由浅入深,由点到面。在金衢盆地,曾被水晶加工污染的浦江露出清丽本色,每条河流都可游泳;在浙南群山,龙泉溪头村将护河、护鱼、护溪石写进村规民约;在东部沿海,有“东方好望角”之称的温岭石塘镇通过石屋元素、石屋文化有机嫁接旅游业态,收获源源不断的红利。

在打造“东南西北中”的美丽乡村组团牵引带动下,海洋风情、生态绿谷、钱江山水、江南水乡、和美金衢“五朵金花”组团初露雏形,浙江美丽乡村各美其美,美美与共,绘就了新时代美丽乡村“富春山居图”。预计到2025年,浙江将基本建成具有“国际范、江南韵、乡愁味、时尚风、活力劲”的浙江气质的美丽乡村。

从扔垃圾这件“关键小事”,也可一窥浙江美丽乡村建设如何步步进阶:以村庄环境整治为切入口,2003年至今,浙江逐步建立起一套高效、规范的农村生活垃圾集中收集有效处理体系,推动村民由“垃圾扫出门”转变为“垃圾扔进桶”;2014年起启动实施升级版“垃圾革命”,进一步推动村民由“垃圾扔进桶”转变为“垃圾分好类”。从整洁美迈向生态美,浙江乡村不断提升风貌、风尚,拓宽绿水青山转化为金山银山通道,打造不一样的乡村气质。持续提升垃圾、污水、厕所“三大革命”的同时,浙江也不断细化村庄之美的“颗粒度”,推进杆线革命、庭院革命、餐桌革命等。近年来,湖州市德清县下渚湖街道就在清理拆除村居和主干道周边的废旧杆线。随着乡村发展步伐加快,原有的空中“蜘蛛网”正在成为过去时,多线并杆或埋入地下,既能合理分配资源,又能打造一条美丽天际线。

据统计,从2003年到2023年,20年来全省各级财政累计投入村庄整治和美丽乡村建设的资金超过2000亿元。到2025年,浙江将力争实现农村环境垃圾、污水、厕所“三大革命”高水平全覆盖,长效管护机制进一步完善,农村人居环境全域明显提升。

二、构建新时代美丽乡村新格局

从“千村示范、万村整治”，到“千村精品、万村美丽”，再到“千村未来、万村共富”，“千万工程”的内涵之变，折射出浙江乡村发展的需求之变。加快建设宜居宜业和美乡村，“千万工程”正承担起乡村全面振兴、推动共同富裕、重塑城乡关系的新使命。在谋篇布局上，浙江把全省农村作为一个大花园、大景区来打造，优化空间布局，推动形成“五团发展、百带共富、千村未来、万村精品、全域美丽”的新格局：建设浙东海洋风情、浙南生态绿谷、浙西钱江山水、浙北江南水乡、浙中和美金衢五大美丽乡村组团，让“五朵金花”争奇斗艳、各美其美；衔接浙东唐诗之路、大运河诗路、钱塘江诗路、瓯江山水诗路四条诗路文化带，鼓励地缘相邻、人缘相亲的多个村庄开展联合建设，打造 100 条新时代美丽乡村共同富裕示范带；培育 1000 个未来乡村，使之成为浙江省美丽乡村的新标杆；创建 10000 个新时代美丽乡村精品村，推动美丽乡村串珠成链、连线成景。

（一）开启“千村未来、万村共富、全域和美”新篇章

2022 年，浙江省召开深化“千万工程”建设新时代美丽乡村现场会，宣布将通过这一新格局，加快走出全面推进乡村振兴、实现农业农村现代化的省域实践新路径。“千万工程”是 2003 年时任中共浙江省委书记的习近平同志亲自点题、亲自谋划、亲自部署的重大决策。此后，“浙江一以贯之，久久为功，推动万千美丽乡村脱颖而出。如今，浙江 1.97 万个村庄中，新时代美丽乡村有 1.58 万个，累计建成了 665 条美丽乡村风景线、1835 个特色精品村。计划到今年底，全省九成以上村庄达到新时代美丽乡村标准”①。

浙江省农业绿色发展理念深入人心，一批绿色形态的新产业新业态快速发展，一批绿色导向的集成技术和发展模式全面覆盖，一套绿色发展的制度体系和长效机制基本建立，产业、资源、产品、乡村、制度和增收“六个绿色”目标全面实现，其中三分之一左右涉农县率先建成农业绿色发展先行县。具体成就如下。一是绿色产业。农业产业布局生态、资源利用高效、结构不断优化，

---

① 朱海洋. 浙江“千万工程”19 年后再发力[N]. 农民日报，2022-11-21(1).

可循环无污染产业蓬勃兴起；产业体系、生产体系绿色变革加快实施，一二三产业深度融合，生产、生态、生活功能协调彰显。从2018年至2020年培育提升以绿色生产为导向的绿色发展先行区1000个，新型农业经营主体10000个。二是绿色资源。农业外源性污染得到有效控制，内生性污染得到有效治理，耕地质量、土壤环境、水体生态及保护体系健全，生产条件持续改善。耕地保有量不减少、质量不降低，从2018年至2020年粮食综合生产能力保持在300亿斤，高标准农田面积比重达到65%以上，农业用水功能区水质达标率达95%以上。三是绿色产品。现代农业标准体系、农业投入品监管体系和农产品质量安全追溯体系基本完善，农产品质量安全水平和市场竞争力持续提升。绿色农产品及加工品开发势头强劲，从2018年至2020年建成品牌农产品300个，主要农产品"三品一标"率达到55%。四是绿色乡村。田园和村庄整洁度、美化度进一步提高，田间废弃物清理到位，农村人居环境、城乡均衡发展水平进一步提升，从2018年至2020年打造"最美田园"300个。五是绿色制度。农业自然资源和生态保护补偿制度有效落实，绿色发展的激励与约束相结合的用地、税收、保险、财政投入等政策机制基本形成，农业投资和项目建设充分体现绿色导向。六是绿色增收。绿色农产品优质优价基本实现，绿色生产、绿色产业在农民增收中的份额稳步提高，绿色投入、绿色农产品生产节本增效效应明显，从2018年至2020年农业增加值年均增长2%，农村居民人均可支配收入年增长8%。①

(二)高水平推进县域乡村有机更新

根据《浙江省美丽村镇建设"十四五"规划》，为了高水平推进县域乡村有机更新，"十四五"时期浙江将采取以下行动。

统筹县域城乡空间布局，绘好集约高效的"富春山居图"空间基底。优化县域空间布局。加快推进国土空间规划编制，做到"要素跟着人走、设施跟着人配"。落实生态保护红线、永久基本农田、城镇开发边界"三条控制线"。对事关长远发展的重要区域、重要资源做好战略"留白"。开展全域土地综合整

---

① 浙江发布.哇！浙江将推出农家特色小吃振兴三年行动计划，还要建成1500个放心菜园、精品果园、美丽牧场等[EB/OL].(2018-07-04)[2023-08-23]. https://baijiahao.baidu.com/s?id=1605064628884667951&wfr=spider&for=pc.

治。开展农用地综合整治，提高耕地质量和连片度，推动农业适度规模化经营。积极稳妥、依法有序推进农村乱占耕地建房问题专项整治。

全域推进城乡环境更新，绘好青山绿水的“富春山居图”生态图景。开展生态治理与生态修复。实施河湖水系综合治理，推进重要湖泊湿地生态保护治理，加强生物多样性保护。推进城乡环境品质提升。实施“绿网编织”工程，打造见山见水、蓝绿交织的绿色城乡营造体系；以城镇周边为重点区域，推进美丽河湖、美丽田园建设，打造一批具有辨识度的大地景观。

深入推进城乡风貌更新，绘好田园诗意的“富春山居图”栖居图景。构建浙江模式。建立健全“县域特色风貌总体设计—村庄设计—农房设计”三级设计体系；形成具有浙江特色的乡村有机更新范式。打造“浙派民居”。持续推进农村困难家庭及时救助，加强农村危房源头治理。新建或改造一批功能现代、风貌乡土、成本经济、结构安全、绿色环保的新型现代宜居住房。营造特色风貌。实施县域城乡风貌提质工程，连线成片推进美丽宜居示范村、美丽乡村精品村建设，打造一批沿山沿水沿路、联城联镇联村的美丽宜居示范带、美丽乡村风景带，分级开展新时代“富春山居图”样板区建设。

系统推进城乡设施更新，绘好便民惠民的“富春山居图”共享图景。实施“三大革命”提质扩面工程。组织开展“污水零直排村”试点和“农村生活污水绿色处理设施”研究，创建全国农村生活污水治理示范县。深化农村户厕和旅游厕所改造。实施基础设施网络延伸工程。持续推进“四好农村路”和美丽公路建设，加快形成县城到重点镇、乡镇到重点村的30分钟交通圈，稳步提高200人以上自然村公路通达率。实施公共服务均等化工程。深化城乡教育共同体建设，加快实现重点镇的义务教育标准化学校创建和重点村的公办等级幼儿园覆盖率100%。

协同推进城乡传承更新，绘好传古纳今的“富春山居图”人文图景。加强历史文化保护。以浙西三江片区（桐庐、建德、兰溪）、浙西南山地片区（松阳、遂昌、龙泉、景宁）、浙南瓯江片区（永嘉、泰顺、苍南）、浙中盆地片区（永康、武义、龙游、缙云）、浙东山地片区（临海、仙居、天台）等五大片区为重点，推进省域传统村落集中保护区建设。推动文旅融合发展。全面推进“百城千镇万村”景区化，积极培育发展休闲旅游、传统手工艺、民俗风情、乡土文化体验、民宿酒店、文化创意等特色产业，打造镇村联动、串点成线的文旅特色产业带。

集成推进城乡格局更新，绘好宜居宜业的“富春山居图”融合图景。构建宜居宜业的县域生活圈。构建覆盖周边行政村的15分钟社区生活圈；以30分钟为可达范围，以县城或美丽城镇为依托，构建30分钟辖区生活圈，形成舒适便捷、全域覆盖、层级叠加的县域生活圈体系。打造未来乡村试点。开展一批未来乡村试点建设，打造一批城市、城镇、乡村交汇，传统、现代、未来交织，生产、生活、生态交融的未来乡村，示范带动城乡融合高质量发展。

（三）浙江美丽乡村建设的示范经验

浙江的美丽乡村建设起步早、动作快、资金投入大，思路超前、措施完善、成效显著，是一条新农村建设与生态文明建设相互促进、城市与乡村统筹推进、三大产业相互融合的科学发展之路，是创新、协调、绿色、开放、共享的新发展理念在美丽乡村建设中的一个成功范例。具体经验如下。

科学制定规划，精心组织实施，发挥好规划的引领和导向作用。制定科学的规划，并通过项目的形式落实，是浙江美丽乡村建设的基本做法，也是全面推进美丽乡村建设的基础性工作。浙江各县市在美丽乡村建设初期都能把规划放在首要位置，用“七分力量抓规划，三分力量搞建设”，坚持“不规划不设计，不设计不施工”。规划的先行，有效避免了行动的盲目性和无序性，确保了建设效果。一是坚持城乡一体编制规划。统筹考虑农村发展现状、村庄分布、历史文化和旅游发展等因素，确保“城乡一套图、整体一盘棋”。二是立足乡村特点编制规划。规划设计突出地域特色和乡土气息，最大限度地保留村庄的原始风貌，打造具有乡土风情和显著辨识特征的美丽乡村。三是注重规划的可操作性和适用性。将规划内容分解为年度实施计划和具体的实施项目，分类推进、分步实施。

创建标准体系，强化制度供给，使美丽乡村建设有章可循。除了注重实施分类差异性和适用性，浙江还根据美丽乡村建设的总规划和总目标，强调共性的标准统一性，并制定了一系列规范性文件，确保“差异有特色、共性有标准”。一是制定实施了《美丽乡村建设行动计划（2011—2015年）》，指导全省的美丽乡村创建活动。二是发布了《美丽乡村建设规范》，这是全国第一个美丽乡村建设的省级地方标准，对推动浙江美丽乡村建设标准化和制定《美丽乡村建设指南》国家标准，都起到了重要的促进作用。三是修订完善了《村庄整治规划设计指引》《村庄规划编制导则》《美丽乡村标准化示范村建设实施方案》等文件，形成了比较完整的美丽乡村建设标准化指标体系，基本涵盖美丽乡村创建的各个方面，使美丽乡村建设的规划有方向、操作有依据、实施有方法。四是引导先建县市根据行动计划和建设规范细化建设的指标体系，制定了《中国美丽乡村建设考核指标及验收办法》。

加强组织领导，创新体制机制，确保各项建设任务有效落实。按照"党政主导、农民主体、社会参与、机制创新"的要求，浙江加大了创建资源的整合，强化组织领导、创新体制机制。一是建立了各层级的美丽乡村建设工作领导小组。由党政主要负责人任组长，相关单位为成员，形成了党政齐抓共管、部门协调配合、一级抓一级、层层抓落实的工作机制。二是建立分类指导、激励为主的考评机制。根据已有基础和功能定位，将村镇划分为特色农业、工业经济、休闲产业和综合发展等类别，设置个性化指标进行考核。根据考核指标，评定等级，按照考核等级和人口规模以奖代补。

重视村庄环境综合整治，改善农村人居环境，做到村容整洁环境美。整治优美的村庄环境是美丽乡村建设的重点，也是美丽乡村建设目标最直观的体现。在创建过程中，浙江坚持把全面优化农村人居环境作为美丽乡村建设的重点和突破口。多年来，浙江通过开展以"道路硬化、路灯亮化、河道净化、杆线序化、墙面美化、卫生洁化、环境绿化"为目标的村庄环境整治行动，使农村人居环境、生态环境得到有效改善。

壮大村集体经济，夯实农村产业发展基础，做到产业富民生活美。近年来，浙江始终把壮大农村集体经济、夯实农村产业基础放在美丽乡村建设的突出位置。一是大力发展特色经济。围绕优势产业和特色产业，加大土地使用权流转力度，推进规模经营，打造品牌优势。二是积极培育农民专业经济合作组织，形成现代产业经营体系。引导农户自愿组织起来，将个体优势转化为集体优势，提高了生产经营的抗风险能力，同时降低了单独发展的成本，提高了竞争力。三是大力发展乡村旅游业。充分利用浙江农村"天生丽质"和文化底蕴深厚的优势，大力发展"农家乐"休闲游、山水游和民俗游。四是加快传统产业改造升级。引导加工制造业向工业园区聚集，加快技术转型升级，主动适应市场需求，增加中高端产品供给。五是实施浙商“回归工程”。利用乡情、亲情引导和动员在外浙商回乡投资兴业，带动更多农民实现就地就近创业就业。六是积极支持引导农村发展电子商务，在资金、物流、用地等方面给予扶持。

挖掘文化内涵，建设乡村文化，做到乡风文明素质美。建设美丽乡村，环境改善是基础，经济发展是关键，村风文明是目标。一是充实农村文化载体。以文化礼堂建设为抓手，实施乡村文化展示工程、文艺人才队伍培养等文化项目，引导各村量身定制文化建设方案。二是开展文明创建评比活动。开展“孝敬父母好儿媳”“党员综合示范户”等评比活动，推进乡风文明建设。三是深入挖掘和搜集整理村落的名士乡贤、民俗风情、历史文化。四是大力培育乡村精神。从德、孝、义、能等方面，定期从各村推选“乡村名人”，用身边榜样教育引导。五是抓好农民素质提升。把培养有一技之长、有创业激情、有文化素养、有开阔视野、有文明气度的现代品质农民，作为美丽乡村建设的重要内容来抓。

美丽乡村建设的落脚点是“美丽”，而未来乡村建设更体现“人本化”“生态化”和“现代化”核心，落脚点是“幸福”，既是人们安居乐业、增收致富和实现美好生活的幸福，也是人与自然、社会、科技完美融合的幸福。总之，未来乡村建设是由美丽乡村向幸福乡村的升华。嵌入未来乡村建设的思想主线是城乡融合和共创共富，技术主线是数字化应用和低碳化应用。未来乡村的基本类型从空间看，可以是单一村庄类型，或乡村群类型，也可以是城乡融合的特色小镇类型。未来乡村的基本特征是呈现宜居的生态环境、现代的产业形态、融合的城乡关系、富足的居民生活、包容的文明乡风，高效的公共服务、和谐的善治社会。

第五章　大力弘扬培育生态文化

习近平指出:“中华民族向来尊重自然、热爱自然,绵延五千多年的中华文明孕育着丰富的生态文化。”[①]生态文化是指以生态价值观念、生态理论方法为指导形成的生态物质文化、生态精神文化、生态行为文化的总称。生态文化是人、自然、社会和谐一致、动态平衡的文化,是自然科学与社会科学的融合统一。生态文化是从人统治自然的文化过渡到人与自然和谐的文化,是人类中心主义价值取向过渡到人与自然和谐发展的价值取向。生态文化重要的特点在于用生态学的基本观点去观察现实事物,解释现实社会,处理现实问题,运用科学的态度去认识生态学的研究途径和基本观点,建立科学的生态思维理论。

第一节　传承弘扬中华优秀传统生态文化

中华优秀传统文化博大精深、熠熠生辉。顺天量地、应时取宜、中庸和谐、循环发展、节用御欲的生态文明思想世代传承,是中华民族宝贵的精神财富。传承弘扬优秀传统文化是历史和新时代赋予的应尽职责和使命。生态文化是生态文明建设的核心和灵魂,是建设美丽浙江的向心力。生态良好、环境健康、可持续发展状态和高尚的心灵境界,是构成美丽浙江的基本要素。

一、中国传统文化的生态意识

中国传统文化涉及儒、佛、道三家,其中蕴含着悠久的生态意识。继承、研究、发展优秀传统文化,是对人类文明的承前启后。

① 习近平.论坚持人与自然和谐共生[M].北京:中央文献出版社,2022:1.

儒释道文化中的生态意识有助于培育正确的生态观念。人的社会实践活动需要以正确的观念来引导，儒家文化认为自然界的发展和变化是不以人的意志为转移的，人们只能在自然允许的范围内改造自然，提倡达到“赞天地之化育”的境界，实现人与自然和谐共生，人类应以“仁爱”之心对待自然界，树立尊重自然、顺应自然、保护自然的生态文明理念。道家文化认为自然界的发展变化遵循一定的“道”，人类的生活应当顺应自然界变化发展的规律，在一定的程度内“无为”。佛家文化中的“因果”“众生平等”思想也体现了平等对待世间万物的慈悲之心，提倡对包括花草树木在内的自然界之物都保持敬畏和关爱之心。总之，儒释道文化之中蕴含着对人与自然关系的思考、对人与自然和谐共生的追求以及对自然界的尊重敬畏之心。

(一)天人和谐一体的思想

传统文化中关于天人和谐一体的思想是当今建设生态文明的重要基础。建设生态文明，必须摆脱人类中心主义的观念，不能仅把自然看作人类征服和掠夺的对象，而应该把人看作自然界的重要组成部分。生态思想是传统文化的重要组成部分，体现了古人高度的思想智慧，也为我们今天生态文明建设提供了宝贵的精神财富。

首先，儒家的“天人合一”的生态自然观，强调的不仅是一种道德观、宇宙观，还是一种生态观。儒家把尊重人的生命、爱护大自然中的一切生命体看作是人类至高无上的道德职责。大思想家荀子认为，水火、草木、禽兽、人都是大自然由低向高发展的一个序列，人只是万物中的一个种类而已，在本源构成上，人与自然界万事万物之间并没有根本的差别。人与草木禽兽相比，只是多了理性思维和道德观念而已。儒家在生态观上始终认为，人的生命与大自然的生命是贯通的、协调的，而不是对立的，要求自然的生态秩序与人类的社会秩序圆融无碍，告诫人们：要尊重和关心这个生命共同体，因为大自然的力量无与伦比，人类不能忘乎所以，应该对自然有敬畏之心；与此同时，人类在生产与生活实践中要有限度地向自然索取，要热爱和保护我们的家园。

其次，道家提倡道法自然，要与自然和谐相处，人道要服从天道，实现天地人合一的目标。道家阐明了天地人合一的准则，人要效法地，因为大地承育了人类；地要效法天，因为天覆盖孕育了大地万物；天要效法道，因为道化生了天地万物；道要效法自然，因为道是自然运行的法则。道家也强调“昆虫草木犹不可伤”，把保护生态、生命看作“功德”，真正的快乐是与自然相融合、与天地相感应的乐，是虚无恬淡、怡然自得的乐，是无忧无虑的乐，是无声无形的乐。庄子在《天道》中说：“与人和者，谓之人乐，与天和者，谓之天乐。”庄子的理想境界，追求的是人与自然、人与人的完美和谐。道家强调人与自然和谐相处，共同发展，具有以下内涵：一是人在自然系统中具有主体地位，是与天时地利相并列的一个要素；二是人类不要盲目地征服和改造自然；三是对待人和物要有宽广的胸怀。

再次，佛家和儒家都提倡尊重生命、兼爱万物的生态伦理观。佛教的生态环保理念把“众生”与宇宙万事万物都看成一个生命的有机体，强调人类应该融入自然，平等地对待各种生命族群，不以自我为中心和主宰，视一切众生为父母或兄弟姐妹，承认一切生命物种都有存在的价值，都应该受到人类的尊重。这种生态观念旨在使人类平等地对待共存于这个宇宙间的已知或未知的一切生命物种，有利于人类与天地万物的和谐相处。儒家也把尊重一切生命价值、爱护一切自然万物作为人类的崇高道德职责，认为人类与自然万物有相同的价值尊严。其认为，天地之大德曰生，上天有好生之德。万物与人都是天地自然化育的结果，这是天地生生之理的体现，也是天地伟大“仁”德的集中体现。儒家倡导由人及物，关爱有序，将仁爱的规范延伸到爱物的领域，把爱护自然万物提高到君子的道德职责的地位，主张宇宙万物与人类和谐发展。自然秩序和社会秩序的协调，对人类社会的行为规范与对自然物的行为规范的统一，是儒家遵循的基本原则。儒家生态伦理思想的现代价值既能为人类转变近代以来征服自然的思想，重新塑造人与自然的和谐关系，也能为当前我国建设现代的生态文明提供思想资源。

（二）传统生态思想的核心价值观是天人合一

在中国传统文化视野中，人与自然的关系是一个具有丰富内涵的命题。中国传统文化倡导天道与人道的统一，提倡效法天地之德，要求人们树立尊重生命、爱护万物的生命伦理观。把握人与自然关系的基本内涵和思维模式，是认识和理解传统生态思想的关键。正是在对人与自然关系的思辨和追问中，奠定了传统生态思想发展的基础和脉络。中国传统文化中的生态意识包含了生态哲学、生态伦理学和生态美学的内容。这些内容体现了当今全人类的普遍价值观念，极富现代意蕴。这些内容既是民族的，又是世界的；既是传统的，又是现代的。

儒道佛均主张“天人合一”，也就是追求人与自然的和谐统一，这是儒道佛三家生态智慧的共通之处。儒道佛三教都在追寻一种人与自然和谐相处、其乐融融的生态美景。儒家思想博大精深，其中蕴含着丰富的生态意识，可以称之为儒家传统生态意识。儒家认为，人类社会天然地存在于自然环境之中，大自然是人类的衣食父母，人们的衣食住行用的一切原料无不来自自然界，人类本身就是自然环境的一部分。从这种认识出发，儒家有认识自然、敬畏自然，保护自然、适度利用自然，植树惠民、克己节制，生态教化、以人为本，天人相类、天人合一等生态意识。道家天人合一思想是一种和谐的生态观。它提倡的是对和谐社会的追求，提倡通过认识自然规律来与自然和谐相处，从而达到天人合一的目的。佛教追求人与自然、与其他生命和与宇宙的和谐相处。佛教主张草木无情皆有性，应像爱护有情众生一样加以爱护，以求人文和自然的和谐。比如在寺庙的选址和硬件上，讲求最大程度减少对自然环境造成破坏，名寺古刹周围无不绿树成荫，花草遍地。中国古代思想家认为，“生”(创造生命)是宇宙的根本规律。因此，生就是“仁”，生就是“善”。它不仅要求人们寻求自我身心的和谐、自身与他人、与社会的和谐，更要求寻求自身与自然、与一切生命的和谐；不仅要求关爱自身、关爱他人、关爱社会，更要求关爱自然、关爱“众生”。中国古代思想家还认为，人与万物一体，都属于一个大生命世界。因此，人与万物是同类，是平等的。人没有权力把自己当作万物的主宰，“屈物之性以适吾性”，而应该对天地万物悉心爱护，使万物都能按照它们的自然本性得以生存和发展，这就叫“各适其天”。天地万物都包含有活泼泼的生命和生意，这是最值得观赏的。人们在这种观赏中，能够体验到人与万物一体的境界，从而得到极大的精神愉悦。这就是“仁者”的“乐”。中国古代的许多文学艺术作品，充满了对天地间一切生命的爱，表明人与万物都属于一个大生命世界，生死与共，休戚相关。这就是“生态美”，也就是人与万物一体之美。

二、生态文化的基本内涵

生态文化是以崇尚自然、保护环境、促进资源永续利用为基本特征，能使人与自然协调发展、和谐共进，促进实现可持续发展的文化。生态文化的形成意味着人类统治自然的价值观念的根本转变，这种转变标志着人类中心主义价值取向到人与自然和谐发展价值取向的过渡。生态文化作为人类与自然共同创造的物质财富和精神家园，传递着真善美的生态文明价值观。

（一）生态文化进步的价值归属

生态文明强调人与自然协调发展，强调以人为本和以生态为本的统一，强调"天人合一"，强调人与自然的和谐共生。生态文化以文化的形式固化、传承人类认识自然、改造自然的优秀成果，它是人类思想认识和实践经验的总结。近代社会的"人类中心主义"价值观仅关注人类的价值，漠视自然的价值，最终导致生态环境恶化、自然资源枯竭、生态灾难频繁，严重阻碍人类社会的继续发展。于是，人类重新审视人与自然的关系，把人类自身价值和自然本体价值有机地融合起来，形成生态文化的基本价值观。生态文化是孕育生态文明的核心和灵魂。生态文明是人类文明在发展理念、道路和模式方面的重大进步，生态文明的核心理念是以作为生态文化核心的和谐自然观为前提的，即以人与自然和谐共生、互惠互利为基本特征的生态文化孕育着生态文明。生态文明秉承了生态文化的价值取向，批判地吸收了农业文明、工业文明的积极成果，倡导绿色生产和绿色消费，提倡节约环保，实施循环经济，使经济增长由传统粗放型增长方式向集约型增长方式转变，从而促进人与自然和谐共生，实现经济文明与生态文明协调发展。

（二）生态文化厚植人文底蕴

生态文化把和谐、协调、秩序、稳定、多样性以及适应等观念纳入自己的伦理体系，着眼于可持续发展，既关心人的价值和精神，也关心人类的长期生存和自然资源增值，体现了人类对人与自然关系的深度认识。对于人类来说，生态包括人文生态和自然生态。人文生态是人类自己创造的，自然生态属于自然。人们都希望生活在一个生态状况优良的环境中，所以需要生态文明。而在生态文明中，占第一位的应该是人文生态，然后才是自然生态。因为自然生态总是被人文生态所形塑，自然生态总是在人文生态的指导下被改造。因此，人文生态文明的建设就显得尤为重要。有什么样的人文生态文明，就会有什么样的自然生态状况。当今的生态文明，人文生态第一，自然生态第二。要坚持生态理念，厚植人文底蕴，做到敬畏历史、敬畏文化、敬畏生态，强化规划引领，统筹项目建设，彰显景观优美。人类的生存发展离不开良好的自然生态，人类和自然的和谐发展，同样也离不开良好的文化生态。文化生态所蕴含的丰富的历史意义、文化意义和社会意义，对于人性的形成、人的素质和品格的培养，以及不同民族性格与精神的造就，具有重要的影响和作用。

(三)生态文化彰显先进文化

生态文化倡导人与自然和谐相处的价值观念，是人类根据人与自然生态关系的需要和可能，最优化地解决人与自然关系问题所反映出来的思想、观念、意识的总和。它包括人类为了解决所面临的种种生态问题、环境问题、经济问题和社会问题，为了更好地适应环境、改造环境，保持生态平衡，维持人类社会的可持续发展，实现人类社会与自然界的和谐相处，求得人类更好地生存与发展所必须采取的手段，以及保证这些手段顺利实施的战略、策略和制度。可以说，生态文化是人类文明发展的成果集成，是先进文化的重要组成部分。

生态文化以崇尚自然、保护环境、促进资源永续利用为基本特征。生态文化的形成，意味着人类统治自然的价值观念的根本转变，这种转变标志着人类中心主义价值取向到人与自然和谐发展价值取向的过渡。

第二节　强化生态文化教育

强化生态文化教育，需要建立健全生态文化体系。浙江省在这一方面取得了以下经验。深入挖掘浙江传统文化中的生态理念和生态思想，培育浙江特色生态文化。开展优秀传统文化教育普及活动，积极打造文化精品，促进传统文化现代化。培育和激发全体公民建设美丽浙江的主体意识，不断提升公民人文素养。积极开展生态文化重大理论和应用研究，繁荣生态文明主题文艺创作。把生态环境保护纳入国民教育体系和党政领导干部培训体系，着力构建包括学校、社区、家庭、企业和社会公益教育体系等在内的生态文明教育网络体系。健全生态环境新闻发布机制，构建生态环境保护新媒体传播矩阵，完善绿色传播网络，探索建立基于大数据的生态环保宣传教育新模式。

一、培育生态文化，传播生态理念

浙江省生态文化的日益繁荣得益于社会各界对生态文化的大力传播，有效的传播途径包括：通过生态文学、生态影视、生态节日等各种载体的引导和传播，形成尊重自然、敬畏自然、保护自然的社会风气，例如举办文学、摄影、音乐、书画、影视等各类生态文艺作品创作及展演活动；举办义务植树节、森林旅游节、爱鸟周等品牌活动，出版十大名山公园主题图书以及动物、植物、鸟类图鉴等科普读物，制作自然保护地科普手册；加强全媒体宣传推广，扩大生态文化对外交流，通过举办国际论坛、国际博览会等搭建多元开放的交流平台。

着力培育绿色生活理念，应当做到：深入开展全民教育，将勤俭节约、绿色低碳的生活理念融入家庭教育、学前教育、义务教育及职工继续教育等体系，纳入美丽城市、美丽乡村创建及有关教育示范基地建设要求；广泛推进主题宣传，不断拓展“绿色细胞”创建形式和方式，积极开展绿色生活创建活动；革除滥食野生动物陋习，养成科学健康文明的生活方式；充分发挥全媒体绿色价值观宣教功能，把绿色生活理念纳入节能宣传周、低碳日、环境日等主题宣传活动，传播绿色知识和行为规范，营造全社会崇尚、践行绿色发展理念的良好氛围，推动形成生态文化。

浙江省广泛开展自然教育，引导人们树立尊重自然、顺应自然、保护自然的生态文明理念。以下是值得借鉴的浙江经验。

积极推进自然保护区、地质公园、湿地公园科普馆全覆盖。全面提升生态文化教育服务水平，提高各类场馆科普内容的科学性、教育性和趣味性，发挥示范和辐射带动作用，为访客提供咨询、展示、休憩、游览指南等功能，加大生态科学普及力度。设计和定制自然教育体验项目，利用自然保护地内宣教设施、解说系统、展示主体等建设内容和核心教育资源，组织自然保护地内部自然教育体验道路，布设与周边环境协调的步道、栈道、自行车道等慢行游览道路，实现最基础的体验导览和展示解说功能，向公众传递自然保护意识，增强体验性。

打造更加繁荣的人文林业体系，深入挖掘生态文化内涵，大力弘扬山水文化、竹文化、花文化等传统文化，加强生态文化基地建设，广泛开展自然教育，树立尊重自然、顺应自然、保护自然的生态文明理念。持续加大宣传力度，深化“关注森林”活动，开展植树节、湿地日、生态日、爱鸟周等主题宣传，引导各行各业、社会各界人士积极投身林业建设。加强古树古道保护，对一级古树和重要森林古道进行重点保护，留住人们的乡愁记忆和文化印记。

二、全面倡导绿色低碳生活方式

近年来，浙江通过每年开展“生态日”活动、评选“浙江省生态文明教育基地”等形式，进一步厚植生态文化，持续倡导勤俭节约、绿色低碳、文明健康的生活方式和消费方式，使绿色生活方式成为全社会的高度自觉。

倡导简约适度、绿色低碳生活方式，最终要落到生活生产各个环节，需要坚持节约优先、保护优先、自然恢复为主的方针，形成节约资源和保护环境的空间格局、产业结构、生产方式、生活方式。具体措施如下。

强化公众节能降碳理念。把节能降碳作为国民教育体系和干部培训教育体系的重要内容，举办全国节能宣传周、全国低碳日、世界环境日等主题宣传活动，深化“人人成园丁、处处成花园”行动，营造全社会共同参与的良好舆论氛围。支持和鼓励新闻媒体、公众、社会组织对节能降碳进行监督。

加快完善“碳标签”“碳足迹”等制度，推广碳积分等碳普惠产品，推动全省统一的碳普惠应用建设，逐步加入绿色出行、绿色消费、绿色居住、绿色餐饮、全民义务植树等项目；强化激励保障措施，建立健全运行机制，引导公众践行绿色低碳生活理念。

继续倡导和实施全民绿色教育行动，深入阐释人与自然作为生命共同体的生态哲学意义，引导人们自觉地尊重自然、顺应自然和保护自然。提倡多样化的绿色低碳生活行动，创建节约型机关、绿色家庭、绿色学校、绿色社区等。

大力推广绿色行为方式。倡导垃圾分类新时尚，强化公众分类意识，规范垃圾投放行为，形成由被动强制转为主动自觉的生活习惯。深入开展塑料污染全链条治理专项行动，有序禁止、限制使用不可降解塑料袋等一次性塑料制品，鼓励消费者旅行自带洗漱用品，提倡重拎布袋子、重提菜篮子、重复使用环保购物袋。推广绿色居住，减少无效照明，提倡家庭节约用水用电。鼓励步行、自行车和公共交通等低碳出行。推进有条件的办公区域共建公用信息系统和数据共享，全面推行无纸化办公。

三、深入推进生态文化示范

浙江省大力开展生态科普创建活动，注重发展森林生态文化，起到了深入推进生态文化示范的作用，值得借鉴。

（一）大力开展生态科普创建活动

建设科普教育阵地，重点支持钱江源－百山祖国家公园钱江源园区科普馆和百山祖园区科普教育工程、九龙山科普宣教中心、杭州植物园、绍兴植物园、千岛湖珍稀植物园、天目山珍稀植物园和生态博物馆、仙霞岭科教综合体、仙居生物多样性科教中心工程、超山南矿坑博物馆等项目建设，积极推进苍南矾山国家地质公园创建。建设野外博物馆，重点支持在国家公园、省级以上自然保护区和风景名胜区建设野外博物馆、野外宣教点、社区宣教点，完善标识牌、解说牌体系。发展自然教育体验项目，提升生态产品供给能力，策划高品质的森林康养、游赏观光、休闲度假等生态体验产品，推进钱江源国家公园生态保护与自然体验基地、大明山“钢铁长城”自然研学解说设施、渔寮海洋研学教育基地等项目建设。出版科普读物，积极推进自然保护地科普手册全覆盖，出版《青山湖鸟类图鉴》《雁荡山世界地质公园青少年科普读物》《百山祖的野生植物——草本植物》《仙霞岭保护区生物多样性研究》《仙霞岭保护区药用植物图鉴》《九龙山植物图说》等科普读物。

实施乡村文化振兴行动。2023年，浙江全域实施百城万村文化惠民工程，探索建设区域公共文化服务联合体，建设文化驿站等乡村新型文化空间。实施“文艺星火赋美”工程，建设一批美育村。实施革命文化和红色基因传承计划，培育100个“浙江文化标识”，建成乡村博物馆200家以上。实施246个历史文化（传统）村落保护利用村项目，探索开展传统村落集中连片保护利用。传承发扬乡村节气文化。挖掘开发涉农特色运动项目及健身产业，广泛开展农民喜闻乐见的体育健身赛事。办好中国农民丰收节浙江系列活动。同时，继续在理论、数智、科研、宣教等基础能力提升上变革创新。在理论变革创新方面，浙江将按照“1＋N”架构推进省级习近平生态文明思想展陈馆和一系列地方生态文明教育场馆建设，打造一批生态文明建设实践体验地，增强公众的沉浸式体验和场景式教育;加强与浙江省生态文明智库联盟、大专院校的战略合作,组织开展生态文明建设重点课题研究,围绕绿色共富、美丽浙江建设等形成一批理论成果等。

(二)注重发展森林生态文化

浙江大力弘扬生态文化,实现共建共享。2021 年 12 月,省委、省政府作出建设高质量森林浙江、打造林业现代化先行省的决策部署,明确了林业工作新的历史方位。2022 年 10 月 8 日,省委、省政府召开全省高质量森林浙江建设部署会,向全省发出了加快建设高质量"森林浙江"、打造林业现代化先行省的集结令、冲锋号。

省党政军主要领导每年坚持带头参加植树,互联网林、亚运林、青年林等各类纪念林遍布全省。2022 年,全省各地以森林"扩面提质增美"为主线,深入实施平原绿化、新植 1 亿株珍贵树、一村万树、珍贵彩色森林建设、森林系列创建、新增百万亩国土绿化等造林绿化行动,构建以林长制为主体的资源保护责任落实体系,加强森林、湿地、野生动植物全过程、全方位、全领域保护。省领导带头参加义务植树劳动,全民义务植树 2080 余万株。扎实开展国家森林城市和省森林城镇创建,大力开展自然教育,建设省生态文化基地 55 个、自然教育基地 10 个、古树名木文化公园 20 个。录播国土绿化书记访谈 4 期,开展植树节、野生动植物日、爱鸟周等主题活动,受到了社会广泛关注。浙江大地基本实现了"山青地绿、鸟语花香",城乡居民"开门见绿、推窗见景",绿色成为浙江发展最动人的色彩。

森林是传承和弘扬生态文化的重要载体。丰富的森林资源、活跃的林业生产实践,孕育承载了五彩缤纷的浙江森林文化。浙江将把森林文化融入乡规民约中,探索创新义务植树的尽责形式,推动"植绿护绿爱绿"意识融入家风家训、村风村貌,形成全社会关注森林的良好氛围。截至 2022 年,浙江先后创建国家森林城市 18 个,位居全国第一;建成省森林城市 75 个、省森林城镇 752 个,实现了省森林城市和省森林城镇中心镇创建全覆盖;建设国家森林乡村 447 个、省"一村万树"示范村 1741 个;1.25 万株一级古树名木得到重点保护,

200 多条重要森林古道得到保护修复。[①] 通过“关注森林”等活动的深入开展，“以人为本、全民参与”的生态文化建设机制日渐完善。举办世界野生动植物日、世界湿地日等主题活动，让人们更多感受古树之奇、古道之韵、森林之美。高质量完成世园会、绿博会、花博会等参展工作，积极展示浙江林业生态建设成果。余姚依托四明山得天独厚的生态资源，深入挖掘生态文化内涵，广泛开展自然教育，让更多青少年走进自然、体验自然、学习自然和保护自然，以“童眼”观生态，从不同视角感受生物多样性和森林文化的魅力，收获对生命的敬畏和对自然的尊重，实现寓教于乐，寓教于美。

---

① 胡侠. 加快建设高质量“森林浙江”在“两个先行”中展现浙江林业新担当[EB/OL]. (2023-01-14)[2023-03-19]. http://www.zj.chinanews.com.cn/jzkzj/2023-01-14/detail-ihcispqx0270058.shtml.

第六章　完善高效的全领域生态治理体系

浙江深入践行绿水青山就是金山银山的理念，对标“重要窗口”新目标新定位，以“最多跑一次”改革为牵引、以政府数字化转型为依托，着力构建党委领导、政府主导、企业主体、社会参与、法治保障、科技支撑的现代环境治理体系，为推动全省生态环境质量持续提升、高质量建设美丽浙江、实现生态文明建设先行示范提供有力的制度保障。浙江聚焦环境治理关键环节和具体制度，健全环境治理的领导责任体系、政府服务体系、企业责任体系、全民行动体系、监管体系、市场体系、信用体系、风险防控体系、法规政策体系、能力支撑体系。2022年，各类主体责任得到有效落实，市场主体和公众的参与度不断提高，形成导向清晰、决策科学、执行有力、激励有效、多元参与的环境治理体系。预计到2025年，政府治理和企业自治、社会调节将实现良性互动，环境治理效能将显著提升，成为展示生态文明建设先行示范样板的重要窗口。

第一节　实行最严格的生态保护制度

习近平指出：“用最严格制度最严密法治保护生态环境。保护生态环境必须依靠制度、依靠法治。”[①]按照浙江省第十五次党代会决策部署，浙江将高标准补齐治水短板，高水平谱写治水新篇，高质量打造生态文明高地，促进人与自然和谐共生，持续增强人民群众的获得感幸福感，让绿水青山成为推进“两个先行”的靓丽底色。

① 习近平．论坚持人与自然和谐共生[M]．北京：中央文献出版社，2022：13．

一、构建现代生态环境保护治理体系

浙江以实现治理体系和治理能力现代化为目标，不断健全生态环境保护法治体系，着力优化生态环境保护体制机制，提升生态环境保护综合能力。

（一）完善生态环境保护法规标准

《浙江省生态环境保护条例》于2022年5月27日经浙江省十三届人大常委会第三十六次会议审议通过，于2022年8月1日起正式施行。这一条例体现了“大生态”“大环保”格局。法规名称从立项时的《浙江省实施〈中华人民共和国环境保护法〉办法》修改为《浙江省生态环境保护条例》，涵盖范围更广泛、内容更丰富、指向更综合。使用“生态环境”的概念代替环境保护法中“环境”概念，与时俱进，对碳达峰碳中和、生物多样性保护、数字化改革、生态产品价值实现、生态环境损害赔偿等新内容予以规定，促进污染防治向生态环境综合治理、系统治理、源头治理转变。

生态环境保护是一个系统工程，部门监管方面，除了生态环境部门发挥统一监督管理作用外，还需要各部门齐抓共管，推进落实“党政同责”“一岗双责”。本次《浙江省生态环境保护条例》立法，在遵从上位法的基础上，遵循“小切口、精准化”理念，坚持问题导向、需求导向，进一步明确部门生态环境保护职责，并作出细化、补充和创设性规定，进一步适应“大生态”“大环保”格局，体现在以下几方面。一是环境科技创新能力方面。规定省科技主管部门应当会同省生态环境主管部门编制生态环境保护领域重点科技项目清单，加强生态环境保护技术攻关和技术转化、应用、集成、示范，为生态环境保护提供技术支撑。二是光污染方面。首次在法规层面作出关于防治光污染规定，明确住房和城乡建设主管部门与城乡规划主管部门在防治光污染方面的职责。三是碳减排方面。要求省生态环境主管部门根据国家规定分配碳排放配额，并加强对配额清缴情况的监督管理，明确将钢铁、火电、建材、化工、石化、有色金属、造纸、印染、化纤等9大行业新建、改建、扩建建设项目的温室气体排放纳入环境影响评价范围。明确省价格主管部门应当会同省有关部门依法完善差别价格、阶梯价格政策，引导节约和合理使用水、电、燃气等资源和能源，减少碳排放。规定发展改革部门会同同级有关部门依法推进落后生产工艺装备与落后产品的淘汰工作。四是生态产品价值实现方面。专设“生态产品价值实现”一章，率先以地方性法规的形式对打通“两山”转化通道作出规定，以法治手段推进生态富民惠民，助力共同富裕示范区建设。第四章构建了生态产品价值实现的基本制度框架，明确省发展改革部门和有关部门的职责分工，对相应支持措施、工作要求等作出规定，为“两山”转化提供实现机制。五是生态保护补偿制度方面。浙江较早实施生态保护补偿工作。2017 年 12 月，省财政厅会同原省环保厅、省发展改革委、省水利厅制定了《关于建立省内流域上下游横向生态保护补偿机制的实施意见》，目前，已有 50 对 54 个市县签订横向生态补偿协议，覆盖全省八大水系主要干流。在相关政策及实践的基础上，《浙江省生态环境保护条例》对生态保护补偿制度予以明确，要求省财政部门应当会同省有关部门建立健全主要流域上下游地区横向生态保护补偿机制，推动上下游地区人民政府依据出入境断面水质监测结果等开展生态保护补偿。还明确自然保护地管理机构的生态环境保护职责，规定按照职责做好生物多样性保护相关工作。在明确部门职责的同时，《浙江省生态环境保护条例》强调监督考核。要求建立健全生态环境保护考核制度、督察制度、约谈制度和问责制度，强化刚性约束。完善各级政府每年向人大报告生态环境状况和环境保护目标完成情况的制度，覆盖到省市县乡四级。落实最严格的生态环境保护制度，健全完善了浙江省生态环境保护责任、监管、共治体系。

《浙江省生态环境保护条例》在污染防治方面做了更加明确、细致的规定。一是强化源头预防。保护优先、预防为主是生态环境保护的基本原则，形成节约资源和保护生态环境的空间格局、产业结构是解决污染问题的根本之策。二是推进联防联控。通过建立分级分区域多要素的联防联控机制来强化污染治理的系统性和协同性。规定县级以上人民政府在控制大气污染物和温室气体排放、水土环境风险防控、完善河湖和海洋管理保护机制、固体废物全过程监管、塑料污染全链条防治和噪声污染治理等方面要加强协同控制和区域协同治理。三是提升治理效能。规定建立和实施全省统一的排污权有偿使用和交易制度，为依法推进排污权有偿使用和交易，加速制度的统一提供法治保障。为调动排污单位治污减排的积极性和主动性，规定推行环境污染防治协议制度。明确排污单位可以与设区的市、县级人民政府或者其指定的部门签订环境污染防治协议，双方按照协议享有权利、履行义务。对生态环境损害赔偿和修复做了具体规定，推动污染防治和生态保护修复有机衔接。

（二）深化生态环境管理体制改革

浙江以“最多跑一次”改革为牵引，撬动生态环境管理模式创新。全面实施“区域环评＋环境标准”改革，建立健全以亩产排污强度为基础的环境准入制度。实施生态环境损害赔偿制度，实行生态环境状况报告制度，全面推行领导干部自然资源资产离任审计制度。深化河长制，实施湖长制，推进湾（滩）长制国家试点。加快推进省以下生态环境机构监测监察执法垂直管理制度改革。健全生态环境保护领域行政执法与司法联动机制，加大环境违法行为联合惩戒力度，实现省、市、县三级公检法驻环保联络机制全覆盖。完善环保非诉案件强制执行协作机制。积极推进环境资源专门审判队伍建设，建立健全环境公益诉讼制度。加快推行排污许可制度，对固定污染源实施全过程管理和多污染物协同控制，强化证后监管和处罚，实现“一证式”管理。实施入河污染源排放、排污口排放和水体水质联动管理。健全环保信用评价、信息强制性披露、严惩重罚等制度，强化排污者责任。

（三）健全生态环境保护经济政策体系

浙江加大财政投入力度，建立资金投入向污染防治攻坚战倾斜的机制。建立健全环境保护奖惩机制、绿色发展财政奖补机制，完善主要污染物排放财政收费制度，深化“绿水青山就是金山银山”建设财政专项激励政策。加大对重点生态功能区的转移支付力度，实行生态环保财力转移支付资金与“绿色指数”挂钩分配制度。探索建立市场化、多元化生态补偿机制，开展省内主要流域上下游自主协商横向生态保护补偿。完善助力绿色产业发展的价格、财税、投资等政策。建立健全绿色金融政策支持体系，持续深化全省绿色金融改革发展，不断推进绿色金融产品和服务创新，积极支持污染防治、资源节约与循环利用、清洁能源等领域的绿色企业和项目。加强环境资源市场化配置，深化林权、排污权、用能权、碳排放权等配置方式改革，健全全面反映资源稀缺程度、生态环境治理修复成本的资源环境价格形成机制。

（四）加强生态环境保护能力建设

浙江加强生态环境保护队伍的规范化、标准化和专业化建设，按省市县乡不同层级工作职责配备相应工作力量，加强人财物保障，确保与生态环境保护任务相匹配。强化生态环境执法能力建设，统一着装、统一标识、统一证件、统一保障执法用车和装备。加快制作和完善“环境地图”，为污染防治攻坚战和生态环境保护提供基础性支撑。强化生态环境监测能力建设，健全大气复合污染立体监测网络，推动空气质量自动监测向乡镇一级覆盖，推进清新空气（负氧离子）监测网络体系建设，健全和扩展水环境监测网络、海洋环境监测网络和辐射环境监测网络，建立土壤环境监测网络，推进生态遥感监测网络建设。探索建立生态安全监测预警体系，建立健全环境承载能力监测预警长效机制。加快推进生态环保大数据平台建设，全面建成环保数据仓、共享交换平台、政务信息综合库、支撑保障体系四大生态环境基础信息化工程。强化科技支撑能力建设，加大生态环境治理重大项目科技攻关，加快成果转化与应用。大力推行环境污染第三方治理，推广政府和社会资本合作治理模式。

二、健全生态环境保护社会行动体系

环境保护就是运用环境科学的理论和方法，在更好地利用自然资源的同时，深入认识污染和破坏环境的根源及危害，有计划地保护环境，预防环境质量恶化，控制环境污染，促进人类与环境协调发展，提高人类生活质量，保护人类健康，造福子孙后代。为确保实现社会可持续发展，应当激发社会各界和公众参与、监督生态环境保护的积极性和主动性，构建全民参与生态环境保护的社会行动体系。以下是浙江省取得的具体经验。

（一）完善环境信息公开制度，充分发挥市场机制作用

加强重特大突发环境事件信息公开，对涉及群众切身利益的重大项目及时主动公开，健全舆情应对机制。党报、电视台、政府网站要及时曝光突出环境问题，报道整改进展情况。监督上市公司、发债企业等市场主体全面、及时、准确地披露环境信息。2018 年，浙江重点排污单位全部安装自动在线监控设备并同生态环境主管部门联网，依法公开排污信息。2020 年，浙江已全域实现入河排污口监测全覆盖，并将监测数据纳入长江经济带综合信息平台。设区城市符合条件的环保设施和城市污水垃圾处理设施向社会开放，接受公众参观。

坚持发挥市场机制作用，统一排污权有偿使用和交易制度。浙江作为全国首批试点省份，经过10多年的探索实践，形成了一套较为完善的机制，走在了全国前列。为固化改革经验，结合近年来国家、长三角以及浙江省对排污权有偿使用和交易制度建设的新部署新要求，亟须全面构建全省统一的政策体系和全省"一个平台、一套准则"的管理体系。所以，在《浙江省生态环境保护条例》中明确规定建立全省统一的排污权有偿使用和交易制度，为依法推进排污权有偿使用和交易，加速制度的统一提供有力保障。

坚持源头防控，强化"三线一单"以生态保护红线、环境质量底线、资源利用上线为基础，编制生态环境准入清单，力求用"线"管住空间布局、用"单"规范发展行为，构建生态环境，认真规划环评和项目环评联动机制。《浙江省生态环境保护条例》在省政府规章的基础上进一步提升"三线一单"制度的法律地位，明确其作为政策制定、规划编制、区域开发建设和监督管理的重要依据。《浙江省生态环境保护条例》吸收浙江"区域环评＋环境标准"改革成果，在省政府文件的基础上将该做法提炼上升为法规规定，明确建立规划环评与项目环评联动机制，以充分发挥规划环评宏观把控和引导作用。

（二）推动形成社会行动体系

增强公民法治观念和科学人文素养，提高全社会节约资源、保护环境的自觉意识，大力倡导简约适度绿色低碳的生活方式、消费模式和行为习惯。广泛开展绿色生活行动，引导公众改变生活习惯，开展垃圾分类，优先选用节能环保产品，倡导以公共交通、自行车、步行等方式绿色出行。推行绿色办公，推广政府绿色采购，建立健全绿色供应链。推动环保社会组织和志愿者队伍规范健康发展，完善公众监督、举报反馈机制，进一步强化全民责任意识、法治意识和企业社会责任意识，形成政府、企业、公众互动的社会行动体系。

推进生态产品价值实现。为了充分发挥浙江生态优势，以法治手段推进生态富民惠民，助力共同富裕示范区建设，《浙江省生态环境保护条例》专设一章构建生态产品价值实现的基本制度框架。一是建立自然资源确权登记制度和生态产品基础信息普查制度、动态监测制度。二是建立健全生态产品价值评价和考核机制。支持开展碳汇交易，鼓励探索生态产品价值权益质押融资。三是建立全省统一的生态产品经营管理平台，推进供需对接。四是要求政府采取措施支持山区县(市)发展旅游、休闲度假经济和文化创意产业。五是鼓励社会资本参与生态产品经营开发,支持创建生态产品区域公用品牌和区域特色农产品品牌。六是建立健全财政转移支付资金分配机制和主要流域上下游地区横向生态保护补偿机制。

坚持拓展提升,落实生态环境问题发现机制。2020 年 8 月,浙江省政府办公厅印发《关于建立健全环境污染问题发现机制的实施意见》,要求构建人防、物防、技防相结合的发现机制,提升社会化、智能化、专业化的发现能力。通过 2020 年到 2022 年的实践,在制度建设、监管协同、数字赋能、责任落实上取得明显成效。在《浙江省生态环境保护条例》中明确规定建立健全生态环境问题发现机制,拓宽发现渠道,健全举报奖励制度,运用科技装备和数字化手段提升发现能力。

(三)广泛开展示范引领

坚持整体智治,推进数字化监管。浙江数字化改革走在全国前列。近年来,通过建设生态环境综合协同管理平台和“浙里无废”“问题发现·督察在线”等场景应用,数字赋能精准、科学、依法治污。《浙江省生态环境保护条例》立足数字化改革先行优势,明确全省建设统一的生态环境监督管理系统、统一的排污权交易系统、统一的生态产品经营管理平台、生物遗传资源信息管理平台、企业环境信息依法披露系统等,完善在线监控和预警监测体系,加强大数据分析研判与评价,推动生态环境智能化、闭环化监督管理。

坚持减污降碳协同增效,推进碳达峰碳中和。碳达峰碳中和已纳入生态文明建设整体布局。积极应对气候变化、推进绿色低碳转型,是深入打好污染防治攻坚战的迫切任务。《浙江省生态环境保护条例》规定了建立应对气候变化工作机制、相关行业建设项目温室气体排放纳入环评范围、碳排放配额分配以及配额清缴等要求,为落实“双碳”目标提供有效规制。

推动“绿水青山就是金山银山”实践创新基地建设,打造湖州、衢州、丽水等实践样本,努力开辟“绿水青山就是金山银山”实践新境界。在市、县(市、区)开展建设清新空气示范区活动,在全省形成争先创优的治气氛围。广泛开展生态文明建设示范市县、生态文明教育示范基地建设,积极推进“绿色细胞”

工程[1]建设，深化卫生城镇、园林城市、节水型城市、文明城市、森林城市建设。加强生态示范创建动态管理，定期进行复核，建立完善退出机制，形成长效机制和品牌效应。大力推进部省共建美丽中国示范区和大花园建设，高标准建设美丽乡村、美丽田园、美丽森林、美丽河湖、美丽园区、美丽城市，形成全域大美格局。

坚持损害担责，推进生态环境损害赔偿修复。《浙江省生态环境保护条例》与《中华人民共和国民法典》《生态环境损害赔偿管理规定》相衔接，对赔偿权利人、损害调查和鉴定评估程序、磋商程序、修复和赔偿标准以及简易程序等作了细化规定，授权省政府组织制定生态环境损害赔偿具体办法。并规定了对造成生态环境损害的责任人无责任能力或者无法确定的，由设区的市、县（市、区）人民政府对能够修复的受损生态环境先行修复；鼓励和支持社会资本参与生态环境修复。

坚持系统观念，推进生物多样性保护。生物多样性保护日益升温，《浙江省生态环境保护条例》中对生物多样性保护做了专门规定。一是规定县级以上人民政府应当完善生物多样性保护体系，明确相关职能部门和自然保护地管理机构按职责做好生物多样性保护工作。二是规定县级以上人民政府应当建立健全防范应对外来物种入侵制度。三是规定省人民政府应当组织建立生物遗传资源数据库和全省生物遗传资源信息管理平台。四是规定省、设区的市人民政府应将生物多样性保护情况纳入生态环境状况和环境保护目标完成情况年度报告。

第二节　完善资源能源高效利用制度

资源循环利用已成为保障我国资源安全的重要途径。循环经济对实现资源高效利用和循环利用，推动碳达峰、碳中和、经济社会高质量发展具有重要意义。循环经济是以资源的高效利用和循环利用为核心，以“减量化、再利用、

① “绿色细胞”工程是以家庭、社区、乡村、学校等最基层的社会细胞为元素，在全社会倡导绿色生活方式，形成人人参与、人人受益的绿色发展氛围。

资源化”为原则，以低开采、高利用、低排放为基本特征的一种经济发展模式。发展循环经济可让所有的物质和能源在不断进行的经济循环中得到合理和持久的利用，减少由于开采原材料、原材料初加工、产品废弃处理和重新生产所造成的能源消耗和二氧化碳排放，把经济活动对自然环境的影响降低到尽可能小的程度。

根据《浙江省循环经济发展“十四五”》，预计到2025年，浙江现代化循环型产业体系和废旧物资循环利用体系基本建立，资源节约集约循环利用和能源清洁低碳安全利用水平显著提升，基础设施全面绿色升级，绿色生活方式普遍推广，绿色低碳循环发展支撑体系进一步完善，基本建成绿色美丽和谐幸福的现代化大花园，努力夯实碳排放率先达峰的基础，打造全国绿色低碳循环发展新标杆，生态文明建设继续走在前列。为了实现这一目标，浙江省计划采取以下措施。

完善废旧物资回收网络。建立完善回收站点、分拣中心和集散交易市场一体化的废旧物资回收体系，推动废旧物资回收与生活垃圾分类回收“两网融合”。放宽废旧物资回收车辆进城、进小区限制，保障合理路权。大力推广“互联网＋”回收利用模式，推进线上线下分类回收融合发展。鼓励采用预约上门、以旧换新、设置自动回收机等方式回收废旧物资。规范废旧物资回收行业经营秩序，提升行业整体形象和管理水平。

提升再生资源加工利用水平。积极培育再生资源回收利用主体，推动再生资源产业集聚发展，促进再生资源规范化、规模化、高值化利用。引导废钢加工基地提标改造，规范发展废有色金属、废塑料、废纸、废玻璃、废旧轮胎、废旧动力电池等再生资源回收利用产业。加大对废弃电器电子产品、报废机动车、报废船舶、废铅蓄电池等拆解利用企业的规范管理和环境监管力度，营造公平有序的市场竞争环境。鼓励企业创新技术路线和商业模式，提高再生资源利用价值。预计到2025年，主要再生资源回收利用率将达到60％以上。

推动再制造高质量发展。提升汽车零部件、工程机械、机床、文办设备、工量刃具、专用器具等再制造水平，积极发展盾构机、航空发动机、专用发动机、工业机器人等新兴领域再制造。强化专业化再制造旧件回收企业培育，支持建设再制造产品交易平台，建立再制造产品质量保障体系，加强再制造产品的评定和推广，鼓励在售后市场应用再制造产品。推动增材制造、特种材料、智能加工、无损检测等共性技术在再制造领域的应用。推动再制造与装备数字化转型相结合，鼓励面向大型机电装备提供专业化、个性化、定制化再制造服务。支持浙江自贸试验区探索开展航空、船舶、数控机床、通信设备等保税维修和再制造复出口业务，支持台州建设国家级再制造产业集聚区。

深入推进能源消费革命。进一步完善能源消费强度和总量“双控”制度。[①]推动高质量发展，以能源资源配置更加合理、利用效率大幅提高为导向，以建立科学管理制度为手段，以提升基础能力为支撑，强化和完善能耗双控制度，深化能源生产和消费革命，推进能源总量管理、科学配置、全面节约，推动能源清洁低碳安全高效利用，倒逼产业结构、能源结构调整，助力实现碳达峰、碳中和目标，促进经济社会发展全面绿色转型。坚决遏制地方新上石化、化纤等高耗能行业项目，严控水泥、钢铁等产能过剩行业新增产能项目，统筹布局大数据中心、5G 网络等项目。推动电力、石油加工、化工、冶金、建材、造纸、纺织印染、化纤等传统高耗能行业实施节能改造、提高能效，加快高耗能落后企业、产能、设备的淘汰和退出。深入推进建筑、交通、公共机构等重点领域节能。推动钢铁、化工等企业余热余压余能回收利用，推进城市生活垃圾和污水处理厂污泥能源化利用。积极开展能效创新引领国家试点，建立重点培育产业引领性和高耗能产业准入性能效标准体系，全省能效水平持续保持全国前列。

高标准实施节水行动。严格实行水资源消耗强度和总量“双控”，强化用水全过程管理。抓好农业节水增效，推进工业节水减排，加强社区、城镇节水降损，持续推进节水型社区、节水型城市和节水型社会建设。引导企业和园区加快节水及水循环利用设施建设，促进企业间串联用水、分质用水，一水多用和循环利用。积极推进海水淡化工程，推动海岛地区和沿海高耗水行业优先利用海水、亚海水。以缺水地区和水环境敏感区域为重点，推进污水资源化，提高再生水利用率。

全面推进节约集约用地。实行最严格的节约集约用地制度，规范项目预

---

① 能耗强度和总量“双控”制度是指通过设定能耗增量和能耗强度控制目标，对各级地方政府进行监督考核。

审管理，引导建设项目尽量少占或不占耕地。加大存量土地盘活挖潜力度，推动低效土地再开发再利用，推进城市、乡村、园区有机更新。深化“亩均论英雄”改革，高质量建设“万亩千亿”新产业平台。推动“标准地”改革扩面提升，推行新供应工业用地按照“标准地”供地，探索已取得工业用地使用权的企业投资改扩建项目执行“标准地”制度。

树立节约集约循环利用的资源观，紧紧抓住促进资源利用更加高效这个目标，推进自然资源统一确权登记法治化、规范化、标准化、信息化，健全自然资源产权制度，明确各类自然资源产权主体权利。落实资源有偿使用制度，全面建立覆盖各类全民所有自然资源的有偿出让制度，严禁无偿或低价出让。实行资源总量管理和全面节约制度，完善最严格的耕地保护制度和土地节约集约利用制度，完善最严格的水资源管理制度，建立能源消费总量管理和节约制度，建立天然林、草原、湿地保护制度，建立沙化土地封禁保护修复制度，健全海洋资源开发保护制度，健全矿产资源开发利用管理制度。

强化约束性指标管理，实行能源和水资源消耗、建设用地等总量和强度双控行动，建立目标责任制，合理分解落实。研究建立双控的市场化机制，建立预算管理制度、有偿使用和交易制度，更多用市场手段实现双控目标。按照污染者使用者付费、保护者节约者受益的原则，加快建立健全充分反映市场供求和资源稀缺程度、体现生态价值和环境损害成本的资源环境价格机制，促进资源节约和生态环境保护。

按照提升发展质量和效益、降低资源消耗、减少环境污染的部署，构建市场导向的绿色技术创新体系，开展能源节约、资源循环利用、新能源开发、污染治理、生态修复等领域关键技术攻关。强化企业技术创新主体地位，充分发挥市场对绿色产业发展方向和技术路线选择的决定性作用。建立绿色循环低碳发展的产业结构和经济体系，采用先进实用节能低碳环保技术改造提升传统产业，大力发展节能环保产业。

完善资源循环利用制度，实行生产者责任延伸制度，推动生产者落实废弃产品回收处理等责任。完善再生资源回收体系，实行垃圾分类回收，加快建立有利于垃圾分类和减量化、资源化、无害化处理的激励约束机制。推进产业循环式组合，促进生产系统和生活系统的循环链接，构建覆盖全社会的资源循环利用体系。加大绿色金融支持，落实好促进节能减排相关税收优惠政策，加快建立用能权、排污权和碳排放权交易市场。

倡导合理消费，力戒奢侈浪费，制止奢靡之风，把住资源消耗的最终关口，在生产、流通、仓储、消费各环节落实全面节约。深入开展反过度包装、反食品浪费、反过度消费行动，推动形成勤俭节约的社会风尚。总之，节约资源，减少污染；绿色生活，环保选购；重复使用，多次利用；分类回收，循环再生；保护自然，万物共存。

第三节　优化绿色发展激励机制

2020年，浙江省启动新一轮绿色发展财政奖补机制，在奖罚之间，进一步提高各地保护生态的主动性和积极性。浙江省不断探索践行“绿水青山就是金山银山”理念的制度支撑和资金保障措施，其中，多项绿色发展财政创新举措得到中央充分肯定。浙江启动新一轮绿色发展财政奖补机制，旨在进一步加强政策集成创新，提高政策含金量，着力助推浙江生态文明建设迈上新台阶，促进浙江大花园和“两个高水平”建设。

一、新一轮奖补机制呈现的新变化

2017年，浙江深入贯彻“绿水青山就是金山银山”理念，按照集中财力办大事的原则，探索建立了绿色发展财政奖补机制。政策实施的三年内共兑现奖补资金359亿元，取得了较好的政治效益、社会效益、经济效益和生态效益。从2020年开始，省政府办公厅印发《关于实施新一轮绿色发展财政奖补机制的若干意见》，遵循“扩面、提质、完善”的工作思路，共推出提高主要污染物排放财政收费标准、完善单位生产总值能耗财政奖惩制度、完善出境水水质财政奖惩制度、完善森林质量财政奖惩制度、建立空气质量财政奖惩制度、提高生态公益林分类补偿标准、开展湿地生态补偿试点、试行与生态产品质量和价值相挂钩的财政奖补机制、完善生态环保财力转移支付制度、调整“绿水青山就是金山银山”建设财政专项激励政策、继续实施省内流域上下游横向生态保护补偿机制11项政策。新政策实施三年，于2022年圆满收官。

浙江新政策共推出出境水水质等11项政策，既有对现有政策的优化完善，也有结合新形势、新要求出台的新政策，更注重激励与约束相结合，力求在推动生态环境质量全面提升上更加精准发力。一是政策体系更加完善。首次将湿地纳入生态补偿范围，试行湿地生态补偿机制，按30元/亩给予补偿。探索试行与生态产品质量和价值相挂钩的财政奖补机制，按相关市县生态系统生产总值(GEP)及其增长情况，实行因素法分配激励，以加快推进丽水生态产品价值实现机制试点。二是分类施策更加精准。依据主体功能区布局及地区功能定位，区分特别生态功能区、重点生态功能区、非重点生态功能区，分类实施差别化的生态环境质量财政奖惩制度，进一步强化政策效果，体现科学分类、精准施策的政策导向。对非重点生态功能区实行与“绿色指数”挂钩分配的生态环保财力转移支付制度；对重点生态功能区实行分别与出境水水质、森林质量和空气质量挂钩的财政奖惩制度；而对特别生态功能区则实行奖惩标准更高的生态环境质量财政奖惩制度。三是政策衔接更加协调。增加对特别生态功能区和重点生态功能区的空气质量财政奖惩制度，增强奖补机制考核指标的全面性、公平性。此外，还将海岛县区纳入“两山”(二类)建设财政专项激励政策竞争性分配参与范围，每年分别给予3000万～4000万元的激励资金；将淳安等26个加快发展县全部纳入生态公益林重点补偿地区范围，享受重点地区40元/亩的补偿标准，进一步提升政策间、地区间的协调性，集聚政策效应，促进绿色发展。四是奖惩机制更加合理。适当提高水质占比(静态)奖惩标准，降低水质变化(动态)奖惩标准。如，对龙泉市等16个市县，Ⅰ类水占比奖励的标准由现行的每个百分点120万元提高到180万元，这意味着同样的水质可以多拿50%的奖励资金。对单位生产总值能耗、空气质量实施分类奖惩机制，指标值优于全省平均水平的，奖得多、罚得少；差于平均水平的，奖得少、罚得多，以体现公平公正。进一步提高主要污染物排放财政收费标准，使得生态保护要求与社会经济发展水平相适应，倒逼市县节能减排，加强生态保护。

二、完善激励机制，强化科学管理

完善生态环境执法帮扶机制。建立健全生态环境问题发现机制、问题督办机制、问题整改帮扶机制，切实帮扶一批有望整治提升的企业。在对企业的执法监管过程中，对可以就地提升的，指导开展清洁生产技术改造；对完成整治任务但手续不全的，依法按照相关要求给予办理手续；对主观故意、恶意破坏环境的要坚决查处。坚持处罚和教育相结合，完善生态环境行政处罚自由裁量规则和基准，出台轻微环境违法行为不予行政处罚目录清单，防止"以罚代管"，防止不加区分地"一刀切"，推动环境与经济融合发展。

完善企业治污正向激励机制。依据"亩产效益"评价结果，对处于生态环境承载力范围内的市和县(市、区)，在排污权指标上给予适度倾斜。重大产业项目在满足环境质量目标要求前提下，排污总量指标确有困难的，由省级储备指标帮助统筹解决。探索实施差别化清洁生产审核，对能耗低、环境影响小的企业，采取简化快速审核模式。加快排污权、碳排放权的制度建设，推动环境容量指标向效益更好的领域和企业流动。

加强环境信用差别化管理。对工业企业、污水处理厂、垃圾焚烧厂、规模化畜禽养殖场等重点排污单位开展环境信用动态评价，将环境信用评级结果纳入双随机抽查，构建以环境信用评级为基础的分级分类差别化双随机监管模式。做到对信用良好的排污单位降低检查频次、无事不扰，对信用差的排污单位提高抽查频次。完善浙江省环评机构信用等级管理办法，加强对环评报告编制时效和编制质量的考核。建立健全社会环境检测机构诚信体系，引导环境检测服务市场健康发展。推进环保信用信息共享和联合奖惩应用，与排污许可证、执法监督、绿色金融等政策联动。

三、推出省域资源综合利用激励政策

浙江资源综合利用企业按照国家和省有关规定享受税收等优惠政策。县级以上人民政府及其有关部门负责落实国家和省有关优惠政策。县级以上人民政府加大对资源综合利用的财政扶持力度，安排相关资金用于支持资源综合利用的技术开发和示范推广、再生资源回收利用体系建设、资源综合利用重大项目的实施、资源综合利用重大技术和装备的引进、资源综合利用的信息服务等。

县级以上人民政府加大对资源综合利用的科学技术支持力度。省科学技术行政部门根据本省实际，将资源综合利用重大技术的研究开发和推广应用列入省科学技术发展规划，并安排财政性科学技术资金予以支持。市、县（市、区）人民政府科学技术行政部门根据本地实际，安排财政性科学技术资金用于资源综合利用项目的研究开发和推广应用。县级以上人民政府利用存量建设用地，按照有关规划布局发展资源综合利用产业项目；对公益性资源综合利用项目，在用地、用电、用水方面予以优先支持。

金融机构按照绿色信贷政策的要求优先扶持资源综合利用项目，支持资源综合利用产业、行业、企业的发展。县级以上人民政府及其有关部门加大对资源综合利用产品的政府采购支持力度。国家机关、事业单位和社会团体使用财政性资金进行采购的，可优先采购列入国家节能、环保产品政府采购清单的资源综合利用产品。

对运输特定种类废物的专用车辆，其道路通行费根据国家和省有关规定给予优惠。特定种类废物目录及优惠政策由省资源综合利用主管部门会同省交通运输、财政、价格等部门制定，报省人民政府批准。

第四节　提升生态环境监管服务能力

生态环境监测是生态环境保护的基础，是生态文明建设的重要支撑。浙江以监测先行、监测灵敏、监测准确为导向，不断完善生态环境监测体系，充分发挥生态环境监测的支撑、引领、服务作用，提升生态环境监管能力。筑牢生态安全屏障，加强生态环境监测与生态环境监管执法联动。推进快检技术在生态环境监测体系中的应用，提升环境应急处置速度及环境污染源排查工作效率。不断丰富监测手段，加快监测队伍内便携、快速监测仪器设备的普及，实现监测更科学、更精准、更全面、更快速。进一步加强实验室能力建设，开展监测人员培训，强化监测质量监管。

一、加强推进生态文明建设工作的领导

第一，强化组织领导。浙江省委要求各级党委总揽全局、协调各方，将生态文明建设工作摆上重要位置，进一步加强对推进生态文明建设的领导。支

持人大按照法律赋予的职责，加强对生态文明建设的立法和监督工作，强化生态环保预算审查监督，加强环保及生态建设执法检查和监督，依法行使好重大事项决定权。各级政府认真编制相关规划，制定实施配套政策，加大财政投入，强化行政执法，推进区域合作。支持政协积极履行政治协商、民主监督和参政议政职能，团结动员各方面力量为生态文明建设献计出力。各级纪检监察机关加强对生态文明建设各项政策、措施贯彻情况的监督检查，确保省委决策部署落到实处。党的基层组织和广大共产党员在推进生态文明建设中发挥战斗堡垒作用和先锋模范作用。充分发挥共青团、工会、妇联等人民团体的作用，动员共青团员、广大职工、妇女群众和社会各界人士积极投身生态文明建设，形成社会各方共同参与的新局面。

第二，加强社会协同。充分发挥企业和行业协会在推进生态文明建设中的重要作用，引导企业履行社会责任，自觉控制污染、推行清洁生产、采用先进技术和工艺，追求绿色效益。充分发挥新闻舆论的导向和监督作用，广播、电视、报刊、网络等主流新闻媒体，广泛持久地开展多层次、多形式的生态文明建设宣传教育活动，加强对先进典型的总结和推广，形成推进生态文明建设的良好氛围。进一步加强民间环保组织建设，推进生态文明志愿者队伍建设，更好地发挥其在环保专项行动、环保监督、环保宣传等方面的作用。进一步提高全体公民投身生态文明建设的责任意识和参与意识，对城乡规划、产业布局、土地开发等重大项目，要采取公示、听证等形式听取专家和公众的意见，形成全社会关心、支持、参与和监督生态文明建设的强大合力。

第三，深化生态环境咨询服务体系。持续深化“三服务”[①]活动，全面实施环保服务高质量发展工程。完善省、市、县三级联动的生态环境咨询服务体系，设区市生态环境局、县(市、区)分局每月至少确定1天作为“企业环保咨询日”。建立生态环境专家服务团队，对重点区域、重点流域和重点行业进行把脉问诊，为政府、企业提出切实可行的解决方案。深入开展生态环境法规标准、政策措施的宣传解读，开展环保设施向公众开放活动，加大舆情应对引导力度，积极回应社会关切，营造良好舆论环境。

---

① “三服务”即服务企业、服务群众、服务基层。

第四，狠抓工作落实。浙江各级各部门按照省委部署，根据工作职责，制定和实施推进生态文明建设专项行动方案，细化工作目标，拟订年度实施意见，把推进生态文明建设的各项任务落到实处。研究制定生态文明建设评价指标体系，定期发布全省各市县（市、区）生态文明建设量化评价情况，引导各地加快推进生态文明建设。完善信息公开制度，及时公开生态环境质量、污染整治、企业环境行为等信息，曝光典型环境违法行为。认真落实社会稳定风险评估机制，防止因决策不当引发群体性事件。严格问责制度，对造成重大生态环境事故、事件的，依法追究相关地方、单位和人员的责任。对举报破坏生态环境案件的公民予以奖励，对在生态文明建设中做出突出贡献的单位和个人予以表彰。

二、优化绿色低碳循环发展体制机制

第一，构建数字智治体系。统筹推进碳达峰碳中和数智平台、省域空间治理数字化平台和“无废城市”应用场景建设，健全高效协同、综合集成、闭环管理机制。积极推广碳排放空间承载力监测分析和碳达峰碳中和动态监测、预警、评估等应用。提升生态环境数字化应用水平。推进生态环境保护综合协同管理平台建设，打破信息孤岛实现数据共享，构建“一站式”办事平台。加快数字化成果与公共服务深度融合，加强企业端、用户端的宣传培训力度，提供企业、公众对业务办理和信息获取的便捷化服务。完善污染源监管动态信息库、执法人员数据库、随机抽查信息系统。加快完善污染源自动监控超标数据快速发现、预警督办、查处整改闭环监管机制，深化污染源自动监测数据执法应用。

第二，制定节能降碳标准。加快重点行业、重点领域准入制度体系建设，分类分批确定最严格的准入标准。加快制定产业结构调整能效、碳效指南。建设统一的绿色产品标准、认证、标识体系，培育和引进高品质绿色认证机构，支持企业开展绿色产品认证。

第三，完善政策法规体系。建立健全高耗能行业阶梯电价和单位产品超能耗限额标准惩罚性电价政策，优化分时电价机制。推广与生态产品质量和价值相挂钩的财政奖补机制，加大对节能降碳增汇项目实施和技术研发的财政支持力度。建立基于能效技术标准的用能权有偿使用和交易体系，探索跨区域交易。全面参与碳市场建设，健全用能权和碳排放权协同协调机制，探索建立全省碳排放配额分配管理机制。建立生态信用行为与金融信贷相挂钩的激励机制，发展基于各类环境权益的融资工具。推动碳金融产品服务创新，积极争取国家气候投融资试点。

第四，健全生态产品价值实现机制。建立覆盖陆域、海岸带和项目层级的GEP核算体系，逐步扩大GEP核算应用试点范围。构建面向生态占补平衡的特色指标体系，支持衢州市、丽水市等地以生态占补平衡为重点开展生态产品价值实现机制试点。建立生态产品价值评价体系。制定生态产品价值核算规范。推动生态产品价值核算结果应用。完善纵向生态保护补偿制度。推动生态产品交易中心建设，推进生态产品供给方与需求方、资源方与投资方高效对接。加大生态产品宣传推介力度。拓展生态产品价值实现模式。鼓励采取多样化模式，科学合理推动生态产品价值实现。建立横向生态保护补偿机制。按照自愿协商原则开展横向生态保护补偿，在生态产品供给地和受益地之间相互建立合作园区。健全生态环境损害赔偿制度。加强生态环境修复与损害赔偿的执行和监督，提高破坏生态环境的违法成本。建立生态环境保护利益导向机制。引导各地建立多元化资金投入机制，鼓励社会组织建立生态公益基金，合力推进生态产品价值实现。严格执行《中华人民共和国环境保护税法》，推进资源税改革。在符合相关法律法规基础上探索规范用地供给，服务于生态产品可持续经营开发。加大绿色金融支持力度。加强组织领导，推动督促落实。按照中央统筹、省负总责、市县抓落实的总体要求，建立健全统筹协调机制，加大生态产品价值实现工作推进力度。推进试点示范。强化智力支撑，依托高等学校和科研机构，加强对生态产品价值实现机制改革创新的研究，强化相关专业建设和人才培养。

三、高质量完善水生态环境治理格局

治水是个系统性工程。浙江将完善工作推进、问题发现、共建共享等相关机制，凝聚全社会的智慧和力量，进一步打造党委领导、政府主导、企业主体、社会共治、全民参与的水生态环境治理格局。

浙江围绕“五水智治”，统筹谋划好分阶段目标、重点任务、推进时序等，把目标定清、措施定实、路径定明，明确时间表、路线图、施工图，用新的规划进一步统一思想、凝聚共识、明确任务，发动全省上下苦干实干，争取三年大变样、五年有飞跃、七年新辉煌。

（一）加强水环境安全保障

为进一步加强环境安全保障，浙江将采取如下措施。

第一，提升供水安全保障水平。立足城乡供水一体化，优化饮用水取水格局，积极推进城市备用饮用水水源地建设，研究建立跨区域应急水源一网调度体系，保障优质供水。定期确认与发布饮用水水源地名录。加强农村饮用水水源保护，进一步提升农村饮用水建设标准，加快建设稳定水源工程，继续推动城乡一体化和规模化供水发展，深化城乡供水数字化管理应用，到 2025 年农村供水水质合格率巩固在 90%以上。加强新安江、千岛湖、太浦河等重要跨界水体协同保护，保障区域供水安全。

第二，加强饮用水水源保护。提升县级以上集中式饮用水水源保护区规范化建设水平，定期开展饮用水水源环境状况调查评估，建立健全水源环境管理档案和饮用水水源保护区矢量数据库，严格落实一级保护区隔离工程，有条件的地区推进实施二级保护区物理或生态隔离。完善“千吨万人”及乡镇集中式饮用水水源保护区划定，加快建立矢量图库，开展勘界立标，落实规范化建设要求。制定实施“千吨万人”及乡镇集中式饮用水水源“一源一策”整治方案，严格依法依规开展集中整治，依法责令限期拆除或关闭保护区内违法违规项目。预计到 2025 年，县级以上集中式饮用水水源达标率保持 100%，“千吨万人”集中式饮用水水源达标率达 95%以上。

第三，加强水环境风险防控。健全环境应急管理指挥体系，推进跨行政区域、跨流域上下游环境应急联动机制建设，提高信息互通、资源共享和协同处置能力。健全环境应急社会化支撑体系，完善应急物资储备体系，加强专业化应急救援队伍建设，提升生态环境风险应急处置能力。深入推进化工园区水污染物多级防控体系试点建设。强化饮用水水源保护区环境应急管理，完善应急预案。根据国家要求，探索开展饮用水水源有机特征污染物分析、新污染物监测防控和生物毒性监测。

（二）聚焦“五水智治”，厚植治水新优势

“五水共治”本身是美丽浙江、共同富裕的重要内涵，不仅关乎美丽浙江的成效，更是关乎共同富裕的“成色”。浙江将继续坚持精准治水、科学治水、依法治水，综合运用技术措施、工程措施等，系统推进源头治理、污染防治、生态修复，努力让水更清、岸更绿、景更美、群众更幸福，以水生态环境的持续改善回应人民群众对美好生活的向往。具体措施如下。

第一，数字赋能，智慧治水。深化数字政府综合应用生态文明场景“碧水行动”模块建设，增强水生态环境管理工作的整体性和协同性，加快水生态环境治理体系模式创新、效率提升。依托生态环境保护综合协同管理平台，强化水生态环境问题预警预测、执法联动，严厉查处超标、超量排放或偷排工业废水等环境违法行为。推进“污水零直排区”建设数字化管理，努力实现关键节点、关键参数实时信息化管理。

第二，提升水环境智治水平。强化水生态环境要素智慧感知。建立陆海统筹的水环境监测网，构建以自动监测为主、手工监测为辅的“9＋X”地表水水质监测与评价体系，推进重点水域、交接断面、县级以上饮用水水源地水质自动监测系统建设，建设地表水水质预报预警平台。推进水污染物“指纹库”建立，重点工业园区污水雨水总排口水质、周边主要河道水质实现“互联网＋监控”。预计到2025年，县控以上地表水环境质量自动监测覆盖率将达到100％。加强智慧化监控，利用无人机、遥感卫星等技术手段对饮用水水源保护区开展定期巡查，摸清污染来源及风险点位。

第三，推进区域水生态环境联保共治。推动长三角一体化发展示范区水生态环境联保共治，协同推进新安江—千岛湖、大运河、太湖、太浦河等重点跨界水体治理。健全跨部门、区域、流域水生态环境保护议事协调机制，流域上下游各级政府、各部门之间加强协调配合、定期会商，实施联合监测、联合执法、应急联动、信息共享。

（三）建立和完善长效治水科学管理体系

为建立和完善长效治水科学管理体系，浙江正在采取以下措施。

第一，加强组织领导。加强规划实施的组织领导，健全完善陆海统筹、部门共抓、区域协同的水生态环境保护工作体系。各市、县（市、区）确定目标指标和主要任务，结合当地实际，制定实施水生态环境保护“十四五”规划，明确具体举措和工程项目，做到责任到位、措施到位、投入到位，确保规划目标顺利实现。

第二，健全法规标准。推进饮用水水源地保护等相关涉水法规规章修订。根据实际，完善地方水污染物排放标准体系。严格落实太湖流域水污染物特别排放限值。探索制订水生态修复和水生生物多样性保护等相关技术规范。

第三，强化投入保障。各地按要求把水生态环境保护作为公共财政支出的重点领域，加大对“污水零直排区”建设、水生态保护修复、污水处理设施提质增效、饮用水水源保护等重点工作的投入力度。完善多元化的投入机制，积极引导社会资本参与水生态环境保护，积极创新各类投融资方式，大力推进水生态环境治理市场化。鼓励民间资本设立治水基金，引导金融机构精准服务重点治水项目。

第四，加强科技支撑。围绕水生态保护修复重点领域和水环境污染治理突出问题，重点开展关键技术和设备研发。培育和壮大环保产业，重点推广水生态保护修复、农业面源污染控制等适用技术。健全生态环境技术服务体系，支撑生态环境的精准治理和科学治理。加强生态环境保护科研基础能力建设，提升现有国家和省级重点实验室等创新平台能级，完善人才培养机制，夯实科技创新基础。

第五，促进全民行动。充分利用传统媒体、新媒体、社交平台等，深入开展新时代治水宣传教育。广泛开展绿色生活行动，努力形成节水、护水、乐水的好风尚。培育壮大企业河长、民间河长及河湖保护志愿者队伍，拓展社会治水力量。积极创新公众参与模式，大力推广全社会治水护水“绿水币”制度，畅通信息公开渠道，完善公众参与和监督机制，强化全民治水自觉行动。

第六，强化考核督查。将规划目标和主要任务纳入美丽浙江建设和“五水共治”考核内容。深化“三服务”，完善指导帮扶督查机制，落实水生态环境管理“一月一提醒、一月一督查、一月一通报、一月一考评”督查机制。建立水环境形势分析机制，及时发现和解决突出水生态环境问题，动态跟踪规划实施进展，开展规划实施年度监测、中期评估和总结评估，及时研究调整工作部署，确保规划顺利实施。

(四)全面推进生态治水的经验启示

浙江“五水共治”以治理水环境质量为切入口,以修复生态环境为重要目标,以倒逼推动产业转型升级为根本方向,契合了“绿水青山就是金山银山”的本质要求,契合了要从系统工程和全局角度寻求新的治理之道。实践表明,“五水共治”治出了秀水美景、治出了发展后劲,绿水青山重回浙江大地,沉睡的山水资源正日益显现出经济价值,“绿水青山就是金山银山”之路越走越宽广。

治水工作必须坚持“任任相继,脚踏实地”。治水工作要靠一任一任领导不懈地奋斗来完成,这就需要在正确的执政道路上“任任相继”,承前启后、薪火相传,以保持工作的连续性和稳定性。要把蓝图变为现实,还必须依靠党政领导干部不驰于空想、不骛于虚声,有“功成不必在我”的胸襟和“咬定青山不放松”的韧劲,脚踏实地干好工作。纵观浙江省“五水共治”,其治水之功就在于历届省委、省政府坚定不移沿着“八八战略”“绿水青山就是金山银山”理念指引的路子走下去,一以贯之、久久为功。同时,浙江省“五水共治”有完整的战略设计和措施配套,有明确的时间表、路线图、作战图。创新提出并实施的治水“三部曲”,立足浙江省生态环境保护和经济社会发展现状,从对感官污染最明显的垃圾河、黑河、臭河入手,开展“清三河”,到以“截、清、治、修”四个环节为主的剿灭劣Ⅴ类水行动,再到“污水零直排区”建设,生态治水工作步步深入、环环相扣、一贯到底,做到积小胜为大胜直至全胜。

治水工作必须坚持民之所望,施政所向。随着生活水平的提高,人民群众对环境质量、生存健康的要求越来越高,拥有清新空气、清洁水源、健康食品和舒适的人居环境,享有安居乐业的和谐社会氛围,已成为人民群众过上幸福美好生活的新追求、新期待。为人民服务就是生态环境保护工作的出发点和落脚点。浙江省委、省政府正确把握当前人民群众的迫切愿望,提出抓治水,就是抓民生,抓住人民群众最关心、最迫切需要解决的热点、难点问题,切中时弊。通过生态治水倒逼发展理念转变,倒逼生产方式转型,倒逼生活方式改进,满足人民群众改善生活品质的追求,顺应民意。

治水工作必须坚持抓住本质,整体施策。现象和本质的对立统一是事物的客观辩证法,本质决定现象,现象是由本质产生的。水环境问题表面上看是生态环境本身的治理问题，但从本质上看，是经济发展方式、产业结构、生活方式的问题。浙江省委、省政府认识到高能耗、高污染、高排放的发展方式是环境污染的根源，水的问题倒映着经济结构的问题，水环境的末端治理并不能从根本上有效地控制水环境污染。在推进“五水共治”过程中，浙江省委、省政府坚持水岸同治、城乡共治，聚焦工业和农业“两转型”，对污染企业釜底抽薪，对落后产能猛药去疴，聚焦城乡污水处理能力“两覆盖”，协同推进治水与治城治乡，深化“千村示范、万村整治”工程，联动推进“三改一拆”、小城镇环境综合整治、污水革命、垃圾革命、厕所革命。全省各级党委和政府一方面以治水倒逼转型升级，将治水作为推动经济转型升级的突破口；另一方面也坚持抓源头、动真格，把转变高能耗、高污染、高排放的发展方式，推动经济结构调整和转型升级作为推动治水的重要途径，既“腾笼”又“换鸟”，实现了经济发展和生态环境质量的双提高，使得“五水共治”成为贯彻“绿水青山就是金山银山”理念的生动实践。

治水工作必须坚持切中要害，统筹兼顾。根据唯物辩证法，在矛盾综合体中，主要矛盾处于支配地位、起主导作用。在实际工作中，应首先抓住和解决好主要矛盾，同时又不能忽略次要矛盾的解决。水生态环境的系统性、复杂性决定了生态环境治理必须有问题意识，不能眉毛胡子一把抓，应以重大问题为导向，抓住关键，推动解决一系列突出矛盾和问题。在推进“五水共治”过程中，浙江省委、省政府坚持抓主要矛盾，在治污水、防洪水、排涝水、保供水、抓节水这五个手指中，突出重点、切中要害，竖起治污水这个“大拇指”，不仅可以改善人民群众直观感受的生态环境，还能通过治污水抓经济转型，带动生态治水全局。在竖起“治污水”这个“大拇指”的同时，其他“四指”齐头并进，五根手指捏成拳头，统筹兼顾，破解“九龙治水”难题，统一决策部署，全面推进生态环境治理。“五水共治”既抓住主要矛盾，又解决次要矛盾，充分体现了马克思主义唯物辩证法的智慧和力量。

治水工作必须坚持全民参与，共治共保。水生态环境治理工作需要全社会共同参与，只有唤醒政府、群众、企业三方的主体意识、责任意识、参与意识，才能形成全民聚力。浙江省“五水共治”通过各级“五水共治”领导小组、“五水共治”（河长制）办公室的建立，充分发挥各级党委、政府在生态环境保护工作中的领导作用，强化社会各界的治水认识、治水责任，发挥社会组织、学校、社区等基层单位以及工青妇的作用，动员志愿者参与治水；引导企业承担社会责任，走上生态治水之路。此外，浙江省还通过媒体曝光，加强舆论宣传。通过“五水共治”，浙江真正形成了全民参与、共治共保、全面治水的良好氛围。

第七章　人与自然和谐共生的战略定位

浙江站在人与自然和谐共生的战略高位，科学谋划定位，打造重要窗口，做好国际典范，当好先行标杆，担当实践样本。在新时代美丽浙江建设中，进一步学深悟透习近平生态文明思想，深刻把握美丽中国建设和生物多样性保护的新理念、新思想、新战略，特别是深刻把握关于生态文明建设所处方位的新研判、关于推进碳达峰碳中和的新部署、关于生物多样性保护的新要求、关于构建现代环境治理体系的新任务、关于开展生态环保督察的新举措、关于践行生态文明理念的新期望，突出顶层设计，率先形成全域国土空间治理现代化格局；突出高效降碳，率先推动实现全面绿色低碳转型；突出环境治理，率先取得污染防治攻坚战新成果；突出生态修复，率先构建生物多样性保护网络；突出变革重塑，率先构建生态文明治理现代化体系；突出责任落实，率先健全完善督察整改常态长效机制。

第一节　做绿色低碳循环可持续发展的国际典范

浙江是习近平总书记“绿水青山就是金山银山”理念的发源地和率先实践地。这些年来，浙江持之以恒地推进生态省建设，取得了丰硕的理论成果、实践成果、制度成果。绿色生态已经成为浙江靓丽的金名片，绿色发展已经成为浙江干部群众的共识。在建设重要窗口的新征程中，浙江自信满满地扛起生态文明建设先行示范的使命担当，创新发展绿色低碳循环的美丽经济，完善生态产品价值实现机制，进一步优化“绿水青山就是金山银山”理念转化通道，不断完善构建美丽城市、美丽城镇、美丽乡村有机贯通的美丽浙江建设体系，打造“千万工程”升级版，加快建设全省域美丽大花园，着力描绘好现代版“富春山居图”。

一、全面提升亚运城市环境品质

浙江以习近平生态文明思想为指导，践行“简约、安全、精彩”办赛要求和“绿色、智能、节俭、文明”办赛理念，以“无废亚运”场景推广应用为抓手，将“无废”理念、行为、模式融入亚运筹备、举办和赛后利用的全过程、各领域和各环节，实现亚运会举办期间固体废物能减尽减、办会物资可用尽用，切实防控固体废物污染环境风险，构建“无废亚运”工作体系、全民参与行动体系和数字化评价体系，打造具有浙江韵味、全国引领、世界点赞的“无废亚运”示范案例，形成了可推广、可复制的“无废赛事”适用模式，为绿色亚运、“无废城市”建设作出贡献。

（一）深入开展“无废亚运”建设行动，贯彻“绿色、低碳、无废”理念

杭州亚运会、亚残运会是国家赋予浙江、赋予杭州的重大政治责任，举国关注、举世瞩目。浙江坚决贯彻执行党中央的重要指示，满怀感恩之心、胸怀“国之大者”，按照“简约、安全、精彩”的要求，以更高站位、更优标准、更实作风、更严纪律扎实做好筹办工作，确保精益求精、万无一失，只留经典、不留遗憾，高质量推进城市环境品质提升各项工作，严格按照“匠心提质绣杭城”专项行动的基本要求，以“绣花”功夫补短板、堵漏洞、强弱项，充分展现“诗画江南”美好形象。

杭州与亚运结缘以来，向着“办好一个会、提升一座城”的目标步履不停，城市能级不断提升、环境品质不断优化，“亚运效应”逐渐显现。贯彻“绿色、低碳、无废”理念，杭州实施了以下措施：推进绿色场馆建设、绿色环境提升等八个专项行动；举办“人人 1 千克、助力亚运碳中和”“走进无废亚运、争当无废使者”等活动；上线“无废亚运”应用场景，发布“无废亚运”卡通形象“绿芽儿”，提出“无废亚运”十条举措；创建“无废”细胞 1000 余个等。现在，杭州城市路网越织越密，出行条件大幅改善；未来社区落地见效，人居环境品质跃升；老旧街巷古韵今拾，城市文化记忆唤醒；公共空间增绿增彩，配套设施开放共享。

夜幕降临，“大莲花”在钱塘江畔点亮，熠熠生辉。眼下，杭州亚运场馆已全部建成，并在亚运史上首次实现 100％绿色电力供应。杭州亚运会主场馆莲花的设计理念源于钱塘江水动态和杭州丝绸的妩媚，将原本生硬的钢筋骨架

转化为呼应场地曲线的柔美形态。建筑共由28片大花瓣和27片小花瓣组成。杭州奥林匹克体育中心是2022年杭州亚运会主会场。杭州奥林匹克体育中心,简称"杭州奥体中心",位于浙江省杭州市钱塘江南岸、钱江世纪城区块杭州奥体博览城核心区。杭州全力高质量打好亚运攻坚仗,让城市的每一个角落都充分展现中国特色、浙江风采、杭州韵味。

亚运会坚持"两手抓",一手抓涉疫垃圾和医疗废物应收尽收、应处尽处,一手抓赛会各类固废能减尽减、办会物资可用尽用,着力构建亚运固体废物减量工作体系、全民参与行动体系和数字化评价体系,形成了具有世界引领性、全国示范性的"无废"赛事重大标志性成果。行动方案主要包括四个方面工作:一是严守固废安全处置底线。制定并落实生活垃圾、涉疫废物的分类处置方案,确保全程闭环运转、百分百安全处置;加强对产生反应性、易燃易爆或剧毒危险废物的企业等涉危险废物单位的风险管控。二是推动固废源头减量。落实禁塑限塑要求,积极开展"无瓶""光盘"行动,推广无纸化办公和可再生纸张,倡导绿色设计与采购,积极构建绿色供应链,减少赛事场馆垃圾产生。三是促进固废资源化利用。落实场馆赛后再利用,构建可回收物分类体系和办会物资的租赁共享体系,确保赛后物资和材料的最大化回收和再次利用。四是推广"无废亚运"理念。打造一批"无废"细胞示范点,编制公众"无废"行为指南,制定"无废赛事"实施指南。

(二)擦亮"无废亚运"浙江品牌,提升"人间天堂"国际影响力

2023年3月,杭州亚运城市环境品质提升迎来了"再上台阶""再进一步"的新任务——全市共绣"美丽家园""杭韵街巷""畅行交通""花满杭城"4条风景线。绣"杭韵街巷"风景线:底蕴越挖越深,文化越擦越亮。推动老旧街巷"微改造、微提升",提升夜景灯光,充分发挥西湖、大运河、良渚古城遗址三大世界文化遗产的综合带动效应,厚植历史文化名城的特色优势。绣"畅行交通"风景线:道路越拓越宽,交通越来越畅。杭州建设500公里快速路网,强化跨区域联网道路、支小路建设,开展"平路整治"专项行动,优化隔离墩、隔离栏等道路交通设施和地铁接驳、社区公交、城乡公交线路。绣"花满杭城"风景线:环境越变越绿,城市越扮越靓。新建城市公园30个,其中口袋公园15个,打造黄公仙居、大源青山村等精品绿道50公里,在增绿增彩专项行动推进下,

300米见绿、500米见园的绿色生活圈和亚运期间“花满杭城”的热烈景象“浮现眼前”。

从轨道交通到快速路网，从住宅小区到街头巷尾，从亚运场馆到城市门户，杭州的每一个角落都早早地发生了质的改变。自2022年2月起，开展了“迎亚运”城市基础设施建设百日攻坚、“美丽杭州迎亚运”城市环境品质提升两大行动，经过一年的全力攻坚，建成了一批重大基础设施精品工程，培育了一批特色鲜明、群众点赞的标志性成果。一方面，以开展“迎亚运城市基础设施建设‘百日攻坚”为契机，高速公路网、快速路网、轨道交通网“三网”建设并驾齐驱，实现了“联网、补网、强链”；另一方面，围绕打造“席地而坐”的卫生环境、“杯水不溢”的通行环境、“水墨淡彩”的夜景环境、“满城飘香”的园林环境和“宋韵钱塘”的人文环境，完成六大类688个环境提升项目整治工作，实现了城市面貌焕然一新。

迎亚运城市基础设施建设方面取得重要成果。一是480公里的快速路，实现的是5分钟从大江东跨越钱塘江到下沙，20分钟从富阳城区到滨江高端产业园，30分钟从良渚新城到武林广场，35分钟从临平城区到萧山机场。二是516公里的地铁网络，实现的是1小时横穿东西、飞跨南北，让杭州新城与老城的人流、物流、资金流得以加速流动。三是以“迎亚运”为契机高质量贯通30.4公里的“杭州运道”后，浙江省第四届“绿道健走大赛”、杭州绿道健身月等活动在这里举办，开创了在绿道上“全民健身”的新格局。

城市环境品质提升方面取得了良好成效。一是全领域推进源头减量。包括推行绿色住宿、倡导节俭餐饮、推行无纸办赛、推广可再生材料等4项任务。提出亚运会期间亚运村人均餐厨垃圾产生量较同规模赛会减少20%以上，特许商品、场馆装饰品中可回收(再生)材料比例达到70%等目标要求。二是全过程推动循环利用。包括强化资源回收利用、构建办会物资的租赁共享体系、赛后落实场馆再利用等3项任务。提出构建赛时可回收物分类体系，亚运会期间办会物资回收利用率不低于50%等目标要求。三是全方位弘扬“无废”理念。包括承办研讨会议、打造典型案例、倡导“无废”行为、强化“无废亚运”宣传等4项任务。积极争取生态环境部在浙江省召开全国“无废城市”建设现场推进会暨“无废亚运”高峰论坛，扩大公众参与度和影响力，推广示范一批制度和实践成果。四是全流程防控污染风险。包括强化垃圾分类处置、管控危险废物污染风险、建立应急处置协调机制等3项任务。要求赛事期间生活垃圾“日产日清”,涉易燃性、反应性和剧毒危险废物产生、收集、利用、处置工业企业落实“一厂一策”风险管控方案。

(三)坚持绿色生态底色,大力推进体育公园建设

2022年,体育公园精彩亮相,推进山体生态修复景观提升。为全力做好亚运保障,杭州大力推进体育公园建设,新建了一批体育健身、休憩交往、文化展示等功能复合的公园绿地,增强市民生态空间体验感,并加快构建郊野公园、城市公园、社区公园、口袋公园体系,为全民健身创造更多的空间资源。到亚运会前,高质量建成的体育公园40个,实现精彩亮相。大运河亚运公园是杭州亚运会第一批新建场馆及设施项目,以全民健身为主题,集亚运记忆、运河文化、体育培育于一体的综合体育公园,其两大主题建筑“南馆北场”中,“南馆”为乒乓球比赛馆,其外观设计源于良渚文化中玉器“琮”的一个圆形和方形的交集部分;“北场”为亚运曲棍球比赛场地,造型取自“杭州油纸伞”的骨架。牢牢把握“亚运会、大都市、现代化”的重大历史机遇,大城北正以大项目带动配套建设和功能完善,进一步推动城市能级提升,加快建设社会主义现代化国际大都市。

近年来,浙江坚持以人民为中心,大力度推进体育公园建设和体育设施进公园。体育公园绿化用地占公园陆地面积的比例不低于65%,确保不逾越生态保护红线,不破坏自然生态系统,推进健身设施有机嵌入绿色生态环境,充分利用自然环境打造运动场景,不设固定顶棚、看台,不以建设体育场馆替代体育公园,不以体育公园名义建设特色小镇、变相开发房地产项目,避免体育公园场馆化、房地产化、过度商业化。不鼓励将体育综合体命名为体育公园。浙江省相继出台了《关于推进体育健身设施进公园工作的指导意见》《体育公园及体育设施进公园建设要求和补助办法》等政策,将体育公园或体育设施进公园列入了省和市为民办实事项目,并纳入省对市、县(市、区)“美丽城镇工作建设考核”,推动按县域50万以上人口、30万～50万人口、30万以下人口分大、中、小三个规模要求建设符合县域实际的体育公园。目前,浙江省现有各型体育公园288个,专门为大众体育健身活动服务而建设的体育公园占总数

的48.3%，利用城市“金边银角”嵌入式小型体育公园占总数的36.8%。体育公园实现了智能设施升级改造，接入了浙江省“浙里办”APP体育公共服务平台全民健身地图，实现了查询、导航、预约、支付功能，以免费开放为主，部分运动项目收费为辅，不断满足人民群众健身休闲需求。

体育公园建设得到了群众的普遍好评和大力支持，有效提升了城市“10分钟健身圈”能级。与此同时，浙江省各地结合实际，深度挖掘“公园＋体育”资源，体育公园建设各具特色、亮点纷呈。比如，温州市、衢州市通过“体育＋”，形成独具特色的体育公园品牌；湖州市安吉县引进社会力量建设“营盘山体育公园”，面积1000余亩，引领乡村体育公园公共体育建设，促进乡村振兴和“体旅融合”发展；宁波市江北区通过“体育＋休闲”“体育＋文化”，形成独具特色的体育公园高质量发展的“江北品牌”。

一场立足浙江、表达中国、胸怀亚洲、放眼世界的体育盛宴即将呈现，一座开放大气、包容创新、韵味十足、世界一流的国际大都市正在崛起。

二、绿色就是浙江发展最动人的色彩

2022年，浙江省第十五次党代会清晰地宣告了过去5年浙江经济社会发展的“绿色”底色，也展开了浙江着力推进生态文明建设先行示范、助力共同富裕先行和省域现代化先行的发展图景。坚持全领域提升共进、全地域协同共建、全要素美丽共享、全过程管控共治、全方位塑造共融，努力建设人与自然和谐共生的现代化，浙江用实践证明，绿色发展是实现生产发展、生活富裕、生态良好的文明发展道路的历史选择，更是通往人与自然和谐境界的必由之路。

锚定美丽生态，绿色成为浙江发展的底色。大花园是浙江自然环境的底色、高质量发展的底色、人民幸福生活的底色，更是美好生活的基础、人民群众的期盼。实施碳达峰方案，高水平建设国家清洁能源示范省，建设绿色制造体系和服务体系，加快建筑、交通、农业、居民生活领域低碳转型，抢占绿色低碳科技革命先机，开发利用林业碳汇和海洋“蓝碳”，构建减污降碳协同制度体系。

激活美丽经济，绿色为浙江发展增添亮色。生态环境问题归根结底是发展方式的问题，浙江率先探索出一条经济转型升级、资源高效利用、环境持续改善、城乡均衡和谐的绿色低碳高质量发展之路。沿着绿色高质量的发展脉络，浙江不断推出新政策、新举措、新技术，督促企业绿色低碳转型、推进产业绿色低碳发展，特别是率先在全省范围内开展碳评价工作。2021年，《浙江省建设项目碳排放评价编制指南（试行）》发布实施，明确从当年8月8日起浙江范围的钢铁、火电、建材等九大重点行业，在上马新项目时，要在环评中纳入碳排放评价。

创造美好生活，绿色提升浙江发展的成色。良好的生态本身就是一种效益，有助于为民众提供更优质的生态产品，满足人民日益增长的美好生活需要。良好生态环境是最普惠的民生福祉。生态环境本身就是一种经济，在经济与生态环境良性互动的发展模式下，生态文明建设正成为共同富裕新的增长点。

三、着力推动绿色低碳发展，减污降碳协同增效

浙江坚持先立后破、通盘谋划，科学有序推进碳达峰碳中和，落实好新增可再生能源和原料用能不纳入能源消费总量控制的政策，坚决遏制“两高”项目盲目发展，坚决避免“一刀切”、运动式减碳。狠抓百个千亿清洁能源项目建设，启动700万千瓦清洁火电、100万千瓦新型储能项目开工建设，新增风光电装机400万千瓦以上，积极推进抽水蓄能电站建设。强化能源运行调度，确保能源安全保供。实施全面节约战略，推进资源节约集约循环利用，倡导简约适度、绿色低碳的生活方式。[①]

2021年是“双碳”工作的起步之年，浙江从持续优化能源结构、深入调整产业结构、推动重点领域绿色变革、加快绿色低碳技术创新、扩大“双碳”领域有效投资、深化“双碳”数智平台建设、强化政策制度保障、加强绿色低碳示范引领、开展重大问题前瞻性研究、坚决打击碳数据造假行为等十个方面进行重点攻坚。浙江建立了省级统筹、三级联动、条块结合、高效协同的体系化推进机制，立足经济发展、能源安全、碳排放和居民生活4个维度，设好了囊括“能源

---

① 2022年浙江省政府工作报告[EB/OL].(2022-01-24)[2023-08-24]. https://zrzyt.zj.gov.cn/art/2022/1/24/art_1289955_58989607.html.

消费总量、碳排放总量、能耗强度、碳排放强度”4个指标、“能源、工业、建筑、交通、农业、居民生活”6个重点领域、“科技创新”1个关键变量的“4＋6＋1”“双碳”变革跑道，谋划好了1个顶层设计、N个“双碳”行动方案、X个配套政策的“1＋N＋X”政策体系，出台了《关于完整准确全面贯彻新发展理念　做好碳达峰碳中和工作的实施意见》，“能源、工业、建筑、交通、农业、居民生活等六大领域以及绿色低碳科技创新”的“6＋1”领域绿色低碳转型有序推进，各地创新实践、试点探索积极踊跃，多领域、多层级、多样化推进低碳零碳试点示范，双碳数智平台上线运行，碳达峰碳中和工作迈出了坚实一步。

浙江巩固提升环境质量，取得良好成效。2022年，浙江深入推进清新空气行动，确保设区城市PM2.5平均浓度低于每立方米26微克，空气质量优良天数比率高于92％。深化“五水共治”碧水行动，持续推进“污水零直排区”建设，全省地表水优良水质断面比例达到94％以上。加强土壤污染治理，污染地块安全利用率达到94％以上。深化全域“无废城市”建设，推进塑料污染治理，加强垃圾分类和资源化利用。[①]

浙江加强生态修复和保护，体现在如下方面。积极参与长江经济带共抓大保护。落实八大水系全面禁渔期制度，实施美丽海湾保护与建设行动，扎实开展废弃矿山生态修复。大力支持钱江源－百山祖创建国家公园。加强珍稀濒危物种抢救保护和外来物种入侵治理，全面提升生物多样性保护水平。

四、系统化构建绿色发展财政奖补机制

2005年，浙江在全国率先建立了生态环保财力转移支付制度。此后，又陆续出台了生态公益林补偿机制、重点生态功能区财政政策、污染物排放财政收费制度等一系列政策。2017年系统化构建了绿色发展财政奖补机制，三年一轮迭代升级，4年已累计兑现奖补资金495亿元，发挥了政策集成、资金集聚效应，推动了绿色发展。绿色发展财政奖补机制是浙江财政支持生态保护、环境治理和绿色发展的集成化政策体系，该做法在2021年被财政部评为“贯彻落

---

① 2022年浙江省政府工作报告[EB/OL].(2022-01-24)[2023-08-24]. https://zrzyt.zj.gov.cn/art/2022/1/24/art_1289955_58989607.html.

实中央重大决策部署、深化财政改革发展的生动案例”一等奖。

浙江绿色发展财政奖补机制是依据生态系统的整体性、系统性及其内在规律，根据林、水、气、湿地、节能降耗、生态系统生产总值等各个领域的不同特点建立的，包括主要污染物排放财政收费、单位生产总值能耗财政奖惩、出境水水质财政奖惩、森林质量财政奖惩、湿地生态补偿、生态环保财力转移支付、省内流域上下游横向补偿在内的11项政策，基本实现了生态保护领域财政政策的全覆盖，初步形成了与经济社会发展状况相适应的综合性生态保护补偿制度，政策层次更加分明、功能更加完善、导向更加鲜明。

浙江“七山一水两分田”，各地功能定位和生态布局差异很大。为此，浙江财政因地制宜，加强顶层设计，在研究实施绿色发展财政奖补机制时，对不同特点的地区，分类实施差别化的生态环境质量财政奖惩制度，构建与主体功能区布局相适应的财政政策体系。例如，对非重点生态功能区实行生态环保财力转移支付制度；对重点生态功能区实行与出境水水质、森林质量和空气质量挂钩的财政奖惩制度；对特别生态功能区则实行奖惩标准更高的奖惩制度，进一步强化政策效果，体现科学分类、精准施策的政策导向。同时，在实施单位生产总值能耗财政奖惩制度时，根据各地能耗水平，对处于全省均值以上和以下的市县实行不同的奖惩办法。

绿色发展财政奖补机制涉及的11项政策，共采用了交接断面水质类别、森林覆盖率、PM2.5等30多项指标，指标数据真实、稳定、客观，从制度设计上避免了人为因素干扰，确保了数据的可得性、客观性，彰显了政策兑现的公正性、公平性。例如，生态环保财力转移支付分配与“绿色指数”挂钩，该指数由出境断面水质类别占比、森林覆盖率、PM2.5浓度等3项客观指标加权形成，“绿色指数”越高，得到的补助资金也越多。又如，根据各地主要污染物实际排放总量直接核定地方财政上缴金额，排放总量越大，上缴金额也越大。由于选取的指标客观，地方政府干事创业的方向因此更加明晰，从而进一步提升了地方政府的主观努力程度。

绿色发展财政奖补机制涉及的大部分政策均实行有奖有罚、激励与约束相结合的机制，而其中最大的特点就是对奖励和扣罚均实现标准化、精细化管理。以出境水水质财政奖惩制度为例，纳入实施范围的市县，水质按Ⅰ类、Ⅱ

类占比，每年每1个百分点分别给予180万元、90万元奖励；按Ⅳ类、Ⅴ类占比，分别扣罚90万元、180万元。同时，Ⅰ类水占比提高1个百分点奖励500万元，下降1个百分点扣罚500万元，实现正向激励和反向倒逼相结合。空气质量财政奖惩标准则进一步细分，市县PM2.5浓度高于当年全省平均水平的，每降低1个百分点奖励75万元，每提高1个百分点扣罚125万元；PM2.5浓度低于全省平均水平的，每降低1个百分点奖励100万元，每提高1个百分点扣罚100万元。对于单位生产总值能耗、森林质量的奖惩，也都根据实际设计相适应的规则。[①]

总体而言，经过多年探索和实践，浙江绿色发展财政奖补机制实现了绿色发展从理念到实践、生态政策从碎片化到集成化、奖补区域从局部到全域、结果运用从单向补偿到有奖有罚的突破。好的机制、好的政策带来了好的绩效，直接体现为生态环境质量的明显提升。浙江生态环境状况综合指数连续多年位居全国前列，水环境质量、空气环境质量等大幅改善。

第二节　当人与自然和谐共生的实践样板

浙江深学细悟践行习近平生态文明思想，聚力打造人与自然和谐共生理念实践与传播高地、优美生态环境高地、减污降碳协同增效创新高地、生物多样性保护高地、绿色共富高地、现代环境治理高地。坚持全领域提升共进、全地域协同共建、全要素美丽共享、全过程管控共治、全方位塑造共融，努力建设人与自然和谐共生的现代化。在生态保护上下功夫、在绿色转型上做谋划、在低碳发展上做文章，推动绿色发展，促进人与自然和谐共生。

一、生态文明建设先行示范

浙江深入践行人与自然和谐共生理念，高水平推进美丽浙江建设，全力创建国家生态文明试验区，建设减污降碳协同创新区，加快全国生态环境数字化

① 浙江，让绿色成为发展最动人的色彩[EB/OL].(2022-05-13)[2023-03-20]. http://czt.zj.gov.cn/art/2022/5/13/art_1164175_58924366.html.

改革和生态环境大脑试点省建设，推进生态文明建设先行示范。具体任务如下。一是全域推进国土空间治理现代化。健全国土空间规划体系和用途管制制度，实施差异化的国土空间开发保护，推进国土空间布局与生产力要素布局相匹配、与重大战略实施相匹配。深化土地综合整治，推进跨乡镇土地综合整治国家试点。构建共富型自然资源政策体系，建设国土空间治理数字化改革先行省。二是大力推进发展方式绿色转型。加快推动产业结构、能源结构和交通运输结构等调整优化，推动城乡建设绿色发展。发挥公共机构示范作用、实施全民节约行动，打造循环经济"991"行动升级版。完善支持绿色发展的政策和标准体系，大力推进节能降碳科技创新和绿色技术推广应用，深化国家绿色技术交易中心建设。三是深入打好污染防治攻坚战。健全现代环境治理体系，深化清新空气示范区建设，深入实施"五水共治"碧水行动和新"三五七"目标任务，推进全域"无废城市"建设，实施危险废物"趋零填埋"，加快构建土壤和地下水污染"防控治"体系，开展新污染物治理，强化塑料污染全链条治理，深化"垃圾革命"，加快提升环境基础设施建设水平。四是全面提升生态系统多样性、稳定性、持续性。优化省域生态安全格局，健全以国家公园为主体的自然保护地体系，实施重要生态系统保护和修复重大工程，科学推进国土绿化和森林质量精准提升，推行森林河流湖泊湿地休养生息，深化河湖长制，全域建设幸福河湖。实施生物多样性保护试点示范工程，加强生物安全管理。五是积极稳妥推进碳达峰碳中和。有计划分步骤实施碳达峰方案，实施精准降碳、科技降碳、数智降碳、安全降碳，高水平建成国家清洁能源示范省，打造新型能源体系建设先行省，巩固提升生态系统碳汇能力，全面落实能源绿色低碳发展和保供稳价三年行动计划，建立健全碳排放统计核算制度。六是全面推行生态产品价值实现机制。完善生态保护补偿制度，探索开展 GEP 综合考核，深化绿水青山就是金山银山合作社改革试点，推进生态惠民富民。

浙江始终牢记生态文明建设先行示范的要求，不断开辟美丽浙江建设新境界，不断提升生态环境治理现代化水平，协同推进高水平保护和高质量发展。在持续推进四轮次"811"美丽浙江生态环保行动并率先建成生态省的基础上，开启高水平建设新时代美丽浙江的新征程。为适应新形势新任务，落实国家"双碳"目标、深入打好污染防治攻坚战、建设共同富裕示范区等新战略新部署，浙江省委提出“推进美丽浙江建设机制性系统性重塑”，包括构建完善绿色低碳转型机制、生态保护修复机制、人居环境治理机制，以及健全美丽浙江建设制度体系和数字赋能美丽浙江治理体系等，不断提升美丽浙江建设治理能力。

2022 年 2 月，浙江发布《关于完整准确全面贯彻新发展理念　做好碳达峰碳中和工作的实施意见》，提出以数字化改革撬动经济社会发展全面绿色转型。同年 6 月，浙江省第十五次党代会报告再次明确：“扎实推进碳达峰、碳中和。实施碳达峰方案，高水平建设国家清洁能源示范省，建设绿色制造体系和服务体系，加快建筑、交通、农业、居民生活领域低碳转型，抢占绿色低碳科技革命先机，开发利用林业碳汇和海洋‘蓝碳’，构建减污降碳协同制度体系。”[①]在经济与生态良性互动的发展模式下，生态文明建设正成为共同富裕新的增长点。

富民增收，“绿水青山就是金山银山”转化功不可没，体制机制创新不可或缺。2020 年 10 月，浙江发布全国首部省级 GEP 核算标准，散落在山间的自然资源成了可以“明码标价”的新宝贝。基于此，丽水市莲都区大港头镇获得当地首笔 6 亿元 GEP 贷综合授信，景区提升、茶园建设等项目有了源头活水；景宁县大均乡、遂昌县大田村等地，以 GEP 核算报告为依据，以森林、空气等“入股”研学、农旅项目，绿水青山利用方式迎来新变革。下一步，按照浙江省着力构建将绿水青山转化为金山银山的政策制度体系，进一步完善生态富民惠民机制，推动绿色共富，助力共同富裕先行和省域现代化先行。

良好的生态环境最具包容性。民生福祉生态环境本身就是一种经济。在经济与生态环境良性互动的发展模式下，生态文明建设正在成为共同富裕的新增长点。在浙江，有很多关于促进经济与生态环境互进，助力共同富裕的故事。例如，龙游县普山村通过生态环境的保护和修复，挖掘产业特色、文化底蕴和生态禀赋，以民族特色和亲子游乐研究为产业导向，积极推进农村资源集中收储和产权交易，特别是依托好风光，创新“政府＋村集体＋社会资本”模式，发挥“一米菜园”优势，发展农家乐、小吃店等小生意，民宿、共享食堂、亲子研学基地等多元化商业项目在街区蓬勃发展。仅凤凰部落亲子游乐村项目每

① 袁家军. 忠实践行“八八战略”坚决做到“两个维护”在高质量发展中奋力推进中国特色社会主义共同富裕先行和省域现代化先行[N]. 浙江日报，2022-06-27(1).

年就能给村子带来20万元的保底分红和净利润20%的合作收益分红。又如丽水也成功注册了丽水山泉商标，为丽水的区域品牌填补了水产养殖的空白，开启了水资源生态产品价值的实现之路。

三、落实生物多样性保护工作

浙江把生物多样性保护作为生态文明建设的重要内容、推动高质量发展的重要抓手，纳入国民经济与社会发展五年规划、美丽浙江规划纲要、富民强省行动计划，加以统筹谋划，推动生物多样性保护政策措施集成、执法监管联动、保护成果共享。2010年以来，浙江共制定修改37部生物多样性相关法规规章。2022年，浙江出台《关于进一步加强生物多样性保护的实施意见》和《浙江省生态环境保护条例》，首次在地方规章系统落实生物多样性保护工作，并首次举行全省范围内的生物多样性保护工作会议。

依山傍海的优美生态环境造就了浙江的生物多样性。全省陆生野生脊椎动物共790多种，约占全国总数的27%，高等植物达6100余种，约占全国17%，在我国东南植物区系中占有重要地位。厚实的生物多样性"家底"，是生态涵养的回报，更是绿色发展的馈赠。临安位于浙江省杭州市西部，森林覆盖率81.99%，位居杭州市首位，在全国也名列前茅。临安有天目山、清凉峰国家级自然保护区等6个省级以上自然保护地，保护孕育着国家重点保护野生动物108种、重点保护野生植物64种。得天独厚的生态环境，使这里成为打造"北纬30度生物基因库"的地方，生物多样性在此得到了充分体现。

近年来，天目山自然保护区和清凉峰保护区"国宝"频现，繁育着172种国家重点保护野生动植物。特别是世界濒危物种华南梅花鹿的抢救性保护项目成果喜人。华南梅花鹿种群数量已由建区前的80余头增长至现在的300多头，成为中国野生梅花鹿分布最东端的最大野生种群。临安区将生物多样性保护工作列入各镇街生态文明建设目标责任制考核内容，为生物多样性保护打造"保护区＋镇政府""双脐带"营养通路。同时，积极探索以生物多样性保护为核心的促进共同富裕的新路。助推村落景区建设，2021年"天目月乡"旅游景区实现全年接待游客23万人次，旅游总收入1865万元。浙江临安致力在保护体制和机制上创新创优，精心编织多个维度的生物"保护网"，在清凉峰保护区设立浙江首个自然保护区生态警务室，为“万类霜天竞自由”提供优质庇护。这一生态警务室在天目山保护区也已运作，同时，在青山湖国家森林公园也设立，实现三大国家级自然保护地的全覆盖。“到2022年年底，浙江85%的国家重点保护陆生野生动植物物种得到有效保护，保护名录内畜禽遗传资源实现‘应保尽保’，311个自然保护地实现统一管理。”①浙江杭州西湖风景名胜区管委会水域管理处的专家们首次在西湖观测到被誉为“水中活化石”的国家一级重点保护动物中华秋沙鸭，它在湖中畅游，闲庭信步般地休憩、捕食，黑色羽冠随风飘逸，非常吸睛。安吉小鲵、“鸟中大熊猫”朱鹮、“神话之鸟”中华凤头燕鸥，这些曾经濒临灭绝的珍稀濒危物种频频亮相，背后折射的正是浙江人与自然和谐共生之路的实践。

浙江将始终秉持尊重自然、顺应自然、保护自然的理念，优化战略布局、完善行动抓手，做好评估、保护、修复、救助、转化、示范这篇大文章，不断提升生物多样性保护智治水平、可持续利用水平、共治共享水平，加快走出一条具有浙江特色的生物多样性保护和生态修复新路子。2022年12月，浙江应邀赴加拿大蒙特利尔参加COP15第二阶段会议，组织以“感悟浙江——诗画江南生机盎然”为主题的中国角浙江日活动，向国际社会展示了中国和浙江生态文明建设、生物多样性保护的成效。“浙”里风景独好，浙江生态优势正源源不断转化为经济社会发展优势，民众的获得感、幸福感不断增强。浙江正以生物多样性保护的新成效为“诗画江南、活力浙江”增色添彩，努力绘就“万类霜天竞自由”的人与自然美丽和谐新画卷。

四、铆足干劲，锚定绿色共富不放松

绿色成为浙江全域共富的底色。以绿水青山为底色，以“厚实家底”为基础，浙江正描摹着一个更大的梦想——绿色共富。绿色共富理念主要源自马克思主义共同富裕理论和以“绿水青山就是金山银山”为代表的绿色发展观。共同富裕是人民群众物质生活和精神生活都富裕，因此，绿色共富对应的不仅

---

① 王雯.浙江加强生物多样性保护，奏响万物和合共生的和谐欢歌[EB/OL].(2023-02-17)[2023-03-20]. http://cenews.com.cn/news.html? aid=1034415.

是生态经济效益，更是一种绿色发展观给人民带来的获得感、幸福感、安全感。

(一)锐意创新，改革攻坚

党的十八大以来，浙江不断锐意创新，发布全国首部省级 GEP 核算标准，让美丽山水有了价值标准；各地积极搭建“两山”转化平台；衢州碳账户、湖州“碳效码”、杭州“双碳大脑”等数字应用落地见效。把风景变成产业、让美丽转化成生产力，累计建成 A 级景区村庄 11531 个，2021 年，全省乡村游和休闲农业接待游客破 3.9 亿人次、营业总收入 469 亿元。[①] 绿色产业在之江大地上强势崛起。绿色产业是推动生态文明建设和绿色发展的产业基础。在碳达峰、碳中和目标下，绿色产业重点包括环境保护与污染防治、生态修复和国土空间绿化、能源资源节约利用、基础设施绿色升级、清洁能源 5 个一级行业。“生态环境是典型的公共产品，生态面前人人平等，生态平等可助推共同富裕的实现。生态产品的供给者往往是收入相对较低的乡村居民，而需求者往往是收入相对较高的城市居民，打通生态产品的供求渠道可以促进财富的城乡转移，从而促进共同富裕。”[②]

自 2017 年浙江启动实施数字经济“一号工程”以来，数字经济已经成为浙江发展的重要支柱。2023 年，浙江更大力度实施数字经济创新提质“一号发展工程”，实现营商环境优化提升“一号改革工程”大突破，实施地瓜经济提升能级“一号开放工程”。这次提出更大力度实施数字经济创新提质“一号发展工程”，推动以数字经济引领现代化产业体系建设取得新的重大进展，往“高”攀升，抢占关键技术、产业集群、未来布局制高点，向“新”进军，重塑平台新优势、抢占数字新赛道、做强数字新基建、激活数据新要素，以“融”提效，推动数字经济与先进制造业、现代服务业、现代农业深度融合。

浙江提出要实现营商环境优化提升“一号改革工程”大突破。该领域改革举措涉及打造最优政务环境、最优法治环境、最优市场环境、最优经济生态环境、最优人文环境等方面。如在打造最优政务环境上，浙江提出了全面打响浙江“办事不用求人、办事依法依规、办事便捷高效、办事暖心爽心”营商环境品

---

① 马思远，金超. 让绿水青山更美，绘就人与自然和谐共生美丽画卷[EB/OL]. (2022-10-13)[2023-03-21]. https://zjnews.zjol.com.cn/zjnews/202210/t20221013_24920736.shtml.

② 沈满洪. 生态文明视角下的共同富裕观[J]. 治理研究，2021(5)：5-13.

牌等举措。

浙江实施地瓜经济提升能级“一号开放工程”。地瓜的藤蔓向四面八方延伸，为的是汲取更多的阳光、雨露和养分，但它的块茎始终是在根基部，藤蔓的延伸扩张最终为的是块茎能长得更加粗壮硕大。著名的“地瓜理论”背后，正是浙江经济的特色所在。面对日益复杂的开放环境，浙江明确提出加快由贸行天下向产行天下、智行天下跃迁，加快向制度型开放拓展，打造更具韧性、更具活力、更具竞争力的“地瓜经济”。根据规划，推动主导产业的产业链供应链体系、内外贸综合实力、重要开放平台、企业主体提能升级是其重要发力方向。

（二）建设美丽宜居乡村，发展绿色生态农业

实现绿色共富，需要加快城乡一体化发展进程。一方面，要进一步发挥县城集聚、辐射、带动作用，支撑县域经济社会高质量发展，重点提升县城产业平台集聚、基础设施支撑、公共服务保障和生态环境承载“四大能力”。另一方面则要继续深化“千万工程”，加快乡村产业发展、宜居宜业和美乡村建设、文明善治和共同富裕“四大提升”，推动乡村加快具备现代生活条件、农民就地过上现代文明生活。

建设美丽宜居乡村，需要从农民生活的方方面面扎实推进。第一，推进农村交通、物流、供水、供电、网络信号等方面的升级改道。加快“四好农村路”示范创建提质扩面，加强村内主干道建设。健全县乡村三级农村寄递物流体系，推进“快递进村”全覆盖。完善农村饮水县级统管体制机制，推动城乡同质化供水。实施乡村电气化提升工程，推动城市天然气配气管网向乡镇和城郊村、中心村延伸，加快数字乡村建设，实现所有乡镇及重点行政村5G信号全覆盖。第二，推进城乡基本公共服务同质同标。建立健全基本公共服务标准化体系，推动城市优质服务资源向农村覆盖，推广城乡教育共同体、医疗服务共同体模式，完善城乡统一的社会保障体系。深入实施文化惠民工程，持续开展乡村村晚等活动。第三，推进农村人居环境高水平提升。健全农村人居环境长效管护机制，农村生活污水治理行政村覆盖率和出水水质达标率均达到95%以上，农村生活垃圾分类处理基本覆盖所有行政村。高水平推进卫生村镇建设，全面普及无害化卫生户厕，扎实推进城乡环卫一体化管理。提升农房建设质量，加强农村危房改造，探索建立农村低收入人口基本住房安全保障机制，塑造江

南韵、古镇味、现代风的新江南水乡风貌。

发展绿色低碳的生态农业，有利于提高农民收入，缩小城乡收入差距。发展绿色生态农业的主要措施如下。因地制宜发展茶叶、油茶、水果、笋竹、香榧等产业，发挥木本植物固碳作用。大力发展生态循环农业，推进秸秆、尾菜、农膜、畜禽粪污等农业废弃物资源化产业化利用，加快建立植物生产、动物转化、微生物还原的种养循环体系。率先推进现代农业产业园区和优势特色产业集群循环化改造，建设一批具有引领作用的循环经济园区和基地。推广绿色低碳生产方式。实施农业生产“三品一标”提升行动，推动品种培优、品质提升、品牌打造和标准化生产。全域推行“肥药两制”改革，推广应用测土配方、水肥一体、有机肥替代化肥、绿色防控等技术和产品，持续推进化学肥料、农药减量化。推进畜禽养殖圈舍低碳化建设和改造，推广水稻田精准灌排技术，发展水产绿色健康养殖，减少重点种养环节碳排放。加快绿色高效、节能低碳的农产品加工技术集成应用，发展农产品绿色低碳运输。深入推进国家农业绿色发展先行区建设，制定实施农业领域碳达峰专项行动计划，对绿色低碳农业给予专项补贴。健全生态产品价值实现机制。严格执行农产品质量安全监管，深入推行食用农产品达标合格证制度。加大绿色食品培育力度，建立优质农产品评价体系，推进绿色农产品优质优价。探索开展农业生态产品价值评估，完善农业生态产品价格形成机制，推动将农业项目纳入碳排放权交易市场。协同推进生态产品市场交易与生态保护补偿，实现生态产品价值有效转化。

为了推动农业现代化发展，建设高效生态强省，浙江撸起袖子重点抓“126X”体系建设。“1”就是全方位夯实粮食安全根基，落实粮食安全和耕地保护党政同责，确保粮食和重要农产品稳定安全供给，这是高效生态农业强省建设的头等大事。“2”就是科技强农、机械强农，着力打造国际一流的农业科技创新高地、国家丘陵山区小型农业机械推广应用先导区。“6”就是围绕农业高质量发展补短提能，大力实施粮食生产功能区、现代农业园区、现代化农事服务中心、智慧农业、农产品冷链物流、农产品加工等六个“百千”工程。“X”即培育壮大“十业万亿”乡村产业和“百链千亿”农业全产业链，构建融合发展的现代农业产业体系、绿色高效的现代农业生产体系、充满活力的现代农业经营体系。

参考文献

著作类

[1]包存宽. 生态兴则文明兴:党的生态文明思想探源与逻辑[M]. 上海:上海人民出版社,2021.

[2]陈婵,万泽民. 新时代"枫桥经验"在诸暨的实践[M]. 南昌:江西高校出版社,2021.

[3]董强. 马克思主义生态观研究[M]. 北京:人民出版社,2015.

[4]傅歆. 迈向生态文明　建设美丽浙江[M]. 北京:社会科学文献出版社,2020.

[5]宫长瑞. 新时代生态文明建设理论与实践研究[M]. 北京:人民出版社,2021.

[6]洪大用,马国栋. 生态现代化与文明转型[M]. 北京:中国人民大学出版社,2014.

[7]刘燕. 新时代生态文明空间格局研究[M]. 北京:中国社会科学出版社,2020.

[8]罗川. 马克思的资本主义生态批判思想研究[M]. 吉林:吉林大学出版社,2022.

[9]马克思恩格斯文集:第二卷[M]. 北京:人民出版社,2009.

[10]马克思恩格斯文集:第九卷[M]. 北京:人民出版社,2009.

[11]马克思恩格斯文集:第三卷[M]. 北京:人民出版社,2009.

[12]马克思恩格斯文集:第四卷[M]. 北京:人民出版社,2009.

[13]马克思恩格斯文集:第一卷[M]. 北京:人民出版社,2009.

[14]钱易,温宗国. 新时代生态文明建设总论[M]. 北京:中国环境出版社,2021.

[15]秦书生. 马克思主义视野下的绿色发展理念解析[M]. 南京:南京大学出版社,2020.

[16]沈满洪. 绿色浙江:生态省创新之路[M]. 杭州:浙江人民出版社,2006.

[17]谭劲松,金一斌. 中国特色社会主义在浙江的实践[M]. 杭州:浙江大学出版社,2023.

[18]万泽民. 中国共产党的民生理论与实践[M]. 北京:人民出版社,2015.

[19]王学荣. 生态文明的"文明"之维:基于马克思主义文明观的探讨[M]. 南京:南京大学出版社,2019.

[20]习近平. 高举中国特色社会主义伟大旗帜　为全面建设社会主义现代化国家而团结奋斗:在中国共产党第二十次全国代表大会上的报告[M]. 北京:人民出版社,2022.

[21]习近平. 论坚持人与自然和谐共生[M]. 北京:中央文献出版社,2022.

[22]习近平. 习近平谈治国理政:第二卷[M]. 北京:外文出版社,2017.

[23]习近平. 习近平谈治国理政:第三卷[M]. 北京:外文出版社,2020.

[24]习近平. 习近平谈治国理政:第四卷[M]. 北京:外文出版社,2022.

[25]习近平. 习近平谈治国理政:第一卷[M]. 北京:外文出版社,2018.

[26]习近平. 之江新语[M]. 杭州:浙江人民出版社,2007.

[27]杨朝霞. 生态文明观的法律表达[M]. 北京:中国政法大学出版社,2019.

[28]张文博. 生态文明建设视域下城市绿色转型的路径研究[M]. 上海:上海社会科学院,2022.

[29]张雪. 我国社会主义生态文明建设研究[M]. 成都:四川大学出版社,2015.

[30]张云飞,周鑫.中国生态文明新时代[M].北京:中国人民大学出版社,2020.

[31]张云飞.唯物史观视野中的生态文明[M].北京:中国人民大学出版社,2018.

[32]浙江省习近平新时代中国特色社会主义思想研究中心.习近平科学的思维方法在浙江的探索与实践[M].杭州:浙江人民出版社,2021.

[33]浙江省习近平新时代中国特色社会主义思想研究中心.习近平新时代中国特色社会主义思想在浙江的萌发与实践[M].杭州:浙江人民出版社,2021.

论文类

[1]柏振平,朱国芬.中国共产党领导生态文明建设的逻辑理路[J].南京林业大学学报,2019(5).

[2]陈婵,万泽民.论"枫桥经验"与党的精神谱系的内在一致性[J].观察与思考,2022(10).

[3]方世南,张云婷.习近平生态文明思想研究的学术进路与趋势[J].新疆师范大学学报,2023(1).

[4]郇庆治.生态文明建设政治学:政治哲学视角[J].江海学刊,2022(4).

[5]刘海英,蔡先哲.推进"双碳"目标下生态文明建设的创新发展[J].新视野,2022(5).

[6]沈满洪.生态文明视角下的共同富裕观[J].治理研究,2021(5).

[7]谭文华.论习近平生态文明思想的基本内涵及时代价值[J].社会主义研究,2019(5).

[8]万泽民.科学发展观与人文精神[J].浙江学刊,2005(6).

[9]万泽民.论生态文明与科学执政[J].马克思主义与现实,2009(1).

[10]万泽民.论在科学执政条件下改善民生[J].江汉论坛,2009(4).

[11]万泽民.论执政成本与科学执政[J].江汉论坛,2007(5).

[12]汪信砚.生态文明建设的价值论审思[J].武汉大学学报,2020(3).

[13]王雨辰.论习近平生态文明思想的理论特质及其当代价值[J].福建师范大学学报,2019(6).

[14]徐延彬.习近平生态文明思想是美丽中国建设的根本遵循[J].红旗文稿,2022(20).

[15]杨华磊.碳达峰碳中和纳入生态文明建设整体布局的时代价值及实践进路[J].思想理论教育导刊,2022(10).

[16]杨小军,丁馨妍.论中国共产党生态文明建设思想的整体性逻辑[J].湘潭大学学报,2022(2).

[17]喻继军,王甲旬.新时代生态文明建设的问题导向与中国话语创新[J].福建论坛,2020(10).

[18]张瑞才,李达.论习近平生态文明思想的理论体系[J].当代世界社会主义问题,2022(1).

[19]张云飞.试论习近平生态文明思想对精神文明建设的贡献[J].马克思主义与现实,2020(5).

[20]章诚.生态文明建设中环境伦理学的本土化转向[J].江苏社会科学,2022(6).